Ralph Bruns

Kleine Büroimmobilienmärkte im Schatten der Metropolen

Ralph Bruns

Kleine Büroimmobilienmärkte im Schatten der Metropolen

Eine Darstellung der Besonderheiten kleiner Märkte anhand des regionalen Fallbeispiels der Landeshauptstadt Kiel

Südwestdeutscher Verlag für Hochschulschriften

Impressum / Imprint
Bibliografische Information der Deutschen Nationalbibliothek: Die Deutsche Nationalbibliothek verzeichnet diese Publikation in der Deutschen Nationalbibliografie; detaillierte bibliografische Daten sind im Internet über http://dnb.d-nb.de abrufbar.
Alle in diesem Buch genannten Marken und Produktnamen unterliegen warenzeichen-, marken- oder patentrechtlichem Schutz bzw. sind Warenzeichen oder eingetragene Warenzeichen der jeweiligen Inhaber. Die Wiedergabe von Marken, Produktnamen, Gebrauchsnamen, Handelsnamen, Warenbezeichnungen u.s.w. in diesem Werk berechtigt auch ohne besondere Kennzeichnung nicht zu der Annahme, dass solche Namen im Sinne der Warenzeichen- und Markenschutzgesetzgebung als frei zu betrachten wären und daher von jedermann benutzt werden dürften.

Bibliographic information published by the Deutsche Nationalbibliothek: The Deutsche Nationalbibliothek lists this publication in the Deutsche Nationalbibliografie; detailed bibliographic data are available in the Internet at http://dnb.d-nb.de.
Any brand names and product names mentioned in this book are subject to trademark, brand or patent protection and are trademarks or registered trademarks of their respective holders. The use of brand names, product names, common names, trade names, product descriptions etc. even without a particular marking in this works is in no way to be construed to mean that such names may be regarded as unrestricted in respect of trademark and brand protection legislation and could thus be used by anyone.

Coverbild / Cover image: www.ingimage.com

Verlag / Publisher:
Südwestdeutscher Verlag für Hochschulschriften
ist ein Imprint der / is a trademark of
AV Akademikerverlag GmbH & Co. KG
Heinrich-Böcking-Str. 6-8, 66121 Saarbrücken, Deutschland / Germany
Email: info@svh-verlag.de

Herstellung: siehe letzte Seite /
Printed at: see last page
ISBN: 978-3-8381-3478-9

Zugl. / Approved by: Kiel, Christian-Albrechts-Universität zu Kiel, Dissertation, 2009

Copyright © 2012 AV Akademikerverlag GmbH & Co. KG
Alle Rechte vorbehalten. / All rights reserved. Saarbrücken 2012

Inhaltsverzeichnis:

1 Einleitung 1
  1.1 Problemstellung 1
  1.2 Stadtentwicklung vor dem Hintergrund veränderter Rahmenbed. 3
  1.3 Einordnung des Themas in den forschungstheoret. Zusammenhang ... 5
  1.4 Methodik und Vorstellung der einzelnen Arbeitsschritte 11
2 Theoretischer Teil 15
  2.1 Metropolen in der raumbezogenen Forschung 15
    2.1.1 Merkmale einer Metropole 15
    2.1.2 Metropolen als bevorzugter Standort hochrangiger Dienstleistungsfunktionen 22
    2.1.3 Städteklassifikationen aus Sicht der Büromarktforschung 24
  2.2 Investmentmärkte für Büroimmobilien: Kleine Märkte im Vergleich zu den Metropolen 27
    2.2.1 Die Bedeutung der Büroimmobilie als Kapitalanlagegut 27
    2.2.2 Determinanten des (regionalen) Investmentmarktes für Immobilien . 31
    2.2.3 Die Besonderheiten kleiner Büromietmärkte 34
    2.2.4 Charakteristika kleiner Investmentmärkte für Büroimmobilien 40
    2.2.5 Projektentwicklungen von Büroimmobilien in kleinen Städten 50
  2.3 Investoren zwischen kleinen Märkten und den Metropolen 54
    2.3.1 Die wichtigsten Investorengruppen im Immobiliensegment 54
    2.3.2 Privatinvestoren 59
    2.3.3 Institutionelle Investoren 62
    2.3.4 Ausländische Investoren 83
    2.3.5 Investmenttrends an den deutschen Gewerbeimmobilienmärkten 85
    2.3.6 Die Standort- und Objektwahl institutioneller Investoren 92
    2.3.7 Problembereiche eines finanzmarktbasierten Immobilienmarktes 99
  2.4 Trends an den Büroimmobilienmärkten und die räuml.Implikationen 101
    2.4.1 Veränderte Präferenzen im Dienstleistungssektor 101
    2.4.2 Dekonzentrationstendenzen neuer Bürostandorte seit dem Ende des zweiten Weltkrieges 103
  2.5 Ableitung der Forschungshypothesen für die empirische Untersuchung 107
3 Der regionale Investmentmarkt für Büroimmobilien am Beispiel von Kiel 116
  3.1 Die ökonomische Entwicklung Kiels 116

3.2 Kieler Metropolfunktionen 121
3.3 Besonderheiten des Büromietflächenmarktes in Kiel 126
  3.3.1 Vorstellung der Büromarktlagen in Kiel 126
  3.3.2 Kennzahlen des Kieler Büroimmobilienmarktes im Vergleich zu den Metropolen 133
3.4 Eigentümerstruktur Kieler Büroimmobilien 140
  3.4.1 Methodik 140
  3.4.2 Eigentümerstruktur und Eigenschaften der Büroimmobilien 145
  3.4.3 Eigentümerstruktur und Nutzung der Büroimmobilien 153
  3.4.4 Regionale Herkunft der Eigentümer der Büroimmobilien 155
3.5 Der Investmentmarkt für Büroimmobilien in Kiel 158
  3.5.1 Methodik 158
  3.5.2 Größe und Dynamik des Investmentmarktes für Büroimmobilien 160
  3.5.3 Beschreibung des Büroimmobilienangebots 163
  3.5.4 Beschreibung der Käufer von Büroimmobilien in Kiel 168
  3.5.5 Das Investitionsverhalten institutioneller Investoren aus der Region 171
  3.5.6 Verlagerung von Entscheidungsfunktionen im institut. Bereich 175
  3.5.7 Institutionelle Investoren mit einem überregionalen Aktionsradius .. 178
3.6 Projektentwicklungen in Kiel 182
  3.6.1 Quantitative Betrachtung der Projektentwicklungen in Kiel 182
  3.6.2 Eigentümerstruktur der neuen Büroimmobilien 190
  3.6.3 Probleme bei der Entwicklung von Kieler Büroimmobilien 193
  3.6.4 Fallbeispiel einer renditeorientierten Projektentwicklung: Der „Sell-Speicher" 197
3.7 Die Kai-City Kiel als Beispiel eines Großvorhabens 199
3.8 Beantwortung der empirischen Forschungsfragen 210
4 Diskussion 231
5 Ausblick 238
6 Empfehlungen für Kiel 241
7 Anhang 244
  7.1 Exkurs: Indikatoren zur Performancemessung einer Immob.investition 244
  7.2 Die Gesprächsleitfäden für die Experteninterviews 247
    7.2.1 Gewerbeimmobilienmakler 247
    7.2.2 Projektentwickler 250
    7.2.3 Investoren 251

7.3 Tabellen und Abbildungen 254
8 Literaturverzeichnis 270

Tabellenverzeichnis:

Tabelle 1: Entwicklungsstrategische Funktionen der Metropolregionen 20

Tabelle 2: Funktionsprofile deutscher Metropolräume 21

Tabelle 3: Größenstruktur der deutschen Büromärkte 2006 25

Tabelle 4: Strukturelle Unterschiede der Büromietmärkte zwischen kleinen Städten und Metropolen 39

Tabelle 5: Rangliste der Standorte nach annualisierten Total Returns 45

Tabelle 6: Unterschiede der Investmentmärkte zwischen kleinen Städten und den Metropolen 49

Tabelle 7: Gewerbeimmobilieninvestments in den deutschen Metropolen von 1998 bis 2007 88

Tabelle 8: Gewerbeimmobilieninvestments in Deutschland 2006 90

Tabelle 9: Merkmale privater und institutioneller Investoren 95

Tabelle 10: Räumliche Verteilung der Gewerbeimmobilieninvestments 2005 bis 2007 97

Tabelle 11: Räumliche Verteilung der Gewerbeimmobilieninvestments in Deutschland 2006 98

Tabelle 12: Räumliche Verteilung der Gewerbeimmobilieninvestments in Deutschland 2006 nach Immobilienart 99

Tabelle 13: Die 100 größten Unternehmen mit Sitz in Kiel 123

Tabelle 14: Bewertung der Kieler Metropolfunktionen 125

Tabelle 15: Merkmale der verschiedenen Lagen in Kiel 127

Tabelle 16: Geschätztes Gebäudealter und Lage in Kiel 131

Tabelle 17: Subjektive Gebäudequalität und Lage in Kiel 132

Tabelle 18: Größe der Büroimmobilie und Lage in Kiel 133

Tabelle 19: Vergleich des Büromietmarktes in Kiel mit den metropolitanen Märkten 136

Tabelle 20: Vergleich des Büromietmarktes in Kiel mit den metropolitanen Märkten: Umsatz, Miete und Vervielfältiger 139

Tabelle 21: Strukturdaten (Ursprungsdatenbank–Unters.sample) 142

Tabelle 22: Verteilung nach Immobiliengröße (Ursprungsdatenbank/Untersuchungssample) 143

Tabelle 23: Verteilung nach Lage: Anzahl der Immobilien (Ursprungsdatenbank/ Untersuchungssample) ... 143

Tabelle 24: Verteilung nach Lage: Summe der Bruttogeschossfläche (Ursprungsdatenbank/ Untersuchungssample) ... 144

Tabelle 25: Eigentümerstruktur in Kiel 2006/2007 ... 148

Tabelle 26: Objektgröße nach Investorenart 2006/2007 ... 148

Tabelle 27: Alter der Büroimmobilie nach Investorenart ... 150

Tabelle 28: Qualität der Büroimmobilie nach Investorenart ... 151

Tabelle 29: Sitz der Gesellschaft/Wohnort des Eigentümers ... 155

Tabelle 30: Herkunft der verschiedenen Investorentypen (Gesellschaftssitz/Wohnort) ... 157

Tabelle 31: Kaufpreissummen der Büro- und Geschäftshäuser in Kiel 2005 und 2006 ... 166

Tabelle 32: Herkunft der Käufer von Büro- und Geschäftshäusern in Kiel 2005 und 2006 ... 171

Tabelle 33: Bürofläche der Projektentwicklungen ... 185

Tabelle 34: Bürofläche und ursprüngliche Nutzung der Immobilien ... 185

Tabelle 35: Verteilung der Projektentwicklungen auf die unterschiedlichen Lagen ... 187

Tabelle 36: Gebäudekennziffern in den unterschiedlichen Lagen ... 187

Tabelle 37: Eigentümerstruktur der jüngeren Büroimmobilienentwicklungen in Kiel ... 191

Tabelle 38: Kennziffern der jüngeren Büroentwicklungen in Kiel nach dem Eigentümer ... 191

Tabelle 39: Herkunft des aktuellen Eigentümers/Gesellschaftssitz ... 193

Tabelle 40: Herkunft der Immobilieneigentümer ... 193

Tabelle 41: Ursprüngliche und aktuelle Nutzung der Büroimmobilien ... 194

Tabelle 42: Strategie der momentanen Immobilieneigentümer ... 195

Tabelle 43: Eigentümerwechsel der Büroimmobilien ... 196

Tabelle 44: Gewerbeimmobilieninvestments in den deutschen Metropolen von 1998 bis 2007 ... 254

Tabelle 45: Gewerbeimmobilieninvestments in Deutschland 2007 ... 255

Tabelle 46: Räumliche Verteilung der Gewerbeimmobilieninvestments in Deutschlan ... 256

Tabelle 47: Räumliche Verteilung der Gewerbeimmobilieninvestments in Deutschland 2007 nach Immobilienart 257

Tabelle 48: Liste der Gesprächspartner im Rahmen der Expertengespräche 260

Tabelle 49: Geschätztes Gebäudealter und Lage in Kiel 261

Tabelle 50: Subjektive Gebäudequalität und Lage in Kiel 262

Tabelle 51: Größe der Büroimmobilie (BGF) und Lage in Kiel 262

Tabelle 52: Alter der Büroimmobilie nach Investorenart 263

Tabelle 53: Zusammenhang zwischen Investorentyp und Rechtsform ... 264

Tabelle 54: Alter und Größe der Büroimmobilien 265

Tabelle 55: Alter und Größe der Büroimmobilien 266

Tabelle 56: Räumliche Verteilung der Investorentypen in Kiel 268

Tabelle 57: Räumliche Verteilung der Investorentypen in Kiel 268

Abbildungsverzeichnis:

Abbildung 1: Determinanten des Investmentmarktes für Büroimmobilien 34
Abbildung 2: DEGI-Risiko-Rendite-Profil Deutschland 2007 47
Abbildung 3: Gruppen der Immobilieninvestoren 55
Abbildung 4: Ziele der Büroimmobilieninvestition 58
Abbildung 5: Immobilienbestand institut. Investorengruppen 2003 64
Abbildung 6: Immobilienneuanlagen institutioneller Investoren in Deutschland 1986-2003 66
Abbildung 7: Entwicklung des platzierten Eigenkapitals bei Immobilienfonds 1996-2005 76
Abbildung 8: Engagement der Initiatoren geschlossener Immobilienfonds in 2006 78
Abbildung 9: Erwerbstätige in Kiel nach Wirtschaftsber. 1996-2003 120
Abbildung 10: Erwerbstätige in Kiel nach Wirtschaftsbereichen 121
Abbildung 11: Büromarktlagen in Kiel 129
Abbildung 12: Investorengruppen in Kiel 2006-2007 149
Abbildung 13: Bürofertigstellungen 1996-2004 183
Abbildung 14: Standorte der Projektentwicklungen 189
Abbildung 15: Foto des „Sell-Speichers" 199
Abbildung 16: Foto des sog. „Schmid-Baus" 206
Abbildung 17: Foto des „Hörn-Campus" 208
Abbildung 18: Komponenten des Total Return 246
Abbildung 19: Verlauf der City-Spitzenmieten in Kiel und den Metropolen 1996-2006 258
Abbildung 20: Verlauf der City-Durchschnittsmieten in Kiel und den Metropolen 1996-2006 259
Abbildung 21: Eigentümerstruktur in Kiel - Anzahl der Immobilien 267

Zusammenfassung:

Die vorliegende Arbeit thematisiert die Funktionsweise kleiner Büroimmobilienmärkte. Der Schwerpunkt liegt auf der Untersuchung der dort tätigen Investoren. Die Frage nach dem regionalen Investorenpotenzial ist für Kommunen heute von großer Relevanz, da städtebauliche Vorhaben aufgrund haushaltspolitischer Engpässe zunehmend in privatwirtschaftlicher Verantwortung durchgeführt werden. Die Städte handeln hierbei proaktiv, indem sie Investitionsanreize setzen und Investoren und Projektentwickler zum Handeln ermächtigen. Damit werden städtische Planungen aber auch zunehmend von den Entwicklungen an den (globalen) Immobilienmärkten beeinflusst.

Der Forschungsgegenstand wird im ersten Teil der Arbeit aus einer theoretischen Perspektive beleuchtet. Investment- und Mietmärkte im Immobilienbereich sind eng miteinander verzahnt. Kleine Büroimmobilienmärkte unterscheiden sich aus der Sicht eines Investors strukturell von denen der Metropolen. Die geringeren Mietflächenumsätze implizieren höhere Vermietungsrisiken. Investitionen in große Büroimmobilien für den Mietmarkt gelten deshalb als vergleichsweise risikoreich. Auf der anderen Seite finden auf kleinen Märkten auch weniger spekulative Entwicklungen statt, so dass diese Märkte eine geringere Volatilität und oft auch niedrigere Leerstandsquoten aufweisen. In der Summe messen Investoren jedoch den Metropolen ein günstigeres Rendite-Risiko-Verhältnis als den restlichen Städten zu. Erste empirische Analysen legen den Schluss nahe, dass kleine Büroimmobilienmärkte („Mittelstädte") insbesondere für Cash-Flow orientierte Investoren mit einem langfristigen Anlagehorizont geeignet sind. Metropolen sind dagegen für Investoren prädestiniert, die auf eine reale Wertentwicklung ihrer Immobilien abzielen. Auch kurzfristige Investitionsstrategien lassen sich aufgrund der größeren Liquidität primär in den Metropolen durchführen.

Der Bedeutungsgewinn institutioneller Investoren prägte das Geschehen an den deutschen Immobilienmärkten in den letzten Dekaden. Da diese Investoren im Vergleich zu Privatpersonen große Immobilien bevorzugen und aufgrund gesetzlicher Auflagen risikoavers handeln, orientieren sie sich bei Büroimmobilieninvestments primär auf die Metropolen. Das betrifft insbesondere Investorentypen mit sehr großen Mittelzuflüssen, wie z. B. den offenen Immobilienfonds. Diese haben in der Vergangenheit auch massiv im Ausland investiert. Weniger kapitalkräftige Investoren mit einem institutionellen Hintergrund verteilen sich gleichmäßiger im Raum und fragen auch kleinere Immobilien nach, so dass sie voraussichtlich auch in kleinen Städten investieren. Marktanalysen demonstrieren jedoch, dass abseits der Metropolen insbesondere Immobilienunternehmen und Eigennutzer in Gewerbeimmobilien investieren. Dabei werden aber Einzelhandelsobjekte (z. B. innerstädtische Shopping-Center) bevorzugt. In den Metropolen sind neben den institutionellen Investoren seit einigen Jahren auch massiv ausländische Investoren aktiv, die das niedrige Zinsniveau und die (aus ihrer Sicht) geringen Immobilienpreise in Deutschland nutzen. In diesem Zusammenhang sind auch Opportunity Funds zu nennen.

Bei Projektentwicklungen von Büroimmobilien für den Mietmarkt handelt es sich um anspruchsvolle Vorhaben, da die langfristige Vermietbarkeit gesichert sein muss. Hinsichtlich Standort, Gestaltung und Qualität bewegen sich derartige Projekte in einem engen Rahmen. Neben den Präferenzen der Nutzer sind auch die Anforderungen möglicher Investoren zu berücksichtigen. Für die Nutzer sind heute Faktoren wie Repräsentativität und Umfeldqualität entscheidend: Tendenziell werden repräsentative Büroimmobilien mit ansprechender Architektur in einem begrünten Umfeld bevorzugt. Kapitalkräftige, renditeorientierte Investoren (z. B. die offenen Immobilienfonds) bevorzugen daher Gewerbeimmobilien in den Metropolen, insbesondere architektonisch ansprechende Büroimmobilien an 1a-Lagen. Abseits der Metropolen werden auch Einzelhandelsobjekte nachgefragt (z. B. innerstädtische Shopping-Center).

Innerstädtische Standorte besitzen heute für Büroimmobilien trotz der Suburbanisierungsprozesse in der Vergangenheit immer noch eine große Wertigkeit. Neue Büroimmobilien werden allerdings oft abseits der gewachsenen Zentren projektiert. Die bestehende Bebauung fungiert zu einem gewissen Grad als Barriere. Am Beispiel von Braunschweig konnte gezeigt werden, dass eine kleinteilige Parzellenstruktur sowie der fehlende Raum zur Anlage ebenerdiger Stellplätze den Neubau von Büroimmobilien erschwert. Dagegen entsprechen untergenutzte Areale mit Lagegunst, insbesondere innerstädtische Brachflächen, die oft öffentlichen Fördergeldern für eine Bebauung hergerichtet werden, dem Anforderungsprofil der Projektentwickler.

Die Fragestellung wird mittels einer regionalen Einzelfallanalyse am Beispiel der Landeshauptstadt Kiel vertieft. Die wirtschaftliche Entwicklung der Stadt war in der Vergangenheit durch fortschreitende Deindustrialisierung geprägt. Die schmale industrielle Basis spiegelt sich heute in relativ geringen Anteilen unternehmensorientierter Dienstleister wider. Es dominieren entsprechend der Hauptstadtfunktion öffentliche Dienstleister. Dementsprechend besitzen insbesondere öffentliche und institutionelle Eigentümer große Büroimmobilien in Kiel. Es handelt sich dabei überwiegend um selbstgenutzte Immobilien. Als Besitzer von kleineren Büroimmobilien kommt Immobilienunternehmen und Privatinvestoren eine große Bedeutung zu. Entsprechend des großen Anteils an Eigennutzern weist Kiel hinsichtlich des Neubauvolumens und des Mietflächenumsatzes auch unter Berücksichtigung der geringen Größe eine nur schwach ausgeprägte Dynamik auf.

Die Untersuchung der Büroimmobilienentwicklungen der letzten zehn Jahre sowie der momentanen Investitionstätigkeit förderte zutage, dass institutionelle Investoren momentan nicht in Kieler Büroimmobilien investieren. Überregional aktive Investoren, wie z. B. die offenen Immobilienfonds, meiden den Markt, obgleich z. B. mit der Kai-City Kiel ein Standort zur Verfügung steht, der in das Anforderungsprofil dieser Investoren passen könnte. Neben strukturellen Gründen wird auch das schlechte Image des Kieler Büroimmobilienmarktes als Begründung für die Zurückhaltung angeführt. Regional ansässige Investoren mit institutionellem Hintergrund halten zwar diverse Büroimmobilien im Bestand, die Untersuchung kommt jedoch zu dem Schluss, dass diese Investoren zurzeit nicht für Büroimmobilieninvestments zur Verfügung stehen. Die Ergebnisse legen die Annahme nahe, dass sie auch in Zukunft nicht direkt in Kieler Büroimmobilien investieren werden. Ausländische Investoren (insbesondere Dänen) erwarben im Untersuchungszeitraum einige Büroimmobilien in Kiel. Da der Investmentboom exogen induziert wurde, wird die Annahme vertreten, dass diese Akteure die Lücke, die durch die Zurückhaltung institutioneller Investoren entsteht, langfristig nicht schließen können. In der Konsequenz existieren für Büroimmobilien mit Werten über 5 Mio. Euro nur eingeschränkte Möglichkeiten zur Veräußerung.

Durch die fehlenden Verkaufsoptionen werden renditeorientierte Projektentwicklungen erschwert. In Kiel konnten daher nur wenige Entwicklungen identifiziert werden, die auf eine Vermietung ausgerichtet sind: In der Vergangenheit wurden vereinzelt geschlossene Immobilienfonds aufgelegt, die überwiegend in der City bzw. am Cityrand gelegene Büro- und Geschäftshäuser halten. Daneben existiert auch häufig der Fall, dass der Eigennutzer einer Büroimmobilie ausgefallen und das Objekt inzwischen fremd vermietet ist. Daneben entwickeln öffentliche und institutionelle Eigennutzer häufig über ihre eigenen Bedarfe hinaus. Von großer Bedeutung sind drei große Projektentwicklungen, die von vornherein für eine Fremdvermietung konzipiert waren. Die Immobilienunternehmen agieren als Investment-Developer, die zumindest eine langfristige Bestandshaltung der Objekte einkalkulieren. Die Investoren haben ihren Sitz zwar nicht in der Region, hatten in der Vergangenheit aber bereits Anknüpfungspunkte gehabt und sind daher zum erweiterten regionalendogenen Potenzial zu zählen. Weil große Büroimmobilienentwicklungen für den Mietmarkt in Kiel bis dahin kaum stattgefunden haben, kann man diese Akteure als „First-Mover" bezeichnen. Eines der genannten Objekte wurde inzwischen an (dänische) Privatpersonen veräußert.

Die Entwickler nutzen (bzw. schaffen) Alleinstellungsmerkmale, um eine Monopolstellung zu erlangen: Zwei Objekte weisen Wasserbezug auf und bewegen sich daher in einem Segment, in dem nach Aussage der Experten momentan ein Nachfrageüberhang besteht. Das dritte Objekt eines Immobilienunternehmens aus Salzgitter befindet sich auf dem Gelände des Wissenschaftsparks, der räumlich an den Campus der Christian-Albrechts-Universität zu Kiel anschließt. Der Wissenschaftspark wurde mit öffentlichen Mitteln gefördert und wird durch das Wissenschaftszentrum thematisch aufgewertet. In zwei der drei Fälle wurde ein als erhaltenswert eingestuftes Gebäude kernsaniert und auf diese Weise Baukosten gesenkt. Die Analyse bestätigt die Vermutung, dass neue Büroentwicklungen in erster Linie abseits des gewachsenen Innenstadtzentrums statt finden und Brachflächen bzw. auch Streulagen in Kiel bevorzugt werden. Insbesondere der Cityrand konnte profitieren, während in der Altstadt und der City in den letzten Jahren nicht gebaut wurde. Hier sind nach Aussage der Experten auch erhebliche Leerstände zu finden.

Am Beispiel der Kai-City Kiel wird die Umsetzung einer Strategie auf Immobilienentwicklung basierter Wirtschaftsförderung („Property-Led-Development") in einem kleinen, stagnierenden Büroimmobilienmarkt untersucht. Es handelt sich dabei um ein großflächiges Bauvorhaben auf einer ehemaligen, am Cityrand gelegenen Brachfläche, das mit öffentlichen Fördergeldern im Vorwege aufwendig saniert und für eine (privatwirtschaftliche) Bebauung hergerichtet wurde. Die Untersuchung legt den Schluss nahe, dass nur wenige Investoren für Projektentwicklungen zur Verfügung standen und die verbleibenden, insbesondere Eigennutzer, dadurch eine starke Verhandlungsposition erlangten. Daraus erwächst die Gefahr, dass der Handlungsspielraum der öffentlichen Hand beschnitten wird. Im schlechtesten Fall resultieren Abstriche bei der Gebäudequalität sowie der städtebaulichen Einbindung des Objekts. Im Falle der Kai-City führt die Überbetonung des gewerblichen Flächenanteils bei gleichzeitigem Mangel geeigneter Investoren und Mieter zu sehr langen Vermarktungszeiträumen sowie einer räumlich fragmentierten Entwicklung: Es wurden zuerst die am besten gelegenen Grundstücke bebaut. Für die Entwicklung der ungünstiger gelegenen Flächen reichte die Marktdynamik bisher noch nicht aus.

Die Chancen, mit derartigen PLD-Strategien Ansiedlungen und damit positive ökonomische Effekte in einem kleinen Markt zu induzieren, werden vor dem Hintergrund der Ergebnisse in Kiel als vergleichsweise schlecht eingeschätzt. Die ökonomischen Effekte der Kai-City fallen trotz zwischenzeitlich realisierter Ansiedlungen sehr begrenzt aus. Die Überbetonung einer Nutzung ging mit einer erhöhten Krisenanfälligkeit einher: Da Nutzer und Investoren in Kiel fast ausschließlich aus dem Segment der New Economy kamen, wurde die Vermarktung der Kai-City durch den Einbruch der Kurse des Neuen Marktes auf Jahre verzögert. Das Image des Standorts litt in der Folge und andere Bauprojekte an der Kai-City wurden zwischenzeitlich zurück gestellt.

Vor dem Hintergrund der Ergebnisse wird die Frage gestellt, inwieweit sich derartige Projekte überhaupt eignen, Wirtschaftsförderung zu betreiben und Ansiedlungen zu induzieren. Sollte dies nicht der Fall sein, ist die Ausrichtung derartiger Projekte vorrangig auf Dienstleistungen und besser gestellten Haushalten zu hinterfragen. Zudem entziehen derartige Vorhaben den etablierten Lagen Büronachfrager, so dass sich dort Niedergangsprozesse kumulativ verstärken können. Da die Citylagen in vielen Städten aufgrund ihrer kleinteiligen Parzellierung nicht mehr zu den bevorzugten Bürostandorten zählen, ist in weiteren Studien der Frage nachzugehen, wie sich die Zentren revitalisieren lassen. Grundsätzlich ist zu prüfen, ob durch aktiv gesetzte Investitionsanreize Sanierungen und Neubauten in der City induziert werden können oder ob die betreffenden Standorte der Desinvestition überlassen werden müssen.

1 Einleitung

1.1 Problemstellung

Büroimmobilien prägen das Erscheinungsbild unserer Städte. Gerade in den Metropolen Deutschlands werden immer größere und architektonisch ansprechendere Gebäude entwickelt. Die Skyline von Frankfurt ist ein imposantes Beispiel und spiegelt die Bedeutung des Dienstleistungssektors für diese Stadt wider. Insbesondere unternehmensorientierte Dienstleister gehörten in den vergangenen Dekaden zu den Gewinnern des Strukturwandels, während im industriellen Sektor Beschäftigung abgebaut wurde. Es besteht die Hoffnung, dass der Dienstleistungssektor entscheidend dazu beiträgt, die negativen Effekte der Deindustrialisierung abzufedern.

Um den Dienstleistungsunternehmen ein adäquates Flächenangebot zur Verfügung zu stellen, ist es unabdingbar, dass der Büroimmobilienbestand einer Stadt einem permanenten Erneuerungsprozess unterzogen wird. Die Anforderungen der Nutzer an die Immobilien befinden sich nämlich in einem ständigen Wandel. Das bedeutet, dass alte Immobilien fortwährend durch moderne ersetzt bzw. modernisiert werden müssen. Ein wichtiges Thema in Zeiten steigender Energiepreise sind z. B. die Nebenkosten: Sie können in alten Gebäuden ein Niveau erreichen, dass an das der Nettokaltmiete heranreicht. Um derartige Gebäude überhaupt noch vermieten zu können, sind deshalb erhebliche Zugeständnisse bei der ersten Miete notwendig. Ohne eine grundlegende Modernisierung lassen sich diese Immobilien oft gar nicht mehr vermieten.

An der Immobilienprojektentwicklung sind heute viele Akteure aus verschiedenen Bereichen involviert: Neben den Akteuren aus dem Bereich der Immobilienwirtschaft auch öffentliche Institutionen sowie Privatpersonen. Im Rahmen einer klassischen Projektentwicklung konzeptioniert ein Projektentwickler eine Immobilie, baut und vermarktet sie, um sie im Anschluss daran an einen Endinvestor zu veräußern. Investoren kommt in diesem Prozess somit eine Schlüsselrolle zu, da sie die Entwicklungen oft initiieren und unter einem erheblichen Kapitaleinsatz das Risiko einer Investition auf sich nehmen. Zudem agieren sie als Käufer, so dass der Entwickler nach dem Verkauf des Projekts seinen Erlös realisieren kann, um sich weiterhin seiner Kerngeschäftstätigkeit zu widmen. Ein funktionierender Investmentmarkt ist somit eine Grundvoraussetzung für den Erneuerungsprozess der baulichen Struktur unserer Städte unter dem Regime eines marktwirtschaftlich organisierten Wirtschaftssystems.

Als innerstädtische Problemlagen gelten neben großen, innerstädtischen Brachflächen inzwischen auch ältere, innerstädtische Bürolagen. Da es sich meistens um große Areale handelt, bedarf es zur Revitalisierung sehr kapitalkräftiger Investoren. Insbesondere institutionelle Investoren konnten in der Vergangenheit bedeutende Mittelzuflüsse verzeichnen und gelten daher als besonders kapitalkräftig. Diese Investoren, wie z. B. die offenen Immobilienfonds, haben jedoch in der Vergangenheit ihre Aktivitäten im Bürosegment auf ausgewählte Standorte konzentriert. Insbesondere die Metropolen gelten als aussichtsreiche Investmentmärkte und konnten daher profitieren. Daraus erwachsen die zentralen Fragen, die im Rahmen dieser Arbeit behandelt werden sollen:

1. Wie funktionieren kleine Büroimmobilienmärkte abseits der Metropolen?
2. Welche Investorentypen sind dort aktiv und welche meiden kleinere Städte?
3. Kann die Lücke durch andere Investoren geschlossen werden?
4. Welche räumlichen Konsequenzen resultieren aus der Abwesenheit bestimmter Investorentypen?

Im nächsten Schritt wird der Forschungsgegenstand in den gesellschaftstheoretischen Zusammenhang eingeordnet. Da Büroimmobilien zur Ausübung bedeutender gesellschaftlicher Funktionen dienen und auch das Bild unserer Städte prägen, können die Prozesse auf den Büroimmobilienmärkten nicht losgelöst von der Stadtentwicklung gesehen werden.

1.2 Stadtentwicklung vor dem Hintergrund veränderter Rahmenbedingungen

Der Prozess der Globalisierung sowie der europäischen Integration hat in der Vergangenheit zu einer veränderten Staatlichkeit geführt (Jessop, 1997). Infolgedessen haben die Nationalstaaten zunehmend Regelungskompetenzen an übergeordnete (z. B. die Europäische Union) sowie an die untergeordnete, kommunale Ebene abgegeben. Da auch eine zunehmend globalisierte Wirtschaft einer lokalen Verankerung bedarf, avanciert die lokale Ebene dieser Interpretation zufolge zum zentralen Handlungsfeld zur Steuerung der sozioökonomischen Prozesse. Heeg prägt in diesem Zusammenhang den Begriff der „Glokalisierung" (Heeg, 2008, S. 18f).

Doch die Kommunen sehen sich seit mehr als 20 Jahren vor erhebliche Probleme gestellt. Mit fortschreitender Globalisierung hat der industrielle Sektor in den entwickelten Volkswirtschaften kontinuierlich an Bedeutung verloren. Die daraus resultierenden Konsequenzen wie Konversion und Massenarbeitslosigkeit erfordern erhebliche Mittel, die aufgrund der Schrumpfung des industriellen Sektors nicht mehr ausreichend zur Verfügung stehen und durch das Wachstum des tertiären Sektors nicht ausreichend kompensiert werden können. Heeg spricht in diesem Zusammenhang von einer „ungleichzeitigen Ökonomie der Schrumpfung und des Wachstums" (Heeg, 2003, S. 336). Damit ging auch eine Abkehr in der politischen Schwerpunktsetzung einher: War die Phase nach dem zweiten Weltkrieg bis zum Ende der 1980er Jahre durch eine Politik der Umverteilung geprägt, die sich durch große öffentliche Wohnungsbau- und städtische Sanierungsvorhaben ausdrückte, werden inzwischen nur noch vereinzelt Wohnungsbauprojekte in städtischer Verantwortung initiiert (Hall, 1998, S. 143ff.).

Bauvorhaben werden somit heute nicht mehr primär von den Städten in eigener Verantwortung durchgeführt, sondern in Kooperation mit Investoren und Projektentwicklern. Die Stadt übernimmt dabei eine „proaktive" Rolle, indem sie private Akteure zum Handeln ermächtigt. Diese neue Form einer Stadtpolitik wird auch mit den Begriffen „Unternehmen Stadt" bzw. „unternehmerische

Stadt" umschrieben. Der private Sektor ist nicht mehr nur passiver Empfänger von staatlichen Maßnahmen, sondern wird in den städtischen Planungsprozess einbezogen. In diesem Zusammenhang gewinnen Investoren und Projektentwickler an Einfluss, da sie zum Handeln nicht gezwungen werden können und nur aktiv werden, wenn sie eine positive Rendite erwarten können (Jessop, 1997). Eine proaktive Stadtpolitik erfordert zudem flachere Hierarchien: Entscheidungen werden nicht mehr ausschließlich „von oben" getroffen, sondern zwischen privatwirtschaftlichen und zivilgesellschaftlichen Akteuren mit der öffentlichen Hand ausgehandelt („urban governance").

Die Handlungsspielräume der Städte hinsichtlich der Förderung ihrer Wirtschaftsentwicklung wird dabei zunehmend eingeschränkt: Handlungsoptionen bestehen primär in der Verbesserung der infrastrukturellen Ausstattung und somit der Verbesserung der Angebotsbedingungen. Vor diesem Hintergrund wurden zunächst in den angelsächsischen Ländern Strategien des „Property-Led-Developments" (PLD) verfolgt, Ansätze einer immobilienbasierten Wirtschaftsförderung. Unter PLD wird „der Versuch verstanden, durch die Gestaltung der gebauten Umwelt die Voraussetzungen für eine positive Wirtschaftsdynamik zu schaffen". Immobilienprojekte werden als Vehikel herangezogen, um die bauliche Gestalt der Städte an die Anforderungen einer nachindustriellen Gesellschaft anzupassen. Es sollen auf diese Weise Unternehmen und besser gestellte Haushalte angesiedelt und dadurch zusätzliche Einnahmen generiert werden. Wurden Bauprojekte in den 1970er Jahren noch hauptsächlich unter dem Aspekt der Schaffung von Arbeitsplätzen gesehen, wird dieses Instrument heute gezielt dazu eingesetzt, um „Schwerpunkte der Wirtschaftsentwicklung" zu setzen und sozioökonomische Prozesse zu initiieren (Heeg, 2008, S. 13 und 20).

Insbesondere Großvorhaben werden in diesem Zusammenhang auf die Anforderungen moderner Dienstleistungsunternehmen sowie besser gestellter Haushalte hin ausgerichtet. Sie besitzen das Potenzial, eine Leuchtturmfunktion auszuüben und verbessern die Chance, im Wettbewerb der Städte und Regionen besser wahr genommen zu werden. Auf diese Weise wird die Wiedernutzbarmachung von großen, innerstädtischen Brachflächen mit Versuchen der Wirtschaftsförderung verknüpft. Die primäre Ausrichtung auf gehobene Dienstleistungen und besser gestellte Haushalte birgt allerdings auch soziales Konfliktpotenzial. Öffentliche Mittel, die in diese Projekte fließen, stehen benachteiligten Stadtteilen nicht mehr zur Verfügung („räumlich und sozial exklusive Stadtentwicklung") (Heeg, 2008, S. 15). Zudem ist insbesondere in kleineren Städten die Nachfrage im Dienstleistungsbereich deutlich geringer als in den Metropolen. Institutionelle Investoren meiden diese Städte. Daher stellt sich die Frage, inwieweit derartige Strategien in diesen Städten Aussicht auf Erfolg versprechen.

Es wurde bereits deutlich, dass durch die Fragestellung verschiedene Disziplinen berührt werden. Fragen nach der Funktionsweise kleiner Büroimmobilienmärkte sowie der dort tätigen Projektentwickler und Investoren sind primär der immobilienwirtschaftlichen Forschung zuzuordnen. Die Diskussion über die Konsequenzen der skizzierten Prozesse wird in verschiedenen Disziplinen geführt. Da sich der Strukturwandel auch in der räumlichen Organisation der Städte widerspiegelt, beteiligen sich auch die Raumwissenschaften an dem Diskurs. Es ist daher notwendig, den Forschungsgegenstand theoretisch einzuordnen. Dabei werden Zusammenhänge zwischen den Aktivitäten der Immobilienwirtschaft und der räumlichen Entwicklung verdeutlicht.

1.3 Einordnung des Themas in den forschungstheoretischen Zusammenhang

Die aufgeworfenen Fragen spielen in der kommunalen Praxis heute eine zentrale Rolle. Den Städten fehlen in Zeiten wachsender Haushaltsdefizite zunehmend die Mittel, um wichtige städtebauliche Vorhaben in Eigenverantwortung durchzuführen. Da Investoren bei der Immobilienerstellung eine zentrale Rolle spielen, ist es für die Verantwortlichen, die mit der Stadtentwicklung betraut wurden, dementsprechend wichtig, sich mit der Funktionsweise der Märkte sowie der Logik der immobilienwirtschaftlichen Akteure vertraut zu machen.

Mit der Umsetzung der Stadtentwicklungsplanung sind kommunale Wirtschaftsförderungseinrichtungen betraut. Ihr Schwerpunkt hat sich in der Vergangenheit jedoch stark gewandelt: Wurden früher vorrangig Gewerbeflächen entwickelt und an Eigennutzer verkauft, haben sich in vielen Städten durch die Tertiärisierung der Wirtschaft arbeitsteilige Immobilienmärkte herausgebildet. Auf ihnen werden neben Grundstücken auch Immobilien und Mietflächen gehandelt. Insbesondere im Bürosegment besteht die Tendenz, keine eigenen Immobilien zu besitzen, sondern Flächen zu mieten oder zu leasen (Dobberstein, 2002, S. 18f).

Dieser Entwicklung folgend hat sich der Fokus des Aufgabenspektrums kommunaler Wirtschaftsförderungseinrichtungen verschoben: Es ist nicht mehr ausschließlich die Flächenvorhaltung für produzierende Unternehmen von Belang, sondern auch die Unterstützung des Immobilienmarktes. Unternehmensorientierten Dienstleistungen wird in unserer Gesellschaft, die als postindustriell charakterisiert wird, eine Schlüsselrolle zugeschrieben. Der Büroimmobilienmarkt erfährt daher eine besondere Beachtung. Die Wirtschaftsförderung fungiert zwar auch als Initiator, nimmt dann aber i. d. R. eine moderierende und koordinierende Rolle ein. Auch die Unterstützung der Märkte, durch Marktberichte Transparenz zu schaffen, fällt in ihren Aufgabenbereich.

Während Immobilienmärkte in der kommunalen Praxis von großer Bedeutung sind, werden ihre räumlichen Dimensionen in der deutschsprachigen geographischen Forschung bisher nur am Rande betrachtet. Dabei spielen Immobilienmärkte im Prozess der Stadtentwicklung eine zentrale Rolle. Allenfalls angewandte Geographen[1] haben sich in der jüngeren Vergangenheit mit der Thematik befasst. Insbesondere fehlt die Berücksichtigung des Immobilienmarktes in den Theorien und Modellen für die städtische Entwicklung weitestgehend. Die Frage, welche Bedeutung ein funktionierender Büroimmobilien-

---

[1] z. B. Dobberstein, Beidatsch und Schmitt

markt für die ökonomische Entwicklung einer Stadt zukommt, bleibt weitestgehend unbeantwortet.

In den angelsächsischen Ländern wurden die ersten Versuche unternommen, durch Immobilienprojekte systematisch Wirtschaftsförderung zu betreiben. Zu diesem Thema existiert auch ein umfangreiches Angebot an Literatur, in der die zugrundeliegenden Annahmen sowie die zu erwartenden Effekte beleuchtet werden. Die Diskussion findet disziplinübergreifend statt, eine konsequente Verknüpfung der verschiedenen Perspektiven hat allerdings noch nicht stattgefunden[2]. Zunächst werden die Annahmen beleuchtet, die dem Konzept zugrunde liegen.

PLD-Strategien setzen die Annahme voraus, dass sich die bauliche Stadtstruktur auf die ökonomische Entwicklung auswirkt. In diesem Zusammenhang lassen sich zwei Denkschulen heranziehen: Neoklassische und materialistische Ansätze (z. B. Harvey, 1985). In den neoklassischen Ansätzen bestimmt das Verhältnis von Angebot und Nachfrage nach Immobilien den Preis. Da bei einer größeren Nachfrage nach Immobilien auch ein höherer Gleichgewichtspreis erzielt werden kann, nimmt die Bereitschaft zu, Flächen zu entwickeln. Die Argumentation impliziert, dass die gebaute Umwelt lediglich eine Folgeerscheinung der (lokalen) Wirtschaftsentwicklung ist. Materialistische Ansätze berücksichtigen demgegenüber bereits Logiken des Immobilienmarktes, indem auf die steuernde Wirkung des Finanzmarktes hingewiesen wird. Monopolrenten werden beispielsweise als Grundvoraussetzung für die Aufnahme von Immobilienprojektentwicklungen gesehen. Harvey (1985) weist darauf hin, dass die Möglichkeit des ökonomischen Wandels in jeder historischen Phase durch die Struktur der gebauten Umwelt eingeschränkt wird. Aufgrund ihrer Langlebigkeit kann die gebaute Umwelt als Barriere für neue ökonomische Anforderungen wirken, die aus Veränderungen in der Unternehmensorganisation und der Arbeitsformen resultieren.

---

[2] Einen umfassenden Überblick zum Stand der Forschung gibt Heeg (2008, Seite 28-36).

Turok (1992) hat für Großbritannien untersucht, inwieweit die Bereitstellung von Immobilien zum Wirtschaftswachstum beigetragen hat. Seine Ergebnisse wecken erhebliche Zweifel an einem positiven Wirkungszusammenhang, für den er keine Anhaltspunkte findet. Allenfalls lassen sich Anhaltspunkte dafür finden, dass sich ein knappes (industrielles) Immobilienangebot negativ auf das Wirtschaftswachstum auswirkt. Darüber hinaus sieht er in der Ausweitung des Büroimmobilienbestands eine Ursache für städtische Prozesse der Deindustrialisiereung. Trotz allem wird aber dem Immobilienmarkt und der städtischen Baupolitik ein Einfluss auf die städtische Wirtschaftsentwicklung zugesprochen.

Die geographische Forschung hat sich der Problematik noch nicht ausgiebig gewidmet. Auf die Lagerente basierte Theorieansätze erklären die räumliche Verteilung städtischer Nutzungen in Abhängigkeit zur Entfernung vom Zentrum[3]. Das Zusammenspiel von Angebot und Nachfrage bei der Erstellung der Nutzflächen spielen in dieser Betrachtung keine Rolle. Darüber hinaus existiert in der Wirtschaftsgeographie ein umfangreiches Repertoire an Erklärungsansätzen, um Prozesse der städtischen Restrukturierung zu beschreiben. Eine Verbindung zwischen der Dynamik des lokalen Immobilienmarktes und der ökonomischen Entwicklung der Stadt wurde dabei bisher kaum hergestellt (Heeg, 2008, Seite 28). Trotzdem existieren auch in der geographischen Forschung erste Ansätze, die im Folgenden kurz skizziert werden sollen.

Einen interessanten Ansatz der Theorieeinordnung unternahmen Gornig und Spars (2006, S. 567-573). Sie betonen die zunehmende überregionale Handelbarkeit immobilienwirtschaftlicher Dienstleistungen, insbesondere der Planungs- und Ingenieurdienstleistungen. Der Immobilienwirtschaft kommt dementsprechend im Konzept der Exportbasistheorie eine zunehmende Bedeutung zu. Darüber hinaus integrieren die Autoren den Produktionsfaktor „Immobilie" in das Denkgerüst der New Economic Geography (NEG). Knappheit von

---

[3] z. B. Alonso, 1968

Immobilien fungiert in der Konsequenz in der Zuzugsregion als Wachstumsbremse, in der Wegzugsregion wirken sie auf die Unternehmen beharrend. Die Autoren kommen zu dem Schluss, dass die Bau- und Immobilienwirtschaft einen zentralen Bestandteil der regionalen Wirtschaft darstellt und plädieren unter Verweis auf die Konzepte der NEG für eine flächenbevorratende Politik, um auf diese Weise Agglomerationsbremsen zu beseitigen.

In der Stadtgeographie existieren auch vereinzelt Ansätze, die den Forschungsgegenstand berühren. In den 1980er Jahren sind einige Arbeiten entstanden, die die räumliche Verteilung und das Standortverhalten der Dienstleistungsunternehmen im städtischen Raum untersuchen[4]. Als Ursache des räumlichen Verhaltens wurden vielfältige Ursachen erarbeitet (z. B. historisch tradierte Standortmuster), der Prozess der Erstellung der Büroimmobilien wurde in der Betrachtung jedoch ausgespart. Bereits in den 1970er Jahren wurden Untersuchungen durchgeführt, die den Zusammenhang zwischen der Entwicklung der Eigentumsverhältnisse am Grund und Boden und der ökonomischen Transformation abgegrenzter Stadtbereiche thematisierten[5]. Es wird gezeigt, dass die bauliche Transformation der entsprechenden Areale zu Bürostandorten mit Änderungen der Eigentumsverhältnisse einhergehen. Die skizzierten Prozesse sind allerdings nicht isoliert zu betrachten, sie beschreiben die Vorgänge nicht hinreichend.

In der deutschen immobilienwirtschaftlichen Forschung, die insbesondere in der Betriebswirtschaftslehre geführt wird, wird die Thematik ebenfalls angerissen. Untersucht wurden z. B. die Auswirkungen der Immobilienwirtschaft auf die bauliche Gestalt der Städte[6]. Des Weiteren werden die zunehmende Finanzmarktsteuerung und der Bedeutungsgewinn finanzmarktorientierter Akteure diskutiert (Haila, 1991). Mit dieser Entwicklung sind auch räumliche Konsequenzen verbunden: Renditeorientierte Investoren bevorzugen Objekte, die ein ausge-

---

[4] z. B. Heineberg, 1987 und Lange, 1989
[5] z. B. Giese, 1979 und Vorlaufer, 1975
[6] z. B. Ambrose, 1986 oder Smyth, 1985

wogenes Rendite-/Risikoverhältnis aufweisen. In der Konsequenz gehören Büroimmobilien an zentralen Standorten in den Metropolen zu den am meisten nachgefragten Anlageimmobilien institutioneller Investoren. Auch Prozesse der Globalisierung der Immobilienwirtschaft gehen einher (Heeg, 2008, S. 33f).

Zu diesem Themenbereich existieren Arbeiten, die die räumlichen Auswirkungen vor dem Hintergrund der Veränderungen der Finanzmarktbedingungen thematisieren. So hat Haila am Beispiel von Helsinki den Versuch einer historischen Einordnung verschiedener Investorentypen vorgenommen und die räumlichen Muster, die mit den Typen verbunden sind, beschrieben (Haila, 1991). Bei der Beschreibung der räumlichen Konsequenzen bleibt der Autor jedoch sehr vage, zudem ist die Trennlinie zwischen den Investorentypen nicht klar gezogen. De Magalhães (1998) beschreibt das Aufkommen neuer Investorentypen im Büroimmobilienmarkt von Sao Paulo in den 1980er Jahren und eine damit einhergehende Dezentralisierung der Standorte neuer Büroimmobilien. Die Analyse zielt demnach auf eine Metropole, deren Investmentmarkt sich deutlich von dem kleinerer Städte unterscheidet.

In der deutschen immobilienwirtschaftlichen Forschung wurde von Dobberstein mit Braunschweig ein nicht-metropolitaner Büromarkt hinsichtlich der Standortmuster sowie der dort tätigen Projektentwickler untersucht. Auf die Ergebnisse dieser Forschungsarbeiten wird später noch genauer eingegangen. Darüber hinaus existiert zu dem Thema der Investitionsbedingungen in den Städten abseits der Metropolen v. A. in der Fachpresse (z. B. Immobilien-Zeitung oder Immobilien-Manager) eine Vielzahl an Artikeln. Dabei geht es v. A. darum, die Standortbedingungen mit denen der größeren Märkte zu vergleichen und Schlüsse bzgl. korrespondierender Renditen und Risiken zu ziehen.

Zusammenfassend lässt sich festhalten, dass der Forschungsgegenstand von verschiedenen Disziplinen aus unterschiedlichen Perspektiven beleuchtet wurde. Die Wirkungszusammenhänge zwischen der Immobilienwirtschaft und der (räumlichen) Entwicklung der Stadt sind aber weitestgehend ungeklärt. Insbesondere in der deutschsprachigen Geographie spielte derartige Denkansätze bisher nur eine untergeordnete Bedeutung. Dieses gering ausgeprägte Interesse steht in einem deutlichen Gegensatz zu dem Stellenwert, der den immobilienwirtschaftlichen Akteuren und insbesondere auch den Investoren in der kommunalen Praxis entgegengebracht wird.

1.4 Methodik und Vorstellung der einzelnen Arbeitsschritte

Es wurde deutlich, dass die Stadtentwicklung für die Umsetzung ihrer Vorhaben zunehmend auf private Investoren angewiesen ist. Das betrifft insbesondere den Bürosektor, da Dienstleistungsunternehmen es vorziehen, Flächen anzumieten. Funktionsweisen kleiner Büroimmobilienmärkte sind aber bisher kaum untersucht. Der Großteil der Literatur bezieht sich auf die Metropolen. Anhand der vorliegenden Arbeit sollen deshalb geklärt werden, wie kleine Büroimmobilienmärkte funktionieren und welche Investorentypen dort aktiv sind. Ein oft diskutierter Trend ist die zunehmende Metropolenorientierung institutioneller Investoren. Die raumwirksamen Konsequenzen, die daraus insbesondere für die Nichtmetropolen resultieren, wurden bisher jedoch noch nicht thematisiert. Wie wirkt sich das Fehlen dieses Investorentyps aus? Welche räumlichen Auswirkungen resultieren?

Es handelt sich bei dem Forschungsgegenstand um einen sehr komplexen Sachverhalt, der bisher in der geographischen Forschung nur am Rande untersucht wurde. Da wenig Wissen über die Funktionsweise der Märkte abseits der Metropolen besteht und die Arbeit deshalb einen explorativen Charakter hat, wird ein regionales Fallbeispiel intensiv untersucht. In der empirischen Sozialforschung existiert ein umfangreiches Angebot an Literatur zum Instrument der Einzelfallstudie[7]. Im Folgenden werden die Implikationen für die Übertragung auf die regionale Ebene diskutiert.

---

[7] z. B. Yin, 1994; Feagin u. a., 1991; King u. a., 1994 und Flyvbjerg, 2004

Grundsätzlich ist das Instrument Enzelfallstudie zur Untersuchung komplexer Sachverhalte besonders gut geeignet, da es sich dabei um ein ganzheitliches Analyseverfahren handelt. (Räumliches) Verhalten kann im Spannungsfeld der gesellschaftlichen und räumlichen Bedingungen beobachtet werden. Die Verwendung verschiedener Quellen über einen längeren Zeitraum führt zur Bildung eines ganzheitlichen Verständnisses, das zur Erklärung derart komplexer Zusammenhänge unabdingbar ist (Feagin et al., 1991). „Triangulation" (Yin, 1994), also der Kombination komplementärer Interpretations- und Messverfahren, bietet zudem ein hohes Maß an Reliabilität und Validität, weil die jeweiligen Schwächen der einzelnen Verfahren ausgeglichen werden (Blatter, S. 36f). Die Nutzung verschiedener Quellen erhöht die Wahrscheinlichkeit, dass falsche Informationen identifiziert werden und richtige Informationen bestätigt (Yin, 1994, S. 79).

Als problematisch bei der Anwendung der Einzelfallstudie wird jedoch die Übertragbarkeit der Ergebnisse auf andere Fälle bewertet. Einige Autoren vertreten die Meinung, dass grundsätzlich die Möglichkeit der Generalisierbarkeit besteht[8] (z. B. Flyvbjerg, 2004, S. 425 und Yin, 1994, S. 30). In diesem Zusammenhang ist jedoch keine statistische Generalisierbarkeit gemeint, also die Möglichkeit der Übertragbarkeit der Ergebnisse auf eine übergeordnete Grundgesamtheit unter der Abschätzung einer Fehlerwahrscheinlichkeit. Es wird eher von einer „analytischen" Generalisierbarkeit gesprochen (Yin, 1994). Das bedeutet, dass gewonnene Aussagen nur für das studierte Objekt Gültigkeit besitzen. Die Hypothesen können durch das untersuchte (regionale) Fallbeispiel weder endgültig bestätigt noch widerlegt werden.

Besonderes Augenmerk vor der Durchführung einer Einzelfallstudie ist auf die Auswahl des Untersuchungsobjektes zu legen, also die Wahl der Untersuchungsregion. Die Auswahl hat unter methodologischen Gesichtspunkten zu erfolgen und ist zu begründen. Im Rahmen der Komparatistik wird in diesem Zusammenhang auch von sog. „special cases" gesprochen, also Fällen, denen

---

[8] z. B. Flyvbjerg, 2004, S. 425 und Yin, 1994, S. 30.

aufgrund ihrer Eigenschaften ein besonderer Wert im Rahmen einer vergleichenden Analyse zukommt. Dieser Wert kann z. B. darin bestehen, dass das Objekt typisch für eine Kategorie ist oder aber von der Norm abweicht[9].

Büroimmobilienmärkte sind allerdings sehr von den regionalen Gegebenheiten geprägt, so dass es einen typischen Markt nicht gibt. Trotz allem unterliegen die Märkte in Deutschland den gleichen übergeordneten Entwicklungen und Trends, so dass die Untersuchung der lokalen Ausprägungen übergeordneter Entwicklungen an einem Fallbeispiel wertvolle Rückschlusse auf andere Städte zulässt.

Nach Abwägung der pragmatischen und methodologischen Gesichtspunkte fiel die Wahl des Untersuchungsortes auf die Landeshauptstadt von Schleswig-Holstein, Kiel. Unter theoretischen Gesichtspunkten macht die Wahl Sinn, weil Kiel als Landeshauptstadt und auch als Oberzentrum eine große Anzahl tertiärwirtschaftlicher Arbeitsplätze aufweist, im nationalen Vergleich aber trotzdem nicht als primärer Büroimmobilienmarkt gilt. Aufgrund der Hauptstadtfunktion haben in Kiel verschiedene institutionelle Investoren ihren Sitz bzw. eine Niederlassung. Die Beantwortung der Frage, inwiefern diese Investoren vor Ort (trotz entgegen gerichteter, übergeordneter Trends) in Büroimmobilien investieren, gibt wertvollen Aufschluss über ihre Handlungsmuster. Zudem bietet Kiel die Möglichkeit, die Umsetzung eines büroorientierten Großvorhabens zu untersuchen und dabei eine Verbindung zwischen der Immobilienwirtschaft und dem räumlichen Verhalten anhand eines abgegrenzten Gebietes zu ziehen.

Daneben hatte die Wahl des Untersuchungsobjektes aber auch pragmatische Gründe. Aufgrund der Tätigkeit des Autors bei der lokalen Wirtschaftsförderung existierte ein umfangreiches Netzwerk, das eine derartige Analyse in der durchgeführten Tiefe erst ermöglichte. Zum Einen stand eine umfangreiche Büroimmobiliendatenbank zur Verfügung, die mit Eigentümerinformationen ergänzt werden konnte. Zum Anderen ermöglichten die bestehenden Kontakte zu Ge-

---

[9] Eine Auflistung der „special cases" lässt sich Hague u. a., (1998, S. 277) entnehmen.

werbeimmobilienmaklern, Projektentwicklern und Investoren Zugang zu potenziellen Gesprächspartnern. Eine vergleichbare Untersuchung hätte an anderer Stelle nicht in der notwendigen Tiefe durchgeführt werden können.

Zur Beantwortung der aufgeworfenen Fragen werden zunächst im theoretischen Teil Forschungshypothesen hergeleitet, die dann anhand des Beispiels Kiel näher untersucht werden. In einem ersten Schritt wird der Metropolenbegriff beleuchtet und Metropolen von den restlichen Städten abgegrenzt. Metropolen bieten unternehmensorientierten Dienstleistungsunternehmen offenbar besonders gute Standortvoraussetzungen, da sich dieser Betriebstyp dort konzentriert. Was sind die Gründe dafür? Welche Eigenschaften zeichnen Metropolen aus?

Im Anschluss daran wird untersucht, wie sich kleine Büroimmobilienmärkte strukturell von denen der Metropolen Deutschlands unterscheiden. Dabei werden die Miet- und die Investmentmärkte separat betrachtet. Danach werden die wichtigsten Investorengruppen typisiert und ihre Präferenzen und Handlungsmuster beleuchtet. Ein besonderes Augenmerk liegt dabei auf der bedeutenden Gruppe der institutionellen Investoren. Gerade diese Gruppe hat in den vergangenen Jahren deutlich an Bedeutung gewonnen. Die theoretische Betrachtung schließt mit der Darstellung von Fallbeispielen, aus denen sich räumliche Konsequenzen des Investorenverhaltens ableiten lassen. Auf dieser Basis werden die Forschungshypothesen für den empirischen Teil der Arbeit formuliert, die anhand des Fallbeispiels Kiel untersucht werden. Im Anschluss an den empirischen Teil wird noch einmal rückblickend die Methodik bewertet und dabei diskutiert, welcher Erkenntnisgewinn den Ergebnissen in Kiel über das Fallbeispiel hinaus zukommt. Auf dieser Basis wird in einem Ausblick der weitere Forschungsbedarf formuliert. In die Arbeit endet mit konkreten Empfehlungen zur Entwicklung des Büroimmobilienmarktes in Kiel.

2 Theoretischer Teil

2.1 Metropolen in der raumbezogenen Forschung

2.1.1 Merkmale einer Metropole

Die Wurzeln des Begriffes sind im antiken Griechenland zu finden. Die Griechen verstanden unter einer „metrópolis" („Mutterstadt") eine „Siedlung als Zentrum eines (Stadt)Staates oder einer Provinz als Ausgangspunkt für die Kolonisierung...". Auch die Römer assoziierten mit einer Metropole das Zentrum einer Kolonie bzw. den Ausgangspunkt einer Kolonisierung. Jedoch bekam der Begriff im Zuge der aufstrebenden weströmischen Kirche eine neue Dimension: Metropolen werden zu Mittelpunkten kirchlicher Verwaltungseinheiten. Das Oberhaupt der Kirchenverwaltung trägt den Titel eines Metropoliten (Lees, 1984 und Zohlen, 1995 aus Paal, 2005, S. 18).

Während der Begriff bis zum Ende des 19. Jahrhunderts in Literatur und Wissenschaft, insbesondere auch in der Stadtforschung, keine Verwendung findet, entkoppelt er sich auf einer weniger intellektuellen Wahrnehmungsebene im zweiten Drittel des 19. Jahrhunderts von seiner kirchengeschichtlich geprägten Bedeutung. So werden die auf die Bedürfnisse und den Maßstab der Großstadt abgestimmten Dienstleistungen mit dem Attribut des Metropolitanen belegt: Die ersten europäischen Untergrundbahnen in Paris und Budapest erhalten den Namen „Metro" und „Metropolitain". Metropole wird in der Folge mit Modernität und großstädtischem Dienstleistungsangebot assoziiert (Paal, 2005, S. 19).

Im Zuge des wachsenden Nationalismus im Europa der 1930er Jahre und der damit einhergehenden Großstadtfeindlichkeit verschwindet der Begriff aus dem Sprachgebrauch. Erst Ende der 1970er Jahre, nachdem sich der Verfall der Innenstädte und einhergehende Suburbanisierungstendenzen langsam abschwächen, wird der Begriff wiederentdeckt. Mit der Wiederentdeckung der Stadtmitte und dem Entstehen einer neuen städtischen Kultur ändert sich auch die Haltung der Gesellschaft gegenüber der Großstadt, die hinsichtlich der Lebensqualität neu wahrgenommen wird. Hier kommt wiederum der Begriff der Metropole zur Anwendung (Paal, 2005, S. 20).

Eine eindeutige Definition des Begriffs Metropole existiert jedoch nicht. Das Spektrum der Assoziationen reicht von einer „Hauptstadt weltstädtischen Charakters bis zur simplen Gleichsetzung mit einem Zentrum" (Zohlen, 1995, S. 31 aus Paal, 2005, S. 18). In einer sehr allgemeinen Sichtweise werden mit Metropolen heute die führenden städtischen Agglomerationen gekennzeichnet, in denen sich die bedeutendsten politischen, sozialen, wirtschaftlichen und kulturellen Einrichtungen eines Landes konzentrieren (Taubmann, 1996, S. 5 aus Heineberg, 2001, S. 27). Verwandte Bezeichnungen sind z. B. „Agglomeration", „Verdichtungsraum" sowie „Ballungsgebiet". Bei diesen Begriffen stehen jedoch Kategorien wie Ausdehnung und Bevölkerungskonzentration im Vordergrund.

Eine allgemeingültige Abgrenzung auf der Basis quantitativer Indikatoren existiert ebenfalls nicht. L. Jakobsen und V. Prakash haben 1974 eine Stadtgrößengliederung vorgeschlagen, die auch noch heute anwendbar ist, sich allerdings nicht durchgesetzt hat: Ab einer Einwohnerzahl von 1 Mio. wird von einer „Metropolis" gesprochen, bei mehr als 10 Mio. Einwohnern von einer „Megalopolis". Für kleinere Städte werden die Begriffe „City" und „Town" verwendet (Jacobsen et al., 1974). In Deutschland würden dieser Definition entsprechend lediglich Berlin, Hamburg und München zu den Metropolen gezählt werden können. Es ist dabei zu kritisieren, dass lediglich die absolute Bevölkerungszahl des (administrativen) Stadtgebietes berücksichtigt wird, wichtige Kriterien wie z. B. Dichte- und Verflechtungsindikatoren bleiben jedoch außen vor.

Bronger unternahm den Versuch, eine sowohl für Industrie- als auch Entwicklungsländer anwendbare Definition zu entwickeln, die auch die Bevölkerungsdichte und die Zentrenstruktur einbezieht. Aufgrund der unzureichenden Datenverfügbarkeit in vielen Entwicklungsländern wurden jedoch nur drei Indikatoren berücksichtigt. Eine Metropole weist demnach

- eine Mindestgröße von 1 Mio. Einwohner bezogen,
- einen Gesamtraum mit einer Mindestdichte von 2.000 Einwohner/qkm und
- eine monozentrische Struktur auf.

Ab einer Zahl von fünf Mio. Einwohnern spricht Bronger von einer Weltstadt („global city"). Durch die Forderung nach einer monozentrischen Struktur werden polyzentrische Metropolregionen, wie z. B. die Region Rhein-Ruhr, ausgeschlossen. Begründet wird das Vorgehen durch das Fehlen einer funktionalen Dominanz auf ihre Umgebung (Bronger, 2004, S. 31f).

Unter Zugrundelegung der Kriterien zur Abgrenzung von Stadtregionen der Bundesforschungsanstalt für Landeskunde und Raumordnung (BfLR) aus dem Jahr 1995, einer Weiterentwicklung des Stadtregionenmodells von Boustedt, können bei Anwendung der von Bronger genannten Grenzwerte von den 62 Stadtregionen in Deutschland sechs als (monozentrische) „Metropolen" klassifiziert werden: Neben Berlin, Hamburg und München auch Köln, Frankfurt und Stuttgart. Es handelt sich dabei auch um die wichtigsten Büromärkte. Einschränkend ist zu erwähnen, dass das Dichtekriterium nicht von allen genannten Städten erfüllt wird. Gibt man die Forderung nach einer monozentrischen Struktur auf, so kommen noch die polyzentralen Metropolregionen „Rhein-Ruhr" (32 Kernstädten), „Rhein-Main" (sechs Kernstädte) und „Rhein-Neckar" (drei Kernstädte) dazu (Bronger, 2004, S. 34f).

Rein quantitative Abgrenzungsversuche werden indes der Vielschichtigkeit des Metropolenbegriffs nicht gerecht. Die französische Schule der Stadtgeographie formulierte die erste funktionale Definition (Bastie et al., 1991 aus Paal, 2005, S. 21). Demnach ist nicht nur die Größe bzw. die Einwohnerzahl relevant. Eine weniger hohe Bevölkerungszahl kann durchaus durch andere Faktoren kompensiert werden, wie

- ein funktionierendes Verkehrs- und Kommunikationssystem,
- Finanzaktivitäten erster Ordnung,
- Sitze internationaler Firmen,

- Konzentration politischer Kräfte und staatlicher Administration,
- Medien- und Technologiezentren,
- Zentrum kultureller Aktivitäten sowie Wissenschaftsstandort,
- Kongress- und Tourismuszentren.

Dem ist hinzuzufügen, dass Metropolen Ressourcen und Aktivitäten eines weiten Umlandes auf sich konzentrieren. Das administrative Stadtgebiet wird also durch einen weiten Einzugsbereich zu einer Metropolregion ergänzt. Der Gedanke der Metropolregion wird seit Mitte der 1990er Jahre im Konzept der Europäischen Metropolregionen (EMR) thematisiert. Im Raumordnungspolitischen Handlungsrahmen der Ministerkonferenz für Raumordnung (MKRO) werden die Metropolregionen definiert. EMR sind demnach durch „einen oder mehrere städtische Kerne sowie damit in Beziehung stehende engere und weitere metropolitane Verflechtungsbereiche gekennzeichnet. ... Metropolregionen [sind] Motoren der wirtschaftlichen, sozialen und kulturellen Entwicklung mit internationaler Bedeutung und Erreichbarkeit."

1995 wurden zunächst sechs Regionen als EMR ausgewiesen: Berlin/Brandenburg, Hamburg, München, Rhein-Main einschließlich Frankfurt, Rhein-Ruhr und Stuttgart. In weiteren Schritten wurden 1997 die Region „Halle/Leipzig-Sachsendreieck" und 2005 die Regionen Hannover-Brauschweig-Göttingen, Nürnberg, Rhein-Neckar und Bremen-Oldenburg ergänzt, so dass sich die Anzahl der Metropolregionen auf nunmehr elf erhöht hat. Es wird jedoch betont, dass neben den elf EMR weitere dynamische Wachstumscluster, Städte und Standorträume existieren, die ein eigenständiges zukunftsfähiges Profil aufweisen und durchaus auch von internationaler Bedeutung sein können (MKRO, 2006, S. 15). Darüber hinaus sind neben den elf EMR weitere Standorte, die außerhalb des weiteren Verflechtungsbereiches der EMR liegen, mit Metropolfunktionen ausgestattet: In Schleswig-Holstein sind in diesem Zusammenhang z. B. Kiel und Lübeck zu nennen. Beide Universitätsstädte sind mit zahlreichen administrativen Funktionen ausgestattet.

Metropolregionen zeichnen sich durch vielfältige Beziehungen zu anderen nationalen und internationalen Regionen, insbesondere auch zu anderen Metropolregionen in Deutschland und Europa aus: Sie bilden mit ihnen ein System funktionaler Arbeitsteilung. Darin kommt ein neues Raumverständnis zum Tragen: Während im Zeitalter der Nationalstaaten und Nationalökonomien Flächen und Territorien im Zentrum des Interesses standen, liegt dem Konzept der Europäischen Metropolregionen „ein Raum von Flüssen bzw. Strömen [zugrunde], in dem die Metropolregionen als Knoten das wichtigste Struktur bildende Moment sind". Mit der zunehmenden externen Verflechtung sind tendenziell Effizienzvorteile und Wachstumschancen verbunden, so dass den Metropolregionen eine Schlüsselrolle für die europäische Entwicklung zugewiesen wird (Blotevogel, 2002, S. 346).

Charakteristisch für Metropolregionen ist ein Bündel von europäisch und auch global bedeutsamen Funktionen. Zu nennen sind Entscheidungs- und Kontrollfunktionen, Innovations- und Wettbewerbsfunktionen sowie Gateway-Funktionen (Tabelle 1). Die Funktionen sind nicht getrennt voneinander zu betrachten, sondern bedingen und verstärken einander gegenseitig. Auch zielen sie primär nicht auf die Versorgung privater Hauhalte im Sinne des klassischen Zentrale-Orte-Konzepts, sondern dienen als „Impulsgeber für die ökonomische, politische, soziale und kulturelle Raumentwicklung" (Blotevogel, 2002, S. 346).

Für Metropolen ist nicht nur eine Konzentration auf den tertiären Sektor prägend, sondern insbesondere eine „Spezialisierung auf spezifische Dienstleistungsbranchen bzw. -gruppen" (Paal, 2005, S. 23). Die Integration der metropolitan geprägten Stadtregionen Deutschlands in europäische und globale Interaktionssysteme hat Kujath zufolge zwar zur Profilschärfung der Regionen beigetragen, nicht aber die bereits vorhandenen Spezialisierungstendenzen umgekehrt. Die regionalen Ökonomien ergänzen sich hinsichtlich ihres Funktionenspektrums (Tabelle 2 aus Kujath, 2002, S. 328f).

Metropolfunktionen werden teilweise von Dienstleistungsunternehmen erbracht, des Weiteren fragen die Anbieter von Metropolfunktionen Dienstlungen nach (z.

B. Headquarter transnationaler Produktionsunternehmen). In der Konsequenz konzentriert sich ein großer Teil der Büroflächennachfrage in den deutschen Metropolen. Es stellt sich vor diesem Hintergrund die Frage, wie sich die räumliche Konzentration der verschiedenen Funktionen in den Metropolen erklären lässt. Das wird anhand des Dienstleistungssektors nachgezeichnet.

Tabelle 1: Entwicklungsstrategische Funktionen der Metropolregionen

Funktionen von Metropolen	Ebene	Abgeleitete Merkmale
Entscheidungs- und Kontrollfunktionen	Privatwirtschaft	- Headquarter großer nationaler und transnationaler Unternehmen - Finanzwesen: Banken, Börse usw. - breites Spektrum hochspezialisierter Dienstleister
	Staat	Regierung
	Sonstige Organisationen	Supranationale Organisationen (EU, UN), internationale NGOs
Innovations- und Wettbewerbsfunktionen	Generierung und Verbreitung von Wissen, Einstellungen, Werten, Produkten	
	Wirtschaftlich-technische Innovationen	- F&E-Einrichtungen - Universitäten - wissensintensive Dienstleister
	Soziale und kulturelle Innovationen	- Kulturelle Einrichtungen (Theater, Museen, Großveranstaltungen usw.) - Orte sozialer Kommunikation (Gaststätten, Sport usw.)
Gateway-Funktionen	Zugang zu Menschen	Fernverkehrsknoten (insbesondere Luftverkehr), ICE-Knoten und Autobahnknoten
	Zugang zu Wissen	Medien (Fernsehen, Printmedien usw.), Kongresse, Bibliotheken, Internet-Server
	Zugang zu Märkten	Messen, Ausstellungen

Quelle: Blotevogel, 2002, S. 346

Tabelle 2: Funktionsprofile deutscher Metropolräume

Stadtregion	Industrielle Spezialisierung (Innovationsfunktion)	Metropolitane Dienstleistungsfunktion (Vermittlungs- und Entscheidungsfunktion)	Kommunikations- und Verkehrsknoten (Gateway-Funktion)
Frankfurt/Rhein-Main	mittel	stark	stark
München/Oberbayern	stark	mittel	mittel
Rhein-Ruhr	stark	mittel	schwach
Stuttgart/Mittlerer Neckar	stark	schwach	schwach
Hamburg	schwach	stark	mittel
Berlin/Brandenburg	im Entstehen	mittel	im Entstehen
Sachsendreieck	im Entstehen	im Entstehen	im Entstehen

Quelle: Kujath, 2002, S. 329

2.1.2 Metropolen als bevorzugter Standort hochrangiger Dienstleistungsfunktionen

Entsprechend der Drei-Sektoren-Hypothese expandierte in der Vergangenheit in den alten Industrienationen der tertiäre (Dienstleistungen) auf Kosten des primären und sekundären Sektors. Der Dienstleistungssektor ist allerdings nicht homogen: Neuere Ansätze gliedern den tertiären Sektor weiter auf in einen tertiären und einen quartären Sektor. Im Unterschied zu dem tertiären Sektor, zu dem z. B. Handel, Verkehr und einfache Serviceleistungen gezählt werden, ist für die Ausübung einer quartären Tätigkeit eine höhere Ausbildung erforderlich. Zu quartären Funktionen gehören z. B. Einrichtungen der Regierung und der öffentlichen Verwaltung, Verbände und Industrieverwaltungen. Daneben gehören zu den quartären Tätigkeiten gehobene personenbezogene Dienstleistungen wie z. B. Ärzte und Rechtsanwälte sowie Dienstleistungen zu Transaktionszwecken, wie z. B. Banken, Börsen und Versicherungen. Innerhalb des Dienstleistungssektors sind in den letzten drei Dekaden insbesondere quartäre Tätigkeiten expandiert, was zu einer starken Ausweitung der Bürotätigkeiten geführt hat (Heineberg, 2001, S. 167f).

Unternehmensorientierte Dienstleistungen zeigten dabei eine besonders starke Wachstumsdynamik. So konnten die „übrigen Dienstleistungen, bei denen es sich v. A. um unternehmensorientierte handelt, zusammen mit den Sektoren Bildung, Gesundheitswesen und Verkehr in den 1990er Jahren die höchsten Wachstumsraten auf sich vereinen (Härtel et al., 1998, S. 191f aus Schätzl, 2002, S. 52f). Innerhalb der unternehmensorientierten sind es wiederum wissensorientierte Dienstleistungen, die stark an Bedeutung gewonnen haben: Zwischen 1982 und 1996 hat die Anzahl der Beschäftigten in diesem Sektor um 70 % zugenommen. Bezogen auf die Gesamtwirtschaft handelt es sich allerdings immer noch um ein kleines Segment (Czarnitzky et al., 2000, S. 2 aus Schätzl, 2002, S. 53f). Zu der Entwicklung hat beigetragen, dass produzierende Unternehmen mehr und mehr dazu übergehen, Dienstleistungen auszulagern und durch Dritte erbringen zu lassen. Da für quartäre Dienstleistungen zwischenbetriebliche Interaktionen, wie z. B. Geschäftskontakte, prägend sind

(Heineberg, 2001, S. 168), finden sie in stark verdichteten Gebieten optimale Standortbedingungen. Insofern profitierten in der Vergangenheit insbesondere Metropolen von der Tertiärisierung.

Eine integrierte Standorttheorie für den sehr heterogenen Dienstleistungssektor existiert nicht. Räumliche Ballungen von Unternehmen werden in den Raumwissenschaften allgemein durch das Wirken von Agglomerationseffekten erklärt. Von Relevanz sind in diesem Zusammenhang externe Effekte, die durch die räumliche Konzentration ökonomischer Aktivitäten hervorgerufen und nicht über den Markt abgegolten werden. Es werden dabei Lokalisations- und Urbanisationseffekte unterschieden. Während Lokalisationseffekte zwischen Betrieben einer Branche auftreten, wirken Urbanisationseffekte zwischen Unternehmen verschiedener Branchen und zwischen anderen städtischen Aktivitäten. Die Effekte können konzentrierend („positive Effekte") und dekonzentrierend („negative Effekte") wirken. Überwiegen für eine Branche in der Summe die positiven Effekte, resultieren daraus höhere Arbeits- und Kapitalproduktivitäten der Betriebe, die sich in einer höheren Wettbewerbsfähigkeit niederschlagen (Blotevogel, 2002, S. 346). Da sich unternehmensorientierte Dienstleister in den deutschen Metropolen konzentrieren, kann für dieses Segment das Wirken positiver Agglomerationseffekte unterstellt werden.

Das Konzept der innovativen regionalen Milieus kann zur Erklärung des Standortverhaltens von Wachstumsindustrien und innovativen KMUs, aber auch für wissensintensive, unternehmensorientierte Dienstleister herangezogen werden. Innovative Milieus entstehen durch die räumliche Konzentration maßgeblicher betrieblicher und wissenschaftlicher Akteure einer Branche und begünstigen die Entstehung von Innovationen. Durch die räumliche Nähe der Akteure wird die Entstehung und Ausbreitung des Wissens begünstigt. Je höher die Wissensintensität der Dienstleister ist, desto größer ist auch ihre räumliche Konzentration (Moßig, 2000, S. 30f aus Schätzl, 2002, S. 42 und 44). Die Konzentration wissensintensiver, unternehmensorientierter Dienstleister in den Metropolregionen kann also durch die Einbettung in innovativen Milieus begünstigt werden.

Für unternehmensorientierte Dienstleister besitzen Face-to-Face-Kontakte bei der Übertragung von Wissen trotz der sich rasch entwickelnden Kommunikationstechnologien auch heute noch einen großen Stellenwert. Die Einbettung in Unternehmensnetzwerke erleichtert die Kontaktanbahnung und den Informationsaustausch. In derartigen Netzwerken werden auch Spillovereffekte realisiert. Das sind Innovationen, die durch Interaktion der verschiedenen Akteure entstehen (Schätzl, 2002, S. 44). In den Metropolen laufen derartige Prozesse teilweise in räumlich abgegrenzten, homogenen Vierteln ab (z. B. der Banken- und Finanzsektor in Frankfurt), deren Entwicklung durch die ausgeprägte Standortpersistenz hochrangiger Dienstleistungsfunktionen begünstigt wird.

Neben den lokalen Netzwerken ist die globale Vernetzung der Metropolen untereinander für die Standortwahl unternehmensorientierter Dienstleister von großer Bedeutung. Aufgrund der Relevanz der „Face-to-Face"-Kommunikation sind gute Verkehrsverbindungen weiterhin wichtige Standortfaktoren. Metropolen sind in der Regel bedeutende Verkehrsknotenpunkte: Neben Straßen- und Eisenbahnknoten verfügen sie auch über internationale Flughäfen (Blotevogel, 2002, S. 347). Aufgrund der schnellen Verbindungen bieten Metropolen transnational agierenden Unternehmen optimale Standortvoraussetzungen. Damit lässt sich z. B. die Konzentration international agierender Dienstleistungsunternehmen erklären.

2.1.3 Städteklassifikationen aus Sicht der Büromarktforschung

Da in der allgemeinen Metropolenforschung keine allgemeingültige Definition des Metropolenbegriffs existiert, werden im Folgenden verschiedene Abgrenzungsversuche in der Büromarktforschung vorgestellt. Jedoch existieren auch hier weder einheitliche Schwellenwerte noch allgemeingültige Begrifflichkeiten (kleinere Städte werden z. B. als Sekundärstädte, B- oder Nebenstandorte bezeichnet). Üblicherweise wird in Deutschland der Büroflächenbestand zur Abgrenzung der Investitionszentren von den restlichen Märkten herangezogen. Zu den Metropolen werden dann i. d. R. Berlin, Düsseldorf, Frankfurt, Hamburg und München gezählt („Big Five"). Uneinheitliche Abgrenzungsversuche führen jedoch dazu, dass die auf den Plätzen sechs und sieben liegenden Standorte Köln und Stuttgart oftmals hinzugezählt werden, während Düsseldorf z. T. nicht berücksichtigt wird.

Tabelle 3 stellt einen Abgrenzungsversuch dar, den DEGI Research im Rahmen des Marktberichtes 2006 vorgenommen hat. In dieser Studie werden alle Standorte mit einem Büroflächenbestand über 5 Mio. qm zu den A-Standorten gezählt: Stuttgart und Köln gehören demnach dazu. A-Standorte werden als Büromärkte in Städten mit internationaler oder zumindest nationaler Bedeutung charakterisiert, während B-Standorte Märkte in den kleineren Städten mit regionaler und z. T. nationaler Bedeutung sind.

Tabelle 3: Größenstruktur der deutschen Büromärkte 2006

	Büroflächenbestand 2006	Standort[10]
A-Standorte	≥ 5 Mio. m²	Berlin, Düsseldorf, Frankfurt am Main, Hamburg, Köln, München, Stuttgart
B-Standorte	4 - 5 Mio. m²	Hannover
	3 - 4 Mio. m²	Bonn, Bremen, Essen, Leipzig, Nürnberg
	2 - 3 Mio. m²	Dortmund, Dresden, Duisburg, Karlsruhe, Mannheim, Wiesbaden
	≤ 2 Mio. m²	u. a. Braunschweig, Flensburg, Kiel, Lübeck, Münster, Rostock, Wolfsburg

Quelle: DEGI Research, 2006, S. 19

Andere Untersuchungen unterteilen auch die regionalen Märkte noch in verschiedene Gruppen. Dobberstein unterscheidet bspw. zwischen den vier größten westdeutschen Metropolen (Hamburg, München, Düsseldorf und Frankfurt), den sog. „2. Reihe-Standorten" (Hannover, Köln, Stuttgart, Essen und Dort-

---

[10] DEGI identifizierte 67 Standorte in Deutschland, die Kriterien wie z. B. eine Einwohnerzahl über 80.000 oder eine funktionale Bedeutung eines Oberzentrums aufweisen. Davon wurden 60 Standorte zu den B-Standorten gruppiert.

mund) und den restlichen Großstädten mit mehr als 100.000 Einwohnern (dazu gehören z. B. Braunschweig, Lübeck und Kiel). Die ostdeutschen Standorte (z. B. Berlin) bleiben bei der Aufzählung unbetrachtet.

RIWIS verwendet für die Büromarktbeobachtung sogar vier Kategorien: „A-Städte" (Berlin, Düsseldorf, Frankfurt/Main, Hamburg, Köln, München, Stuttgart), „B-Städte" (Bonn, Bremen, Dortmund, Dresden, Duisburg, Erfurt, Essen, Hannover, Magdeburg, Mainz, Leipzig, Nürnberg, Wiesbaden), „C-Städte" (u. a. Kiel und Lübeck) und „D-Städte" (u. a. Flensburg und Neumünster). Während A-Städte als wichtigste deutsche Zentren mit nationaler und zum Teil internationaler Bedeutung charakterisiert werden, besitzen B-Städte lediglich nationale Bedeutung. C-Städte haben noch eine eingeschränkt nationale Bedeutung mit wichtiger Ausstrahlung auf die umgebende Region. D-Städte werden schließlich als „kleine, regionale Fokussierungsstandorte" mit zentraler Funktion für ihr direktes Umland beschrieben (RIWIS Standortreport: Metainformationen).

Einen anderen Ansatz hat Beidatsch gewählt (Beidatsch, 2006). Zur Abgrenzung homogener Büroimmobilienmärkte wurde auf Kreisebene eine Clusteranalyse durchgeführt. Auf diese Weise konnten mittels immobilienmarktspezifischer Kennziffern drei verschiedene Marktcluster identifiziert werden: „Großstädte", „zweitrangige A-Standorte" und eine Restgröße („in der Fläche"). Marktcluster werden hier als Orte ähnlicher Immobilienmarktkennziffern beschrieben, denen aber unterschiedliche Wirkungsweisen und Regionalstrukturen zugrunde liegen. Zu den Großstädten gehören lediglich Frankfurt, Hamburg und München (Berlin sowie die restlichen ostdeutschen Standorte wurden in den Analysen nicht berücksichtigt). Zu den 16 A-Standorten gehören neben Köln, Düsseldorf und Stuttgart u. a. auch Kiel und Lüneburg, während zu den restlichen Märkten („in der Fläche") neben Städten wie Lübeck und Braunschweig auch Bremen, Essen, Dortmund, Hannover und Münster gezählt werden.

Da die B-Standorte trotz zahlreicher Gemeinsamkeiten keine homogene Einheit bilden, lassen sich verschiedene Gruppen entsprechend ihrer Wirtschaftsprofile unterscheiden (DEGI, 2005, S. 2):

- Standorte mit traditionellen Verwaltungsfunktionen wie z. B. Bonn, Wiesbaden, Münster, Mainz und Kiel, die durch einen hohen Anteil an Bürobeschäftigten geprägt sind. Die Flächenbelegung der öffentlichen Hand übt normalerweise einen stabilisierenden Effekt auf die Büromärkte aus.
- Standorte im Einzugsgebiet großer Ballungsräume, die von den wirtschaftlichen Verflechtungen zu den Büromarktzentren profitieren (z. B. im Rhein-Main- und im Ruhrgebiet).
- altindustrielle Standorte wie z. B. Essen, Bochum und Dortmund. Diese haben den Strukturwandel bereits weitestgehend vollzogen. Die genannten Standorte weisen insgesamt ein ausgeglichenes Verhältnis von Angebot und Nachfrage auf und in der Konsequenz relativ geringe Schwankungen der Leerstandsquote.
- regionale Wirtschaftsstandorte in Ostdeutschland, wie z. B. Magdeburg und Rostock. Aufgrund tiefgreifender struktureller Umbrüche und geringer Marktreife bilden sich nur langsam Marktgleichgewichte auf niedrigem Niveau aus.

Für die weitere Untersuchung ist festzuhalten, dass zu den deutschen Bürometropolen in jedem Fall Hamburg, München, Frankfurt und Berlin zu zählen sind. Je nach Untersuchungsansatz werden auch Düsseldorf, Stuttgart und Köln berücksichtigt. Es handelt sich bei diesen sieben Städten auch um die bedeutendsten Büroimmobilienmärkte der Bundesrepublik Deutschland, die darüber hinaus auch einen internationalen Stellenwert haben. Die restlichen Standorte werden im Folgenden vereinfachend als „kleine und mittelgroße Städte" bzw. auch als „kleinere Städte" bezeichnet, obgleich es sich dabei auch um Großstädte mit weit über 100.000 Einwohnern handelt.

2.2 Investmentmärkte für Büroimmobilien: Kleine Märkte im Vergleich zu den Metropolen

2.2.1 Die Bedeutung der Büroimmobilie als Kapitalanlagegut

In den verschiedenen Wissenschaften wird der Begriff der Immobilie nicht einheitlich verwendet. Zunächst werden die unterschiedlichen Dimensionen des Immobilienbegriffs dargestellt. Bone-Winkel unterscheidet physische, rechtliche und ökonomische Immobilienbegriffe. Während aus physischer Sicht lediglich materielle, also sichtbare, Eigenschaften wie Wände, Böden und Dächer von Bedeutung sind, werden in den Rechtswissenschaften Immobilien bereits deutlich differenzierter betrachtet. Eine eindeutige Legaldefinition des Immobilienbegriffs existiert jedoch nicht. Allen juristischen Definitionen ist gemein, dass der Immobilienbegriff über den Grund und Boden erschlossen wird und Gebäude nicht als rechtlich eigenständig betrachtet werden[11] (Bone-Winkel et al., 2005c, Seite 7-10).

In den Wirtschaftswissenschaften steht dagegen der Aspekt der Nutzenstiftung im Vordergrund. Es werden investitions- und produktionsbezogene Ansätze unterschieden: Aus investitionstheoretischer Sicht sind Immobilien Kapitalanlagen oder Sachvermögen, während aus einer produktionstheoretischen Perspektive die Immobilie als Produktionsfaktor charakterisiert werden kann (Schäfers, 1997, 14ff.), also als Betriebsmittel, das für den leistungswirtschaftlichen Faktorkombinationsprozess in einem Unternehmen benötigt wird. Immobilien gehören somit zum Ressourcen- bzw. Produktionsfaktorbestand der Unternehmen (Bone-Winkel et al., 2005c, S. 11).

Aus der Perspektive des Anlegers können Immobilien als „space and money over time" beschrieben werden (Phyrr et al., 1989, S. 4 aus Bone-Winkel et al., 2005c, S. 11). Der Anleger investiert „Geld-Kapital" in eine Immobilie und vermietet sie gegen ein Nutzungsentgelt an einen Dritten. Es werden dabei Raum-Zeiteinheiten in Geld-Zeiteinheiten umgewandelt, die dem Kapital des Investors zugutekommen. Dieser wird die Immobilie später veräußern und wie zu Beginn

---

[11] So findet die Bezeichnung „Immobilie" z. B. im Bürgerlichen Gesetzbuch (BGB) überhaupt keine Verwendung, es wird hier lediglich von Grundstücken gesprochen. Das BGB setzt jedoch fest, dass Gebäude zum Bestandteil des darunter liegenden Grundstücks werden, weil sie fest mit dem Grund und Boden verbunden sind (Bone-Winkel u. a., 2005c, Seite 7-10).

des Prozesses ausschließlich über einen Bestand an Geldkapital verfügen (Phyrr et al., 1989, Seite 4 aus Bone-Winkel et al., 2005c, S. 11).

Um den verschiedenen Dimensionen des Immobilienbegriffs gerecht zu werden, wird im Rahmen dieser Arbeit eine übergreifende Definition verwendet. Immobilien sind demnach „Wirtschaftsgüter, die aus unbebauten Grundstücken oder bebauten Grundstücken mit dazu gehörigen Gebäuden und Außenanlagen bestehen. Sie werden von Menschen im Rahmen physisch-technischer, rechtlicher, wirtschaftlicher und zeitlicher Grenzen für Produktions-, Handels-, Dienstleistungs- und Konsumzwecke genutzt" (Bone-Winkel et al., 2005c, Seite 16).

Da Büroflächen auf Märkten gehandelt werden, wird im Rahmen dieser Arbeit eine marktbezogene Definition verwendet. Büroflächen sind „diejenigen Flächen, auf denen typische Schreibtischtätigkeiten durchgeführt werden bzw. durchgeführt werden könnten und die auf dem Büroflächenmarkt gehandelt, das heißt als Bürofläche vermietet werden können. Hierzu zählen auch vom privaten oder vom öffentlichen Sektor eigen genutzte sowie zu Büros umgewidmete Flächen, ferner selbstständig vermietbare Büroflächen in gemischt genutzten Anlagen, insbesondere in Gewerbeparks" (gif, 2004, S. 3). Büroimmobilien sind demnach Gebäude, die überwiegend Büroflächen enthalten.

Immobilien stehen grundsätzlich mit anderen Assetklassen, wie z. B. Aktien und Renten, um die Gunst der Anleger in Konkurrenz. Immobilien weisen im Vergleich zu anderen Gütern besondere Eigenschaften auf, die ihre Eignung als Wirtschaftsgut determinieren. Die grundlegendste Eigenschaft ist die der Immobilität: Die Lage der Immobilie begrenzt die Nutzungsmöglichkeiten und beeinflusst den ökonomischen Wert maßgeblich. Darüber hinaus sind Immobilien immer als Teil eines urbanen Umfelds anzusehen. Eine direkte Folge der Immobilität ist die Heterogenität: Jede Immobilie ist einzigartig und somit ein individuelles, autonomes Wirtschaftsgut. Das hat zur Folge, dass Immobilienmärkte eine vergleichsweise geringe Markttransparenz aufweisen. Aufgrund der Heterogenität der Immobilien ist es schwierig, für den Gesamtmarkt gültige Aussagen zu treffen. Marktberichte tragen zwar zu einer Erhöhung der Transparenz bei. Sie reicht jedoch nicht annähernd an die der Aktien- und Rentenmärkte heran (Bone-Winkel et al., 2005c, S. 16-23).

Eine weitere Folge der Heterogenität der Immobilien besteht in der Nichtexistenz eines einheitlichen Immobilienmarktes. Er spaltet sich vielmehr in räumliche und sachliche Teilmärkte auf. Zu den sachlichen Teilmärkten gehören der Büroflächen- und der Wohnungsmarkt sowie der Markt für Einfamilienhäuser, Hotels und Handelsimmobilien (Bone-Winkel et al., 2005c, S. 16-23). Büroimmobilien sind neben Einzelhandels-, Logistik- und Produktionsimmobilien (Hallen) zu den Gewerbeimmobilien zu zählen. Folgende Eigenschaften haben dazu beigetragen, dass den Büroimmobilien eine große Bedeutung als Anlagegut zukommt (Morgan et al. aus Schätzl, 2002, S. 81):

- Die Standortqualität gilt bei Büroimmobilien als leichter einschätzbar als bei Einzelhandelsimmobilien
- Die Transparenz der wichtigsten Büroimmobilienmärkte ist dank einer Vielzahl von Marktberichten inzwischen relativ hoch
- Standorte und Konzepte bei Büros sind relativ langlebig
- Bürohäuser sind verhältnismäßig einfach zu verwalten – anders als z. B. bei Einkaufszentren ist es nicht notwendig, Büroobjekte intensiv zu betreuen
- Investitionssummen je Objekt variieren stark (zwischen 1 Mio. und 100 Mio. Euro). Das impliziert, dass für die Bedürfnisse verschiedener Anleger ein passendes Objekt gefunden werden kann. Bei anderen Immobilienanlageformen ist dies nicht so einfach.

Räumliche Teilmärkte existieren auf unterschiedlichen Ebenen: Sie ergeben sich aus dem Zusammenspiel von Angebot und Nachfrage in verschiedenen Regionen, Städten und Stadtteilen. Im Folgenden werden die Einflussfaktoren des städtischen Investmentmarktes für Büroimmobilien beleuchtet.

2.2.2 Determinanten des (regionalen) Investmentmarktes für Immobilien

Der Investmentmarkt steht mit dem Büroflächenmietmarkt in einem engen Verhältnis. Nur langfristig vermietete Gebäude erwirtschaften eine adäquate Rendite und lassen sich zu einem angemessenen Preis wieder veräußern. Entscheidende Einflussfaktoren der regionalen Märkte sind die regionalen Gegebenheiten, insbesondere die Wirtschaftsstruktur und die Dynamik der regionalen Wirtschaft. Darüber hinaus beeinflussen aber auch externe Faktoren, wie z. B. das Zinsniveau und die Steuergesetzgebung, die regionalen Märkte. Die Wirkungsmechanismen werden im Folgenden näher erläutert (Abbildung 1).

Ein wichtiger Parameter des regionalen Investmentmarktes für Büroimmobilien ist das Verhältnis zwischen dem Angebot der zum Verkauf stehenden Büroimmobilien und der regionalen Nachfrage nach geeigneten Anlageimmobilien durch Investoren. Sofern sich Angebot und Nachfrage decken, ist der Markt im Gleichgewicht und es wird ein Gleichgewichtspreis erzielt. Das Zusammenspiel von Angebot und Nachfrage determiniert die Immobilienpreise: Ein Angebotsüberhang wirkt sich negativ auf die Preisentwicklung aus, Nachfrageüberschüsse wirken in die entgegen gesetzte Richtung.

Struktur und Qualität eines regionalen Büroimmobilienmarktes lassen sich an Attributen wie dem Grad der Arbeitsteilung, der Professionalität der Akteure oder auch der Markttransparenz ablesen. So verfügen insbesondere Metropolen über „reife" Büroimmobilienmärkte, die sich durch einen hohen Grad an Arbeitsteilung, einem erheblichen Anteil internationaler Akteure und einer fortlaufenden Marktberichterstattung auszeichnen. Aber auch in vielen kleineren Städten hat sich in den letzten Jahren die Markttransparenz durch eine Vielzahl an Büromarktberichten verbessert.

Zwischen dem Investmentmarkt und dem Büroflächenmietmarkt besteht ein direkter Wirkungszusammenhang. Wichtige Parameter des Mietmarktes sind aus Investorensicht der jährliche Mietflächenumsatz, das Leerstandsniveau sowie der Mietzins. Ein hoher Flächenumsatz erleichtert z. B. die Nachvermietung von Flächen, sofern wichtige Mieter ausfallen, und senkt damit das Nachvermietungsrisiko des Investors. Ein hohes Leerstandsniveau geht mit einem hohen Konkurrenzangebot an Flächen einher und wirkt sich in der Regel negativ auf den Mietzins aus. Das betrifft allerdings primär den Leerstand an gleichwertigen Mietflächen. Sinkende Mieten sind wiederum gleichbedeutend mit Wertverlusten der betreffenden Immobilien, da sich der Wert der Objekte vereinfacht ausgedrückt aus dem Produkt der Jahresmieterträge sowie eines regionalen Vervielfältigers errechnet.

Entscheidende Einflussfaktoren sowohl des Mietflächen- als auch des Investmentmarktes sind die Gegebenheiten in der Region, insbesondere die Wirtschaftsstruktur und die Wachstumsdynamik. Wirtschaftswachstum geht i. d. R. auch mit einem Anstieg der Nachfrage nach tertiären und quartären Tätigkeiten und somit mit einer steigenden Anzahl an Bürobeschäftigten einher. Wirtschaftswachstum wirkt sich auf diese Weise positiv auf die Nachfrage nach Büromietflächen aus. Über den Mechanismus steigender Mieten entwickeln sich in der Folge auch die Immobilienpreise positiv. Umgekehrt führen regionale Schrumpfungsprozesse zu fallenden Immobilienpreisen.

Neben den regionalen Eigenschaften beeinflussen auch externe Faktoren die regionalen Investmentmärkte. So wird die regionale Wirtschaftsentwicklung von der gesamtwirtschaftlichen Entwicklung beeinflusst. Des Weiteren sind in diesem Zusammenhang z. B. die fortschreitende Globalisierung, Variationen des Zinsniveaus oder auch Veränderungen in der nationalen Steuergesetzgebung zu nennen. Prozesse wie Globalisierung und Europäische Integration führen z. B. dazu, dass ausländische Akteure vermehrt auch in deutsche Immobilien investieren, während deutsche Investoren im Gegenzug ihr Geld vermehrt im Ausland anlegen (momentan betrifft das insbesondere die offenen Immobilienfonds). Der derzeit anhaltende Investmentboom ist beispielsweise maßgeblich durch das Engagement ausländischer Anleger determiniert. Im Zuge des Nachfrageanstiegs entwickelten sich die Immobilienpreise positiv.

Das Zinsniveau beeinflusst die Investitionstätigkeit, weil es den Preis für das Fremdkapital bestimmt. In diesem Zusammenhang ist der „Leverage-Effekt" zu nennen: In Zeiten niedriger Zinsen führen höhere Fremdkapitalanteile zu einer Erhöhung der Eigenkapitalrendite. Je höher der Fremdkapitalanteil dabei ausfällt, desto größer ist der Hebel. Damit geht allerdings auch ein höheres Investitionsrisiko einher. Eine Ursache für die große Nachfrage ausländischer Investoren nach deutschen Immobilien liegt in dem Wirken positiver Leverage-Effekte infolge des niedrigen Zinsniveaus. Aber auch die Steuergesetzgebung übte in der Vergangenheit einen deutlichen Einfluss aus: Investitionen, insbesondere mittels geschlossener Immobilienfonds, erfolgten in den 1990er Jahren oft steuerorientiert. Steuerliche Anreize in den neuen Bundesländern führten zu einem Boom dieser Anlageform, der jedoch hohe Leerstandsraten nach sich zog.

Für renditeorientierte Investoren sind globale Finanzmarktentwicklungen von Bedeutung. Investoren, die Immobilien primär unter Tauschwertaspekten als Finanzanlage sehen, werden nur investieren, wenn die Rendite mit denen vergleichbarer Finanzmarktanlagen konkurrieren kann. Die lokale Investition steht somit in einem globalen Wettbewerb. Wenn die Renditen konkurrierender Finanzmarktanlagen aussichtsreicher sind, kann die lokale Immobilieninvestition unterbleiben (Heeg, 2008, S. 24).

Abbildung 1: Determinanten des Investmentmarktes für Büroimmobilien

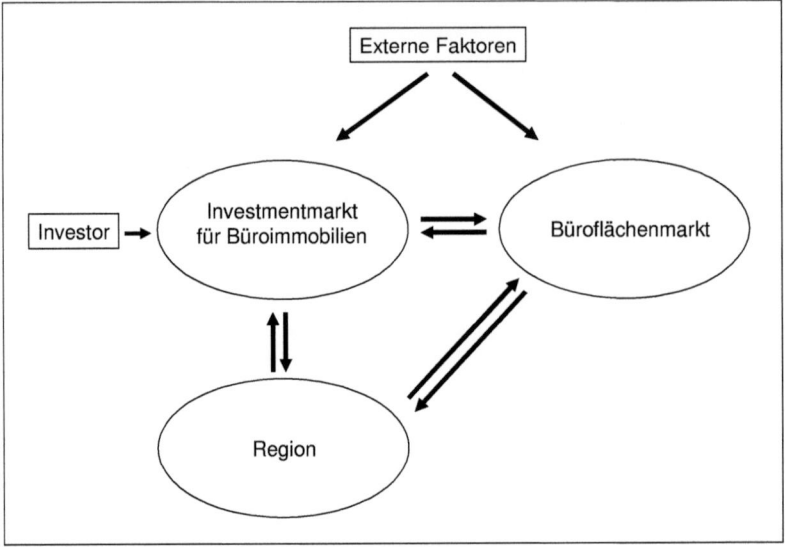

Eigene Darstellung

2.2.3 Die Besonderheiten kleiner Büromietmärkte

In einem ersten Schritt werden strukturelle Besonderheiten kleiner Büromietmietmärkte anhand ausgewählter empirischer Ergebnisse herausgearbeitet (Tabelle 4). Das wichtigste Merkmal aus Sicht der Investoren resultiert direkt aus der geringeren Größe der Städte: Die Vermietungsumsätze kleiner Büroimmobilienmärkte sind deutlich geringer als die der Metropolen. Neben der Größe sind oft größere Anteile an Eigennutzern in den kleinen Städten für die geringen Vermietungsumsätze verantwortlich: Eigennutzer befriedigen den Großteil ihres Flächenbedarfs durch eigene Immobilien. Die Nachfrage auf kleinen Büroimmobilienmärkten entsteht in der Regel im unmittelbaren räumlichen Umfeld (DEGI, 2004), der Büroflächenumsatz wird in der Folge durch Flächentausch determiniert. Die Bürometropolen profitieren dagegen auch vom Zuzug auswärtiger Unternehmen (Dobberstein, 2003, S. 152) sowie international agierender Dienstleistungskonzerne.

Für den Fall, dass große Mieter ausfallen, gestaltet sich die Nachvermietung in kleinen Städten aufgrund des geringen Umsatzes schwieriger. Das Nachvermietungsrisiko wird daher im Vergleich zu den Metropolen als relativ hoch eingeschätzt. Vermarktungszeiträume, das betrifft auch die Vorvermietung neuer Büroimmobilienprojekte, fallen dadurch ebenfalls länger aus. Das Vermietungsrisiko ist umso höher, je größer die Büroimmobilie ist. Die geringe Liquidität hat darüber hinaus zur Folge, dass die Stabilität des regionalen Marktes bereits durch einzelne größere Objekte beeinträchtigt werden kann: Transaktionen haben generell einen größeren Einfluss auf die Mietpreise und die Wertentwicklung der Immobilien (Trombello, 2004). Die geringeren Mietumsätze resultieren also in höheren strukturellen Risiken.

Hohe jährliche Mietumsätze sowie zahlreiche Großmieter führen dazu, dass in den Metropolen ein differenzierter Büroimmobilienbestand entstanden ist: Neben kleinen und mittleren Büroimmobilien sind dort auch viele Großobjekte mit weit über 10.000 qm Bürofläche zu finden. Derartige Objekte werden vorzugsweise von sehr kapitalkräftigen Investoren, wie z. B. institutionellen und auch ausländischen Opportunity Funds, nachgefragt. Große Büroimmobilien bieten die Möglichkeit, von Größendegressionseffekten z. B. bei Verwaltungs- und Wartungskosten zu profitieren. Auf diese Weise wird der Aufwand für den Investor vor dem Hintergrund einer kalkulierbaren Rendite minimiert.

Kleinere Städte unterscheiden sich von den Metropolen im Ausmaß der Bautätigkeit: So wuchs die Bürofläche in den Top 4-Standorten[12] in den letzten Jahren um 19,5 % und in den 2. Reihe-Standorten noch um 17,9 % schneller als die Anzahl der Bürobeschäftigten. In den sonstigen Großstädten betrug dieser Wert nur 11,4 % (Dobberstein, 2004, S. 31). Zu einem ähnlichen Ergebnis

---

[12] Top 4-Standorte sind Frankfurt, Düsseldorf, Hamburg und München. Zur sog. 2. Reihe gehören Hannover, Stuttgart, Essen, Dortmund und Köln. Die sonstigen Großstädte enthalten die restlichen Städte in Westdeutschland mit mehr als 100.000 Einwohner (Dobberstein, 2004)

kommt eine aktuelle Studie der dbresearch. Die kleineren Städte weisen in den Jahren 1990 bis 2006 sowohl absolut als auch relativ geringere Flächenzuwächse auf: Während in den Primärstädten[13] jährlich 224.000 qm Bürofläche fertig gestellt wurden (2,2 % des Büroflächenbestandes), waren es in den Sekundärstädten 36.900 qm (1,7 % des Büroflächenbestandes) und in den Tertiärstädten lediglich 15.000 qm (1,5 % des Büroflächenbestandes) (dbresearch, 2007, S. 6). Das Ausmaß der Bautätigkeit sinkt also mit der Größe der Stadt.

Die Unterschiede werden durch eine deutlich stärker ausgeprägte spekulative Bautätigkeit in den Primärstädten hervorgerufen. Dafür gibt es verschiedene Erklärungsansätze. Dobberstein führt es auf eine fehlende Investitionsbereitschaft der in den großen Metropolen aktiven Developer zurück. Aufgrund der geringen Mieten und Verkaufspreise lohnt es sich für derartige Akteure nicht, in kleinen Städten Projekte zu entwickeln und Büroflächen am Markt anzubieten. Als mögliche Konsequenz können Unternehmen, die keine geeigneten Flächen auf dem Mietmarkt finden, systematische Wachstumsnachteile gegenüber ihrer Wettbewerbern in den Metropolen erleiden, weil sie ihr Eigenkapital in eigenen Firmenimmobilien binden müssen (Dobberstein, 2004, S. 31). R. Scheffler[14] sieht die Begründung für die geringer ausgeprägte spekulative Bautätigkeit ebenfalls in der regionalen Akteursstruktur: In den kleinen Städten werden kaum spekulative Bauten erstellt, weil dort insbesondere lokale Investoren aktiv sind, die den Markt und die Bedürfnisse der Mieter genau kennen. Zudem überwiegen auf der Nachfrageseite personenbezogene Dienstleister, wie z. B. Steuerberater, Rechtsanwälte und Ärzte. International agierende Dienstleister sowie multinationale Konzerne, die in den Metropolen aktiv sind, werden dagegen tendenziell kürzere Standortbindungen aufweisen.

---

[13] Primärmärkte sind in dieser Studie Berlin, Frankfurt am Main, Hamburg, München, Düsseldorf, Köln und Stuttgart. Zu den Sekundärmärkten gehören alle restlichen Städte in Deutschland mit wenigstens 250.000 Einwohnern. Tertiärmärkte haben zwischen 150.000 und 250.000 Einwohner.
[14] Leiter von Aengevelt Research

Die höheren Fertigstellungsraten führten allerdings in der Vergangenheit nicht zu einer signifikant größeren Konzentration von Bürotätigkeiten in den Metropolen. Dobberstein kommt zu dem Ergebnis, dass sich die Anzahl der Bürobeschäftigten in den Top 4-Standorten, der sog. 2. Reihe sowie den sonstigen Großstädten zwischen 1987 und 2002 quantitativ annähernd gleich entwickelt hat (Dobberstein, 2004, S. 31). Die Studie von dbresearch kommt zum selben Ergebnis: Zwar zeigte sich in den letzten 15 Jahren in allen drei Marktklassen ein Trend zu höheren Leerstandsquoten, in den Primärstädten war dieser Trend jedoch besonders stark ausgeprägt. Die Leerstandsquote in den Primärstandorten hat sich seit 1990 verzehnfacht, während sie sich in den westdeutschen Sekundärstädten verdreifacht und in den westdeutschen Tertiärstädten lediglich verdoppelt hat (dbresearch, 2007, S. 6).

Primärstädte unterscheiden sich von den restlichen Standorten in der Miethöhe. Während die Primärstädte eine mittlere Spitzenmiete von fast 25 Euro/qm aufweisen, liegt der korrespondierende Wert in den anderen Städten bei etwa 10 Euro/qm. Höhere Spitzenmieten erlauben eine größere Renditespanne und insgesamt hochwertigere und besser ausgestattete Immobilien. Das unterschiedliche Ausmaß der spekulativen Bautätigkeit schlägt sich auch in den Mietverläufen nieder: Die Mieten in den Primärstädten schwanken deutlich stärker als in den Sekundär- und Tertiärmärkten (dbresearch, 2007, S. 6f). Da die Höhe der Miete neben anderen Faktoren den Immobilienpreis determiniert, besitzen Immobilien in den Metropolen aufgrund der ausgeprägten Zyklizität größere Wertsteigerungspotenziale.

Büroimmobilien in kleinen Städten sind aufgrund der geringeren Volatilität der Mietmärkte dazu geeignet, Immobilien-Portfolios zu stabilisieren. Je deutlicher sich die Mietverläufe zwischen den unterschiedlichen Standortklassen unterscheiden, desto größer ist das Diversifikationspotenzial. Empirische Untersuchungen von dbresearch legen jedoch den Schluss nahe, dass das Diversifikationspotenzial in der Realität niedriger ausfällt als weithin angenommen. Eine Korrelationsanalyse der Spitzenmieten zwischen 1996 und 2006 kommt zu dem Ergebnis, dass unter Berücksichtigung eines zeitlichen Vorlaufs von wenigen

Jahren die Korrelationen zwischen den verschiedenen Aggregatklassen relativ ausgeprägt sind. Die Mietpreisentwicklung in den kleinen Städten lässt sich oft als eine Funktion der Mietentwicklung in den Metropolen beschreiben. Demnach kommt es vielmehr darauf an, die richtigen Städte einer Marktkategorie auszuwählen: Die besten Standorte innerhalb der Gruppe der Sekundärmärkte konnten seit Beginn der 1990er Jahre ein Wachstum der Spitzenmiete um 2 % p. a. verzeichnen, während andere Standorte dieser Kategorie im selben Zeitraum um 3 % p. a. nachgaben (dbresearch, 2007, S. 9).

Primärstädte weisen eine deutlich höher ausgeprägte innere Differenzierung ihrer Teilmärkte auf. So gibt es an diesen Standorten eine klare Trennung zwischen dem Central Business District (CBD) und den peripheren Lagen, die sich auch in großen Mietunterschieden niederschlägt. In den Sekundär- und Tertiärmärkten fallen diese Mietdifferenzen deutlich geringer aus (dbresearch, 2007, S. 4f). Dobberstein konnte am Beispiel von Braunschweig nachweisen, dass das fehlende Mietpreisgefälle zwischen City und Peripherie Niedergangsprozesse in der Braunschweiger City begünstigt. Die Herstellungskosten für Büroimmobilien sind nämlich in der City von Braunschweig aufgrund nicht optimaler Grundrisse, fehlender Flächen für ebenerdige Stellplätze, hoher Grundwasserpegel sowie höherer Grundstückspreise deutlich höher als am Innenstadtrand und können nicht durch höhere Mietpreise in der City kompensiert werden. Insofern sind in Braunschweig fast alle neuen Objekte, die für den Mietmarkt errichtet wurden, nicht in der City bzw. am Cityrand, sondern dezentral am Innenstadtrand entstanden. Ausbleibende Modernisierungsmaßnahmen in der City und damit korrespondierende Leerstände haben das Mietpreisgefälle zwischen City/Cityrand und Innenstadtrand in Braunschweig in der Konsequenz umgekehrt (Dobberstein, 2004, S. 39f). Diese Probleme lassen sich grundsätzlich auch in anderen Städten finden.

Aufbauend auf diesen Ergebnissen wird im Folgenden herausgearbeitet, wie sich die strukturellen Besonderheiten kleiner Städte auf die Investmentmärkte auswirken.

Tabelle 4: Strukturelle Unterschiede der Büromietmärkte zwischen kleinen Städten und Metropolen (Zusammenfassung)

Kriterium	Metropolen	Kleine Städte	Folgerung
Mietumsätze	hoch	gering	Höheres Nachvermietungsrisiko in den kleinen Städten, insbesondere bei größeren Büroimmobilien, die sich nicht kleinteilig vermieten lassen. Längere Vermarktungszeiträume.
Anteil an Eigennutzern	niedriger	hoch	Eigennutzer fragen keine Mietflächen nach
Struktur der Nachfrage nach Büroflächen	Neben regionalen auch zahlungskräftige nationale und internationale Dienstleister, tlw. multinationale Konzerne	überwiegend regionale Nachfrager	In den Metropolen existiert ein größerer Pool zahlungskräftiger Dienstleistungsunternehmen. Internationale Unternehmen sind tlw. sehr zahlungskräftig
Objektgrößen	neben kleinen und mittleren auch Großobjekte	kleine und mittlere Objekte, Großobjekte sind die Ausnahme (oft eigen genutzte Immobilien)	Institutionelle Investoren (insbesondere offene Immobilienfonds) sind v. A. an größeren Objekten interessiert, um von Größendegressionseffekten zu profitieren
Spekulative Bautätigkeit	ausgeprägt	schwach ausgeprägt	Geringeres Leerstandsrisiko in den kleinen Städten
Leerstandsquote	momentan hoch	innerhalb enger Bandbreiten aufgrund gering ausgeprägter spekulativer Bauaktivität	Wirkt sich positiv auf die Mietverläufe in kleinen Städten aus
Miethöhe	deutlich höhere Spitzenmiete in den Metropolen	niedriger	Höhere Spitzenmiete ermöglicht eine größere Renditespanne und höherwertige, besser ausgestattete Gebäude
Volatilität der Mieten	hoch	geringer	Objekte in kleinen Städten können Immobilien-Portfolios stabilisieren
Regionale Mietpreisdifferenzierung	ausgeprägt	wenig ausgeprägt	Niedergangsprozesse in den City- und Altstadtlagen kleiner Städte werden begünstigt

Eigene Zusammenstellung

2.2.4 Charakteristika kleiner Investmentmärkte für Büroimmobilien

Es wurde bereits deutlich, dass kleine Städte höhere Risiken aufgrund der wenig liquiden Vermietungsmärkte aufweisen. Daneben ist der Umfang an Transaktionen von Büroimmobilien natürlich ebenfalls deutlich geringer. Kurzfristige Investitionsstrategien sind deshalb mit einem höheren Risiko als in den Metropolen verbunden. Dementsprechend sind Büroimmobilieninvestments in kleinen Städten in der Regel längerfristig angelegt (DEGI, 2005). Darüber hinaus unterscheiden sich die Bürometropolen von den kleineren Städten hinsichtlich weiterer Merkmale: In diesem Zusammenhang sind Attribute wie Reife und Transparenz der Märkte zu nennen.

Die metropolitanen Märkte in Deutschland können als vergleichsweise transparent charakterisiert werden. Das Vorhandensein einer Vielzahl von Büromarktberichten schützt vor Beraterkartellen und senkt das Investmentrisiko. Die Transparenz hat aber auch in den Städten abseits der Metropolen in den letzten Jahren zugenommen: Entsprechend des DEGI-Marktdatenverfügbarkeitsindex haben 22 der 58 Regionalstandorte (38 %) die beste Bewertung bekommen. Das bedeutet, dass für diese Städte neben einem Büro- oder Immobilienmarktreport auch Angaben über das Leerstandsniveau, Mieten, Spitzenrenditen und Flächenbestände verfügbar sind. Zu den transparenten Regionalstandorten gehören neben größeren Städten wie Bremen, Dortmund und Hannover auch kleinere wie z. B. Kiel und Lübeck (DEGI, 2007, S. 26).

Die Bedeutung der Marktberichte ist jedoch zu relativieren: Die Herausgeber der Marktberichte (z. B. Gewerbeimmobilienmakler oder die lokale Wirtschaftsförderung) verfolgen eigene Interessen, die bei der Bewertung der Ergebnissen berücksichtigt werden müssen. Makler haben z. B. ein Interesse, gegenüber ihren Kunden den eigenen Anteil am gesamten Vermietungsumsatz besonders hoch ausfallen zu lassen, so dass der Gesamtumsatz zu niedrig dargestellt wird. Kommunale Wirtschaftsförderungsgesellschaften vermarkten den Standort und stellen den Markt deshalb gern in einem besseren Licht dar. Es besteht somit die Gefahr, dass Umsätze zu hoch dargestellt werden. Neben Marktberichten beschreiten Investoren deshalb auch andere Wege, um an zuverlässigere Informationen zu gelangen: Es werden beispielsweise anonymisierte Anfragen bei lokalen Kleinmaklern gestellt oder mit lokalen Entwicklern zusammengearbeitet, die finanziell am Projektrisiko beteiligt werden. Des Weiteren werden zur Beurteilung des Standorts auch Gutachten von neutralen Stellen herangezogen. Den Ausschlag gibt jedoch letztendlich der Eindruck der Projektverantwortlichen vor Ort bzgl. der Standortqualität, der Vermietungssituation sowie der Marktposition von Konkurrenzobjekten (aus der IZ vom 16. September 2004, Seite 3: „Büromarktberichte – Wie ernst werden sie genommen?").

Auch Städterankings gehören zu den öffentlich zugänglichen Informationen, die bei der Standortwahl für Investitionsentscheidungen herangezogen werden. Derartige Informationen sind jedoch ebenfalls mit Vorsicht zu bewerten. So zeichnen die verschiedenen Rankings kein einheitliches Bild. Betrachtet man ausschließlich immobilienwirtschaftliche Gesichtspunkte, so reicht z. B. die Einschätzung des Entwicklungspotenzials der Hansestadt Hamburg von „gut" (Sireo Real Estate) bis hin zu einem „mittleren bis hohen Risiko" (HSH Nordbank) (F.A.Z. vom 16. Juni 2006 „Städterankings sind für Investoren ohne großen Wert"). Darüber hinaus wird kritisiert, dass Standortrankings dem Investor ein trügerisches Gefühl der Sicherheit vermitteln können. Es werden zwar vorzugsweise komplexe, statistische Verfahren (z. B. die Nutzwertanalyse) angewendet, die Auswahl und Gewichtung der Standortfaktoren ist in den Modellen jedoch sehr subjektiv und beeinflusst die Ergebnisse maßgeblich. Zudem bleiben entscheidende Faktoren, die den potenziellen Ertrag eines Immobilieninvestments maßgeblich determinieren, außen vor: im Wesentlichen sind das Lageparameter (wie z. B. die verkehrliche Anbindung und infrastrukturelle Ausstattung) sowie der Zustand der Immobilie (Zuschnitt, Qualität usw.).

Die Komplexität und das Zusammenspiel der immobilienspezifischen Faktoren mit den Eigenschaften des Marktes lassen sich in der vereinfachten Form eines Städterankings nicht darstellen (DEGI, 2005a). Überregional aktive Investoren sind deshalb gut beraten, eigene Nachforschungen vor Ort anzustellen. Nur so besteht die Sicherheit, dass alle für den Investor relevanten Kriterien berücksichtigt werden. Städterankings werden aber nichtsdestotrotz zur Untermauerung der Investitionsentscheidung hinzu gezogen (F.A.Z. vom 16. Juni 2006 „Städterankings sind für Investoren ohne großen Wert"). Städte, die in derartigen Rankings als problematisch charakterisiert werden, laufen Gefahr, als Investitionsstandort für überregional agierende Investoren, die die Verhältnisse vor Ort nicht kennen, von vornherein nicht in Betracht zu kommen.

Neben der Transparenz determinieren weitere Faktoren die Reife eines Immobilienmarktes: Z. B. das Alter und die Qualität des Immobilienbestandes, der Grad der Arbeitsteilung und damit einhergehend die Professionalität der Akteure. Überregional agierende Investoren benötigen beispielsweise kompetente Projektpartner vor Ort, da Dienstleistungen, wie z. B. das Facility-Management, oft durch Dritte erbracht werden. In den Metropolen, deren Märkte als reif gelten, ist eine Vielzahl spezialisierter, unternehmensorientierter Dienstleistungen vorhanden.

Renditen differieren zwischen den Metropolen und den übrigen Städten. Die Ergebnisse fallen jedoch je nach Studie und zugrunde gelegtem Performanceindikator unterschiedlich aus. Zunächst wird die Nettoanfangsrendite (NAR) betrachtet. Die Nettoanfangsrendite ist (vereinfacht ausgedrückt) der Kehrwert des Vervielfältigers, der zur Ermittlung des Marktwertes einer Immobilie herangezogen wird (Kapitel 7.1 im Anhang). Die NAR differiert deutlich zwischen den Metropolen und den übrigen Städten. So weist DEGI für das Jahr 2006 in den Büromarktzentren eine Rendite von 5,2 % aus, während sie in den Regionalstandorten[15] bei 6,7 % liegt (West: 6,6 % und Ost 7,2 %) (DEGI, 2007, S. 25). Höhere NARs korrespondieren also mit niedrigeren Vervielfältigern, die das größere Risiko des regionalen Büroimmobilienmarktes widerspiegeln. Die Risiken eines Büroimmobilieninvestments in einer Metropole werden also als geringer eingeschätzt. Im Gegenzug sind die Investoren bereit, höhere Immobilienpreise zu bezahlen.

---

[15] Regionalstandorte sind in der Studie alle Oberzentren, in denen mehr als 80.000 Einwohner leben und die nicht zu den neun Büromarktzentren zählen (Berlin, Hamburg, München, Frankfurt, Düsseldorf, Stuttgart, Köln, Dresden und Leipzig).

Die NARs der Primärmärkte haben sich im Vergleich zu den Renditen der kleineren Städte seit Anfang der 1990er Jahre noch uneinheitlicher als die Mieten entwickelt. Während die Renditen in den Primärstädten moderat gesunken sind, nahmen sie sowohl in den Sekundär- als auch den Tertiärstädten, insbesondere in den ostdeutschen, infolge sinkender Immobilienwerte zu. Dieser Umstand wird mit der Konzentration der Investoren auf die Metropolen und damit einhergehend steigender Kaufpreise erklärt: Im Aufschwung wollen viele Investoren von der größeren Dynamik in den Ballungszentren profitieren, in der Rezession findet nicht in gleichem Maße eine Flucht in die weniger zyklischen Sekundär- und Tertiärstädte statt. Vielmehr ziehen sich die Investoren komplett vom Immobilienmarkt zurück (dbresearch, 2007, S. 14f).

Die Nettoanfangsrendite berücksichtigt jedoch nicht alle Renditekomponenten einer Investition, insbesondere nicht die Wertänderung. Ein geeigneter Indikator, um die gesamte Performance einer Immobilieninvestition zu messen, ist der Total Return (Kapitel 7.1 im Anhang). Studien, die diesen Renditeindikator verwenden, liegen zum jetzigen Zeitpunkt allerdings nur vereinzelt vor. Exemplarisch werden die Ergebnisse einer zeitlich begrenzten Analyse der Deutschen Immobilien Datenbank GmbH vorgestellt. Es wurde der annualisierte Total Return von 3.200 Büroimmobilien[16] institutioneller Investoren im Zeitraum von 1998 bis 2003 untersucht. Bezüglich der Unterschiede zwischen den Total Returns der Mittelstädte sowie der Metropolen lässt sich dabei kein genereller Trend feststellen: Die Metropolen sind relativ gleichmäßig über das gesamte Testfeld verteilt (Tabelle 5). Die vorderen fünf Plätze mit den höchsten Total Returns belegen allerdings mit Bonn, Münster, Dortmund und Mannheim fast ausschließlich Mittelstädte.

---

[16] Die Immobilien haben einen Marktwert von insgesamt 54 Mrd. Euro. Die Datenbank soll nach Aussage der DID GmbH 46% des relevanten institutionellen Immobilienmarktes abdecken. Zu den 25 Datenlieferanten der DID zählen Versicherungen, Pensionskassen, Assetmanagementgesellschaften, Immobilien AGs und offene Immobilienfonds.

Der annualisierte Total Return der Jahre 1998 bis 2003 liegt in den Mittelstädten mit 4,6% nur leicht über dem Wert der Metropolen von 4,5%. Während die NCF-Rendite in den Mittelstädten mit 5,5% deutlich über dem Wert der Metropolen von 4,9 % liegt, verhält es sich bei der Wertänderungsrendite genau umgekehrt (-0,4% in den Metropolen und -0,9% in den Mittelstädten). Die Wertentwicklung war in den Mittelstädten somit schlechter als in den Metropolen. In diesem Zusammenhang muss der begrenzte Untersuchungszeitraum von lediglich sechs Jahren erwähnt werden: In einer langfristigen Betrachtung sind natürlich auch Wertsteigerungen denkbar. Das Ende des Untersuchungszeitraums befindet sich in einer Schwächephase der Märkte (Thomas, 2004).

Für ein Investment in den Mittelstädten sprechen nach dieser Studie somit ein etwas höherer Total Return sowie eine bessere NCF-Rendite. Mittelstädte sind demnach für Cash-Flow-orientierte Investoren besser geeignet. Demgegenüber schlagen eine große absolute Bandbreite bei den Total Returns und den Wertänderungsrenditen, eine längere Vermarktungsdauer und ein eingeschränkter Käuferkreis negativ zu Buche. Für die Metropolen wiederum spricht die niedrige Volatilität des Total Returns und der Wertänderungsrenditen. Ein internationaler Käuferkreis impliziert zudem potenziell bessere Vermarktungschancen. Aufgrund der höheren Volatilität sind bessere Exit-Strategien möglich (Thomas, 2004).

Die Unterschiede zwischen kleinen Städten und der Metropolen aus der Sicht der Investoren lassen sich anhand unterschiedlicher Risiko-Rendite-Profile darstellen. Grundsätzlich gelten Büroinvestments in kleinen Städten als risikoreicher, was i. d. R. mit geringeren Kaufpreisen und höheren Nettoanfangsrenditen entlohnt wird. In den Metropolen werden momentan höhere Preise für Büroimmobilien bezahlt, da das Risiko an diesen Standorten als geringer eingestuft wird. Um das spezifische Risiko eines Standortes zu bewerten, können Scoringmodelle herangezogen werden. Exemplarisch soll hier das Städtescoring von DEGI RESEARCH vorgestellt werden. Neben büromarktspezifischen wurden auch volkswirtschaftliche Kennziffern verwendet, jeweils unterteilt in Status-Quo- und Dynamik-Indikatoren. Dem individuellen Standortrisiko wird die Spitzenrendite (Nettoanfangsrendite) entgegengestellt, um auf diese Weise eine Risiko-Rendite-Betrachtung zu erhalten (DEGI, 2007, S. 29f).

Tabelle 5: Rangliste der Standorte nach annualisierten Total Returns

Rang	Stadt	Städteklasse	Region	annualisierter Total Return 1998-2003 in %	Stichprobengröße 2003
1	Bonn	Mittelstadt	West	6,45%	23
2	Köln	Metropole	West	6,32%	87
3	Münster	Mittelstadt	West	6,21%	15
4	Dortmund	Mittelstadt	West	5,81%	22
5	Mannheim	Mittelstadt	West	5,70%	14
6	München	Metropole	West	5,62%	93
7	Karlsruhe	Mittelstadt	West	5,26%	11
8	Stuttgart	Metropole	West	5,17%	59
9	Frankfurt	Metropole	West	5,04%	141
10	Wiesbaden	Mittelstadt	West	4,99%	34
11	Nürnberg	Mittelstadt	West	4,90%	13
12	Düsseldorf	Metropole	West	4,72%	82
13	Hannover	Mittelstadt	West	4,41%	27
14	Freiburg	Mittelstadt	West	4,35%	14
15	Essen	Mittelstadt	West	4,28%	18
16	Hamburg	Metropole	West	2,62%	105
17	Berlin	Metropole	Ost	2,23%	48
18	Leipzig	Metropole	Ost	-0,11%	15
19	Dresden	Mittelstadt	Ost	-2,06%	11

Quelle: Thomas, 2004

Im Ergebnis lassen sich die Städte in verschiedene Gruppen unterteilen (Abbildung 2). Folgende Gruppen lassen sich im Detail unterscheiden (DEGI, 2007, S. 29f):

- Die großen Büromarktzentren - Schwächen bei einzelnen Indikatoren werden durch absolute Stärken in anderen Bereichen ausgeglichen (z. B. Frankfurt am Main: Hohe Leerstände werden durch die höchste Spitzenmiete ausgeglichen. Da die restlichen Werte alle sehr gut sind, belegt Frankfurt im Gesamtranking Platz fünf).
- Städte, die keine gravierenden Schwächen aufweisen und in der Bewertung der einzelnen Indikatoren durchweg überdurchschnittlich gut sind (z. B. Nürnberg und Karlsruhe).
- Das Mittelfeld bilden Standorte mit überwiegend durchschnittlichen Werten, die nur in seltenen Fällen von besonders positiven oder negativen Ausreißern unterbrochen werden (z. B. Mannheim, Heidelberg, Essen, Dortmund und Leipzig).
- Der Übergang vom Mittelfeld zur Schlussgruppe verläuft fließend. Standorte der Schlussgruppe weisen z. T. strukturelle Probleme auf, die nicht durch Spitzenpositionen ausgeglichen werden können. Von den letzten 20 Städten haben nur vier einen eigenen Büromarktreport.

Abbildung 2: DEGI-Risiko-Rendite-Profil Deutschland 2007

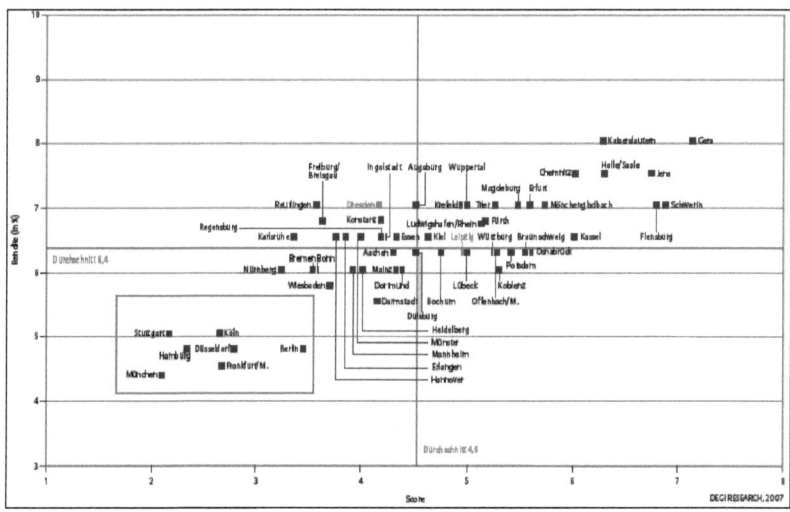

Quelle: DEGI, 2007, S. 31

Im Ergebnis wird festgehalten, das sich die Risiko-Rendite-Profile kleinere Städte von denen der Metropolen unterscheiden (Tabelle 6). Es hängt somit von den Möglichkeiten und Präferenzen des jeweiligen Investors ab, ob er Metropolen oder kleinere Städte als Investitionsstandort bevorzugt. Aufgrund der geringer ausgeprägten spekulativen Bautätigkeit besitzen Büromärkte in kleinen Städten stabilere Mietverläufe. Das prädestiniert sie, die Entwicklung eines Immobilienportfolios zu stabilisieren. Andererseits besitzen kleine Märkte größere Risiken: Die Mietumsätze fallen in kleinen Märkten vergleichsweise gering aus, so dass im Falle des Wegbrechens eines großen Ankermieters die Nachvermietung einer Immobilie erschwert wird. Geringe Reife und Transparenz der kleinen Märkte erhöhen das Risiko weiter. Im Gegenzug werden wegen der größeren Risiken geringere Kaufpreise gezahlt. Damit erzielen Käufer höhere Nettoanfangsrenditen. Die Total Returns fallen laut der vorliegenden empirischen Untersuchung allerdings nur marginal höher aus. Die Ergebnisse der Studie implizieren, dass Wertsteigerungen primär in den metropolitanen Märkten zu erwarten sind. Da in diesen Märkten ausreichend Kapital vorhanden ist, ist das Weiterveräußerungsrisiko begrenzt und sind auch kurzfristige Investitionsstrategien anwendbar. Volatilere Wertänderungsrenditen gehen aber auch mit einem erhöhten Risiko einher. Die empirischen Ergebnisse legen weiterhin nahe, dass sich kleinere Städte aufgrund der höheren NCF-Renditen insbesondere für Cash-Flow-orientierte Investoren mit einem langfristigen Anlagehorizont eignen. Kapitalkräftige, sicherheitsorientierte Investoren bevorzugen dagegen große, langfristig vermietete Bürogebäude. Derartige Objekte sind in den kleineren Städten jedoch die Ausnahme.

Tabelle 6: Unterschiede der Investmentmärkte zwischen kleinen Städten und den Metropolen

Kriterium	Metropolen	Kleine Städte	Folgerung
Liquidität bzgl. Produktverfügbarkeit und Verkaufspotenzial	liquide	wenig liquide	Größeres Weiterverkaufsrisiko in kleinen Städten; Investments in kleineren Städten häufig längerfristig als in den Metropolen
Reife des Marktes	reif (hoher Grad an Arbeitsteilung; professionelle Akteure; Markttransparenz)	z. T. geringer Grad an Reife (geringer Grad an Arbeitsteilung und unprofessionelle Akteure)	Geringeres Risiko einer Investition in den Metropolen
Transparenz	transparent aufgrund einer Vielzahl von Büromarktberichten	z. T. intransparent; in letzter Zeit aber auch vermehrt Büromarktberichte für kleine Städte	Geringeres Risiko einer Investition in den Metropolen
Marktteilnehmer	Neben regionalen auch nationale und internationale Investoren	überwiegend regionale Investoren	In den Metropolen existiert ein größerer Pool an Investoren
Immobilienpreise	höher	Niedriger als in den Metropolen, aufgrund geringerer Jahresmieten und Vervielfältiger	Geringere Gewinnspannen in kleinen Städten, die Investoren und Entwickler berücksichtigen müssen
Wertsteigerungspotenzial	tendenziell größer als an den regionalen Büromärkten wegen des liquiden Marktes	tendenziell geringer, wegen geringerer Volatilität der Mieten	Metropolen eignen sich aufgrund der Volatilität der Wertänderungsrendite auch für kurzfristige Investmentstrategien. Impliziert aber auch ein höheres Risiko.
Rendite	NARs geringer. Total Return ebenfalls tendenziell geringer. Geringere Cash-Flow-Renditen	NARs höher. Total Return ebenfalls tendenziell größer. Höhere Cash-Flow-Renditen	**Kleine Städte besitzen andere Rendite-Risiko-Profile als die Metropolen**

Eigene Zusammenstellung

2.2.5 Projektentwicklungen von Büroimmobilien in kleinen Städten

Zu den Investitionen werden in dieser Arbeit neben dem Kauf von Bestandsgebäuden auch Projektentwicklungen gezählt. Projektentwicklungen sind insofern von großer Bedeutung, als dass sie zur Erneuerung des Gebäudebestands beitragen und dabei den sich ändernden Anforderungen der Nutzer Rechnung tragen. Auch für Märkte, die nicht durch Zuzüge geprägt sind, sind Projektentwicklungen insofern von Bedeutung, insbesondere vor dem Hintergrund kürzer werdender Immobilienlebenszyklen.

Zunächst wird der Begriff der Projektentwicklung näher spezifiziert. Nach Diederichs sind "durch [eine] Projektentwicklung ... die Faktoren Standort, Projektidee und Kapital so miteinander zu kombinieren, dass einzelwirtschaftlich wettbewerbsfähige, Arbeitsplatz schaffende und sichernde sowie gesamtwirtschaftlich sozial- und umweltverträgliche Immobilienprojekte geschaffen und dauerhaft rentabel genutzt werden können." (Diederichs, 1994, S. 43). Man unterscheidet dabei den Neubau und die Kernsanierung einer bereits bestehenden Immobilie. Kernsanierungen unterscheiden sich von einer normalen Gebäudesanierung in der Höhe der Investition: Sie erfordern Investitionssummen, die über den aktuellen Verkehrswert hinausgehen. Kernsanierungen kommen zur Anwendung, wenn die Immobilie aufgrund der Historie des Standortes als erhaltenswert eingestuft wird. Der Charakter der ursprünglichen Nutzung im Zusammenspiel mit flexiblen Flächen und hochwertiger Ausstattung machen das besondere Flair derartiger Immobilien aus.

Ausgangspunkt einer Projektentwicklung kann z. B. ein bereits vorhandenes Grundstück sein, für das der Eigentümer eine höherwertige Nutzung anstrebt. Es wird geschätzt, dass für mehr als zwei Drittel der Projektentwicklungen das ausschlaggebende Motiv im Grundstücksbesitz liegt. Als Beispiel dienen Entwicklungen, die Non-Property-Unternehmen, also Unternehmen, deren Kerngeschäft außerhalb der Grundstückswirtschaft liegt, auf nicht mehr betriebsnotwendigen Flächen durchgeführt haben. Darüber hinaus kann der Ausgangspunkt einer Immobilienentwicklung auch in einer Projektidee oder in einem konkreten Nutzerbedarf liegen, der an einem geeigneten Standort umgesetzt werden soll. Als Beispiel werden Entwicklungen von Shopping-Centern genannt, die auf der „grünen Wiese" in Ostdeutschland umgesetzt worden sind. Letztendlich können Entwicklungsprozesse auch durch Kapital initiiert werden, das nach einer geeigneten Verwendung sucht. In diesem Zusammenhang sind z. B. offene Fonds zu nennen, die in den letzten 20 Jahren bedeutende Mittelzuflüsse aufweisen konnten (Bone-Winkel et al., 2005, S. 234f).

Projektentwickler erstellen Immobilien für private und institutionelle Investoren, sowie Unternehmen und die öffentliche Hand. Man unterscheidet drei Entwicklertypen, die sich insbesondere in ihrer Exit-Strategie unterscheiden: Service-, Trader- und Investor-Developer. Während Service-Developer lediglich eine Dienstleistung für ihren Auftraggeber, häufig größere Bestandshalter mit Kapazitätsengpässen, Non Professionals oder auch Eigennutzer, erbringen, entwickelt der Trader-Developer die Immobilie bis zur Fertigstellung auf eigenes Risiko. Nach der Fertigstellung steht die Immobilie zum Verkauf an einen Endinvestor. Die Veräußerung kann aber auch bereits je nach zugrunde gelegter Strategie vor Fertigstellung der Immobilie erfolgen. Der Investor-Developer ist für die Projektentwicklung von der Initiierung bis zur Fertigstellung verantwortlich. Danach geht die Immobilie in den eigenen Bestand über. Aufgrund der späteren Bestandshaltung hat der Investor-Developer im Vergleich zum Trader Developer ein höheres Anspruchsniveau an das Projekt (Bone-Winkel et al., 2005, S. 268ff.).

Es wurde bereits erläutert, dass Verkaufspreise für Büroimmobilien an Standorten abseits der Metropolen relativ gering sind. Der Veräußerungspreis errechnet sich aus der Multiplikation der Mieterträge eines Jahres mit dem Vervielfältiger, dem Kehrwert der Nettoanfangsrendite. Da beide Faktoren in den kleineren Städten niedrig sind, besteht ein deutlich eingeschränkter Spielraum für den Profit eines Trader-Developers. Insofern müssen die Entwickler an diesen Standorten Maßnahmen ergreifen, um die Erstellungskosten zu senken.

Im Rahmen einer Untersuchung in Braunschweig wurden bauliche, wirtschaftliche und organisatorische Erfolgsfaktoren identifiziert, die für eine erfolgreiche Projektentwicklung in einem kleinen Markt ausschlaggebend sind. Die wichtigsten Ergebnisse werden im Folgenden kurz vorgestellt.

Zu den baulichen Erfolgsfaktoren gehören optimale Grundrisse mit Grundrissgrößen von möglichst über 1.000 qm. Des Weiteren optimale Gebäudetiefen, um das Verhältnis zwischen Mietfläche und Bruttogeschossfläche zu optimieren. Darüber hinaus wurden bevorzugt oberirdische, möglichst ebenerdige Stellplätze verbaut, da Tiefgaragenstellplätze im Vergleich zum restlichen Gebäude überproportional teuer sind. Teilweise konnten durch die Verwendung von Altbausubstanz die Baukosten gesenkt werden, sofern die Substanz annähernd Rohbauqualität hatte. War die Substanz jedoch in einem schlechten Zustand, büßten die Projekte an Wirtschaftlichkeit ein. Durch den Verzicht auf doppelte Fußböden und abgehängte Decken konnten Deckenhöhen niedrig gehalten werden. Auf diese Weise wurden in einem Fall acht Etagen errichtet, ohne die in der Hochhausrichtlinie spezifizierte Grenze von 22 m zu überschreiten. Wäre dieser Wert überschritten worden, hätten zusätzliche Erschließungskerne gebaut werden müssen. Schließlich wurde noch ein tragfähiger Baugrund und ein niedriger Grundwasserspiegel als Erfolgsfaktoren genannt (Dobberstein, 2004, S. 37f).

Zu den wirtschaftlichen Faktoren gehört der preiswerte Zugriff auf das Baugrundstück. Dieses befand sich z. T. bereits im Besitz des Entwicklers und wurde vormals anderweitig genutzt. Der preiswerte Zugriff schließt auch die Übernahme von Altlastenrisiken aus, die Kosten oder zeitliche Verzögerungen nach sich ziehen können. Ankermieter haben in kleineren Städten eine größere Bedeutung als in den Metropolen. Da sie große Flächeneinheiten benötigen, haben sie oft Probleme, geeignete Flächen auf dem Mietmarkt zu finden. Deshalb unterschreiben sie Verträge in noch nicht errichteten Gebäuden und sind auch bereit, Spitzenmieten zu zahlen. Ein bedeutender Erfolgsfaktor in Braunschweig war der Verzicht auf eine Transaktion nach Fertigstellung: Trader-Developer waren in Braunschweig die Ausnahme. Dieser Sachverhalt wird damit erklärt, dass kein ausreichender Trading-Profit erwirtschaftet wird und somit auch noch die Profite in der Haltephase einkalkuliert werden müssen (Dobberstein, 2004, S. 38f).

Zu den organisatorischen Erfolgsfaktoren gehört die Einzelvergabe der Gewerke statt der Einschaltung eines Generalübernehmers/-unternehmers, der sich seine Koordinationstätigkeiten und die Terminrisiken entlohnen lässt. Bei den Entwicklern handelt es sich v. A. um kleine Unternehmen, die aufgrund des geringen Overheads günstige Kostenstrukturen aufweisen (Dobberstein, 2004, S. 39).

Die Projektentwickler in Braunschweig kamen fast ausschließlich aus dem regionalen Umfeld. Persönliche Motive, wie z. B. der Grundstücksbesitz oder die Verlängerung der eigenen Wertschöpfungskette gaben oft den Ausschlag für das Projekt. Der Besitz des Grundstücks resultierte dabei häufig aus einer anderen Geschäftstätigkeit: Oftmals handelte es sich um ehemalige Industriebetriebe, die ihre ursprüngliche Geschäftstätigkeit aufgegeben haben. Daneben verlängerten Architekturbüros häufig ihre Wertschöpfungskette, indem sie Projekte für einen Endinvestor selbst initiierten und die Immobilie dann entwickelten. Sie betreiben die Projektentwicklung also primär als Dienstleistung, beteiligten sich in einigen Fällen aber auch selbst am Objekt. Bei den anderen Investoren im Team handelte es sich teilweise um Immobilienunternehmen, die ihre Hauptgeschäftsfelder bisher in anderen Immobiliensegmenten hatten, des Weiteren aber auch um wenige private und einen institutionellen Investor. Von elf in Braunschweig identifizierten Projekten entfielen auf die Motive „Grundbesitz" und „Architekturbüro + Endinvestor" jeweils vier. Die von den Architekten initiierten Projekte waren jedoch relativ klein: Sie belegten gerade einmal ein Zehntel der neu entstandenen Bürofläche (Dobberstein, 2004, S. 35f).

Die Gruppe der Unternehmen, die in Braunschweig Büroimmobilien professionell entwickeln, ist in den 1990er Jahren entstanden. Es handelt sich dabei um Unternehmen, die sich von Non-Property-Unternehmen zu Property- bzw. Immobilienunternehmen entwickelt haben und die gesamte Wertschöpfungskette abdecken. Des Weiteren um neu gegründete Projektentwicklungsunternehmen sowie um Architekten, die ihre Projekte selbst initiieren und mit einem Endinvestor umsetzen. Neben institutionellen Investoren sind auch Privatinvestoren in Braunschweig eher die Ausnahme. Das Motiv der Eigennutzung spielte in Braunschweig für Büroentwicklungen offensichtlich ebenfalls keine große Rolle: Es wurde nur ein Projekt mit einem sehr geringen Flächenanteil identifiziert (Dobberstein, 2004, S. 36f).

Es konnte lediglich ein klassischer Trader-Developer identifiziert werden. Dieser hat allerdings ein vergleichsweise großes Büroobjekt initiiert, das rund ein Fünftel der neuen Büroflächen umfasst. Dieser Entwickler hatte im Vorwege bereits drei Immobilien in Braunschweig entwickelt, allerdings keine Büroimmobilien. Das Büroprojekt war zum Zeitpunkt der Befragung aufgrund der schlechten Marktlage noch nicht am Markt platziert, soll jedoch noch veräußert werden. Insgesamt wurde keine der neuen Büroimmobilien in Braunschweig zum Zeitpunkt der Befragung veräußert. Dobberstein schließt, dass für Büroimmobilien mit einem Wert von über fünf Millionen Euro in Braunschweig kein Investmentmarkt existiert. Bis auf die Immobilie des Trader-Developers war der Verkauf allerdings nach Angabe der Befragten auch nicht geplant. In Braunschweig dominieren also Investor- und Service-Developer den Markt (Dobberstein, 2004, S. 36f).

2.3 Investoren zwischen kleinen Märkten und den Metropolen

2.3.1 Die wichtigsten Investorengruppen im Immobiliensegment

Investoren sind Wirtschaftssubjekte, die Geld in Immobilien anlegen oder Immobilienbestände halten (Schulte et al., 2005, Seite 24ff.). In einem ersten Schritt werden private und institutionelle Investoren unterschieden, des Weiteren noch Unternehmen (Abbildung 3). Während private Anleger auf eigene Rechnung in Immobilien investieren, sind institutionelle Investoren „juristische Personen [...], die im Sinne von Kapitalsammelstellen für Dritte Gelder professionell anlegen und verwalten, wobei die Kapitalanlagetätigkeit Haupt- oder Nebenzweck der unternehmerischen Tätigkeit sein kann" (Schulte et al., 2005, 24ff.). Zu den wichtigsten institutionellen Investoren gehören Versicherungen (v. A. Lebensversicherungen), Pensionskassen, Leasinggesellschaften sowie Immobilienaktiengesellschaften (Dobberstein, 2003, S. 6). Weitere wichtige Immobilieneigentümer mit großen Beständen in Deutschland sind Kirchen und Stiftungen sowie die öffentliche Hand.

Abbildung 3: Gruppen der Immobilieninvestoren

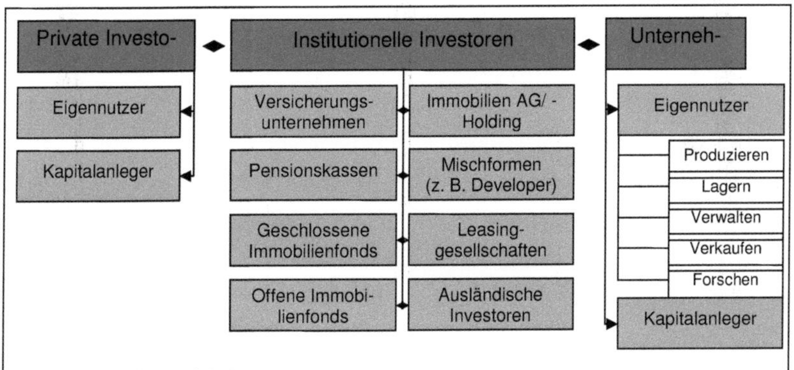

Private Investo-	Institutionelle Investoren		Unterneh-
Eigennutzer	Versicherungsunternehmen	Immobilien AG/ - Holding	Eigennutzer
Kapitalanleger	Pensionskassen	Mischformen (z. B. Developer)	Produzieren
			Lagern
	Geschlossene Immobilienfonds	Leasinggesellschaften	Verwalten
			Verkaufen
	Offene Immobilienfonds	Ausländische Investoren	Forschen
			Kapitalanleger

Quelle: Schulte, 2005, S. 10 (verändert)

Investitionen können sowohl direkt als auch indirekt erfolgen. Einige Autoren sprechen in diesem Zusammenhang auch von individuellen und kollektiven Investitionen (z. B. Schätzl, 2002, S. 19). Direkte Immobilieninvestments zeichnen sich durch Eigentumserwerb an Grundstücken oder grundstücksgleichen Rechten mit Grundbucheintragung aus (Baumeister, 2004, S. 1). Das schließt sowohl den Kauf einer (Bestands-)Immobilie als auch die Errichtung in Form einer Projektentwicklung ein. Unter indirekten Immobilieninvestments versteht man dagegen Anlagen in immobilienbezogene Finanzmarktprodukte, bei denen ein spezifisches Regelwerk Informations-, Mitbestimmungs- und Zahlungsrechte definiert (Schulte et al. , 2005, S. 687). Zu nennen sind in diesem Zusammenhang z. B. offene und geschlossene Immobilienfonds, Aktien von Immobilienaktiengesellschaften, Beteiligungen bei Grundstücksgesellschaften oder auch Immobilienderivate (Baumeister, 2004, S. 1). Es handelt sich dabei also um institutionelle Investoren.

Käufe und Verkäufe in der Nutzungsphase finden aus verschiedenen Gründen statt. Wurde die Immobilie als Kapitalanlage mit dem Ziel erworben, eine möglichst hohe Rendite zu erwirtschaften, stellt der Verkauf den „Exit" dar. Dieser kann planmäßig erfolgen, etwa um einen Wertzuwachs in einer günstigen konjunkturellen Situation zu realisieren. Er kann aber auch außerplanmäßig erfolgen, um z. B. sich abzeichnende Verluste im Falle einer Kapitalanlage zu minimieren. So kann der Auszug eines großen Ankermieters zu der Erkenntnis führen, dass die Immobilie ohne grundlegende Modernisierung und Restrukturierung nicht mehr weiter vermietbar ist. In der Folge versucht der Eigentümer dann, die Immobilie möglichst schnell zu veräußern. Bei eigen genutzten Büroimmobilien können Entwicklungen im Unternehmen den Flächenbedarf verändern: z. B. können Expansionsbestrebungen den Flächenbedarf vergrößern, so dass er in der alten Immobilie nicht mehr gedeckt werden kann. Andererseits kann die Aufgabe von Geschäftsbereichen bis hin zur Schließung des kompletten Betriebs den Besitz der Immobilie überflüssig machen, so dass diese in der Folge zum Kauf angeboten wird. In diesem Fall stellt sich die Frage der Nachnutzung der Immobilie.

Investoren können grundsätzlich in Eigennutzer und Kapitalanleger unterteilt werden, wobei natürlich auch hybride Formen in der Realität vorkommen. Fremdnutzer mieten demgegenüber Büroflächen und sind dementsprechend nicht zu den Investoren zu zählen. Eigennutzer und Kapitalanleger unterscheiden sich in den Zielen, die der Investition zugrunde liegen (Abbildung 4). Eigennutzer erwerben oder entwickeln eine Büroimmobilie primär für den eigenen Betrieb. Die Optimierung der Betriebsabläufe und die Schaffung von Eigentum stehen also im Vordergrund. Es besteht zwar seit einigen Jahren der Trend, nicht das Kerngeschäft betreffende Faktoren, wie z. B. Immobilien, aus dem Unternehmen auszulagern und zurückzumieten („Sale-and-Lease-Back").

Trotzdem besitzen Unternehmen aus verschiedenen Gründen eigene Immobilien. Zu nennen sind in diesem Zusammenhang exemplarisch:

- Es stehen am Markt keine geeigneten Mietobjekte zur Verfügung,
- es findet sich kein Leasing-Geber oder Vermieter, der das langfristige Vermietungsrisiko auf sich nimmt, das mit der Investition einhergeht,
- Unabhängigkeit bei der Gestaltung der Immobilie und
- andere Faktoren (z. B. Prestige).

Bei der Entwicklung eigen genutzter Immobilien ist die Drittverwendungsfähigkeit oft von untergeordneter Bedeutung, da die Immobilie in erster Linie den spezifischen Anforderungen des Unternehmens genügen soll. Im Falle von Betriebsaufgaben wird die weitere Verwertung der Immobilie dadurch regelmäßig erschwert. Dieses Manko hat u. a. zu den hohen strukturellen Leerständen (sog. Sockelleerstand) an fast allen Standorten in Deutschland beigetragen: Insbesondere ältere Immobilien, die den Ansprüchen nach Effizienz und Flexibilität nicht mehr genügen, stehen momentan leer.

Der Kapitalanleger möchte im Gegensatz zum Eigennutzer in erster Linie eine Rendite erzielen. Die Rendite setzt sich aus den laufenden (Netto-)Einnahmen sowie der Wertveränderung zusammen, die bei einem späteren Verkauf realisiert werden kann. Von großer Bedeutung für den Kapitalanleger ist das Verhältnis aus Chance und Risiko, das sich in einem angemessenen Rahmen bewegen muss. Aber auch andere Anforderungen, die im Allgemeinen an eine Kapitalanlage gestellt werden, sind relevant. In diesem Zusammenhang sind Faktoren wie Sicherheit, Liquidität und Fungibilität zu nennen. Gerade in kleineren Städten sind jedoch nicht nur rein renditeorientierte Kapitalanleger zu finden: Hier spielen oft auch andere Faktoren, wie z. B. die Verbundenheit zu der Region, eine entscheidende Rolle („emotionale Faktoren").

Investoren können weiterhin anhand persönlicher und institutioneller Merkmale unterschieden werden. Ein wichtiges Merkmal auf der persönlichen Ebene ist die Herkunft des Investors: Es ist davon auszugehen, dass Investoren im persönlichen Umfeld besonders gute Kenntnisse der Märkte besitzen und auch in lokale Netzwerke eingebunden sind. Auf diese Weise werden Investitionsvorhaben erleichtert. Unter den institutionellen Aspekten werden organisatorische Faktoren verstanden: Es lassen sich z. B. private und institutionelle Anleger sowie Unternehmen und die öffentliche Hand unterscheiden. Die institutionelle Zugehörigkeit determiniert den Handlungsrahmen, dem der Investor unterworfen ist. So werden gerade institutionelle Investoren in ihren Möglichkeiten, Risiken einzugehen, vom Gesetzgeber eingeschränkt. Da kleine Büroimmobilienmärkte andere Risiko-Rendite-Profile als die Metropolen aufweisen, unterscheiden sich die Investorentypen auch in der Affinität zu diesen Standorträumen.

Abbildung 4: Ziele der Büroimmobilieninvestition

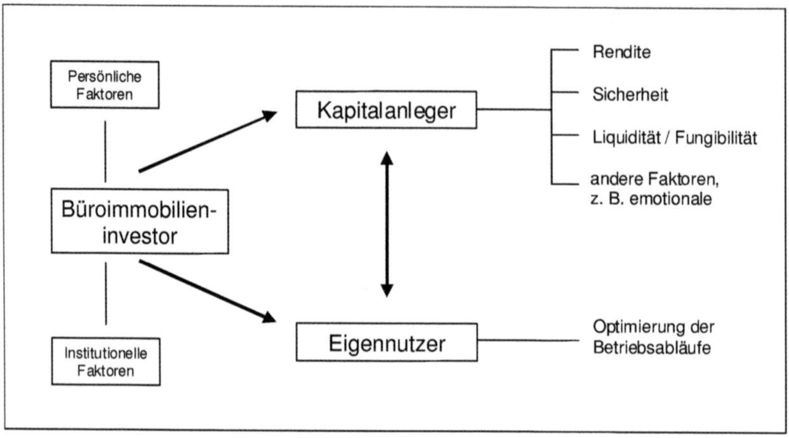

```
    Persönliche                          ┌── Rendite
    Faktoren          Kapitalanleger ────┼── Sicherheit
         \           /      ↕            ├── Liquidität / Fungibilität
          Büroimmobilien-                └── andere Faktoren,
          investor                           z. B. emotionale
         /           \
    Institutionelle   Eigennutzer ─────── Optimierung der
    Faktoren                              Betriebsabläufe
```

Eigene Darstellung

Im Folgenden werden die wichtigsten Investorengruppen des Immobiliensegments im Detail vorgestellt. Anhand der unterschiedlichen Merkmale und Präferenzen werden danach Aussagen über bevorzugte Investitionsräume getroffen.

2.3.2 Privatinvestoren

Die Immobilie ist als Kapitalanlagegut für Privatinvestoren von großer Bedeutung: Ende 2002 wurden insgesamt 49% der privaten Haushalte zu den Haus- und Grundbesitzern gezählt (Quelle: Statistisches Bundesamt; Schaubach et al., 2005, S. 921). Das direkte Immobilienvermögen privater Haushalte in Deutschland umfasste im Jahr 2002 etwa 3,9 Billionen Euro. Nach Abzug der Verbindlichkeiten entfallen damit 47% des Nettovermögens privater Haushalte auf Immobilien (Quelle: Deutsche Bundesbank; Brübach, 2005, S. 69). Insbesondere für gehobene Einkommensklassen und große Vermögen besitzt die Immobilie einen hohen Stellenwert[17].

Privatpersonen investieren im Gegensatz zu institutionellen Akteuren auf eigene Rechnung in Immobilien und sind somit Empfänger von Nutzen und Lasten der Investition (Brübach, 2005, S. 69f). Die Anlagestrategie und das damit korrespondierende Risiko liegen zum größten Teil im eigenen Ermessen. Die Abgrenzung der privaten zur gewerblichen Investitionstätigkeit wird anhand der Zweckbestimmung der Transaktion vorgenommen: Unter der privaten Investitionstätigkeit werden sämtliche direkte und indirekte Immobilieninvestitionen von Privatpersonen subsummiert, die zum Zwecke der privaten Eigennutzung oder der privaten Vermögensanlage vorgenommen werden. Die private Zweckbestimmung ergibt sich aus dem Bestreben, aus diesen Investitionen Einkommens- oder sonstige Nutzenerträge auf persönlicher Ebene zu erzielen (Brübach, 2005, S. 69f). In der Realität lässt sich diese Grenze allerdings nicht immer leicht ziehen. So stehen hinter kleinen Immobilienunternehmen oft einzelne Personen, die mit einer Investition persönliche Interessen verfolgen und z. T. Geschäftsimmobilien im privaten Eigentum halten.

---

[17] Einer nicht repräsentativen Studie zufolge betrug der Anteil der Immobilienanlagen der Anleger mit einem Gesamtvermögen zwischen 8 und 12 Mio. Euro zwischen 35,2 % und 45,9 % ihres Gesamtvermögens. Dabei wurden nur Immobilien berücksichtigt, die zu Kapitalanlagezwecken gehalten wurden. Wohnimmobilien wurden nicht berücksichtigt (Ulrich, 2001, S. 107 aus Schaubach, P. u. a. (2005), S. 922). Bei Betrachtung besonders vermögender Personen ändert sich das Bild leicht zugunsten aktiver Unternehmensbeteiligungen (Schaubach, 2004, S. 188 aus Schaubach, P. u. a. (2005), S. 922).

Im Rahmen dieser Arbeit stehen regionale Immobilienmärkte und somit Direktinvestitionen im Vordergrund. Zur Abgrenzung der direkten von der indirekten Immobilieninvestition wird das Kriterium der dispositiven Entscheidungsgewalt herangezogen. Wenn ein Privatanleger die objektbezogene Investitionsentscheidung persönlich trifft oder maßgeblich beeinflussen kann, wird von einer privaten Direktinvestition gesprochen. Erfolgt die Investition zwar auf Rechnung des privaten Anlegers bzw. der Anlegergemeinschaft, jedoch in institutionalisierter Form durch einen Dritten ohne unmittelbare Einflussmöglichkeit der Anleger, handelt es sich um eine indirekte private Investition (Brübach, 2005, S. 70f).

In der Mehrzahl der Fälle werden Immobilienvermögen privater Investoren steuerlich im Privatvermögen gehalten (Brübach, 2005, 69). Die Zuordnung zum Privatvermögen hat bei Beachtung einiger Gestaltungsregeln den Vorteil, dass Einnahmen als Einkünfte aus Vermietung und Verpachtung behandelt werden und somit nicht der Gewerbeertragssteuer unterliegen. Aufwendungen zur Erhaltung, Instandsetzung und Finanzierung der Immobilie sind als Werbungskosten in vollem Umfang sofort abzugsfähig. Darüber hinaus sind die für das private Vermögen geltenden Abschreibungssätze anzuwenden. Das hat zur Folge, dass sich Privatinvestoren mit niedrigeren Vorsteuerrenditen als beispielsweise Immobilien AGs zufrieden geben, sofern die Immobilie in der Realität im Wert steigt (Dobberstein, 2004). Das ermöglicht es ihnen, auch in kleineren Städten trotz der niedrigeren Margen Büroimmobilien zu entwickeln.

Im Vergleich zu institutionellen Investoren, wie z. B. offenen Immobilienfonds, wird ein Privatanleger im Normalfall deutlich weniger Kapital zur Verfügung haben. Investitionssummen können zwar im Einzelfall durchaus bis zu einem hohen mehrstelligen Millionenbetrag reichen, Volumina über 5 Mio. Euro werden jedoch bei einzelnen Personen die Ausnahme sein. Den typischen Privatanleger gibt es jedoch nicht: Das Anlagespektrum privater Investitionen reicht von der Eigentumswohnung über Wohnanlagen und klassische Gewerbeobjekte, wie z. B. Büro- und Geschäftshäuser, bis hin zu großvolumigen Betreiberimmobilien. Der Immobilienbesitz kann sich dabei auf nur ein, ggf. eigen genutztes,

Objekt beschränken oder aus einem umfangreichen Portfolio mit einer Vielzahl von Objekten bestehen (Brübach, 2005, S. 69f).

Vorzugsweise wird jedoch in Einzelobjekte investiert[18]. Oft konzentriert sich das Investoreninteresse auf klassische Bestandsobjekte, die neben einer etablierten Lagequalität eine mängelfreie Bausubstanz und eine langfristige Vermietung aufweisen (Brübach, 2005, S. 69f). Private Investoren nehmen aber auch aktiv an der Wertschöpfungskette teil und agieren unternehmerisch und risikobereit. Neben eigenen Projektentwicklungen wird auch in kleinere Immobilien von geringerer Qualität unter Ausnutzung besonderer Umstände (z. B. Zwangsversteigerungen) investiert. Wertsteigerungen werden dabei durch ein verbessertes Management sowie Revitalisierungen und Restrukturierungen der Immobilien angestrebt (Schulte et al., 2005, Seite 26).

Privatinvestoren nehmen auch größere Risiken in Kauf. Während institutionelle Investoren unter strategischen Gesichtspunkten Investitionsobjekte mit dem Ziel erwerben, eine vorgegebene Investitionsquote und eine bestimmte Ertrags-Risiko-Relation zu erreichen, agiert der private Investor oft opportunistisch. Das bedeutet, dass er ein Objekt erwirbt, weil es aus seiner Sicht eine günstige Gelegenheit darstellt. Portfoliotheoretische Überlegungen spielen für die Investitionsentscheidung dabei oft keine bzw. eine untergeordnete Rolle. Entscheidungen können durchaus rein emotional begründet sein (Brübach, 2005, S. 72f). Die Risiken werden oft noch durch hohe Fremdkapitalanteile und eine Überbetonung steuerlicher Aspekte verschärft, während die Eignung des Gebäudes unter wirtschaftlichen Aspekten in den Hintergrund tritt. Hohe Fremdkapitalquoten bieten die Chance, bei langfristigem Wertzuwachs der Immobilie vom sog. Leverage-Effekt zu profitieren. Insbesondere Bestandsobjekte boten jedoch in den letzten zehn Jahren wenig Spielraum für positive Leverage-Effekte (Schulte

---

[18] Einer nicht repräsentativen Studie der Commerz Finanz Management auf Basis von 6.790 Finanzplänen im Zeitraum von 1991 bis 2001 zufolge dominieren Einzelobjekte den Bereich der Kapitalanlageimmobilien privater Investoren mit 96,1 % des Gesamtvermögens deutlich. Die indirekte Anlageform spielt nur eine untergeordnete Rolle: lediglich 4,4 % des nicht selbstgenutzten Immobilienvermögens ist in Immobilienfonds investiert (CFM, 2001, S. 11 aus Schaubach, P. u. a. (2005), S. 922).

et al., 2005, Seite 26). Eine weitere Problematik im Zusammenhang mit privaten Immobilieninvestitionen besteht in der Vernachlässigung des Exit-Managements. Bei direkt erworbenen Immobilien, insbesondere bei Wohnimmobilien, dominieren sog. „Buy-and-Hold Strategien" (Schaubach et al., 2005, S. 925). Ein Wertzuwachs kann jedoch nur realisiert werden, wenn die Immobilie zum richtigen Zeitpunkt mit Gewinn veräußert wird.

Da Privatpersonen primär opportunistisch investieren, werden sie vermutlich verstärkt im räumlichen Umfeld tätig, also den durch Wohnsitz und Beruf determinierten Aktionsräumen. Ihre Ortskenntnis und die Einbettung in Netzwerke bieten ihnen auf kleinen Büroimmobilienmärkten besondere Vorteile: Sie gehören an diesen Standorten zu den Marktinsidern. Privatinvestoren verfügen zudem auch oft über anderweitige unternehmerische Erfahrungen. Im Gegensatz zu institutionellen Investoren sind sie flexibel und reaktionsschnell. All das prädestiniert sie, auf kleinen Büroimmobilienmärkten erfolgreich zu investieren, zumal viele Büroimmobilien hier Werte aufweisen, die von Privatinvestoren noch getragen werden können.

Eine Analyse der Projektentwicklungstätigkeit in Braunschweig kam jedoch zu dem Ergebnis, dass Privatinvestoren dort in den letzten Jahren nur eine untergeordnete Rolle gespielt haben: Neben Architekturbüros, die Projekte für Endinvestoren initiieren und somit ihr Dienstleistungsangebot erweitern, waren fast ausschließlich kleine Immobilienunternehmen in der Projektentwicklung tätig, die entweder die gesamte Wertschöpfungskette abdecken oder eine einmalige Projektentwicklung betrieben haben (Dobberstein, 2004). Das Ergebnis überrascht allerdings nicht, da Privatinvestoren und regionale Immobilienunternehmen ähnliche Eigenschaften aufweisen: Im Gegensatz zu den institutionellen Investoren sind sie Dritten gegenüber nicht rechenschaftspflichtig und können daher flexibel und Risiko affin handeln. Die Ergebnisse aus Braunschweig lassen sich jedoch nicht ohne Weiteres auf andere Städte übertragen, da regionale Büroimmobilienmärkte stark von den regionalen Gegebenheiten geprägt sind.

2.3.3 Institutionelle Investoren

Der gesamte Immobilienbestand institutioneller Investoren wird für das Jahr 2003 auf 285 Mrd. Euro[19] geschätzt (siehe Abbildung 5). Der größte Anteil entfällt auf die geschlossenen Immobilienfonds mit 90 Mrd. Euro. An zweiter Stelle folgt das Immobilien-Leasing mit 78 Mrd. Euro. Offene Immobilienfonds, dazu zählen Spezial- und Publikumsfonds, halten Immobilien im Wert von 50 Mrd. Euro. Es folgen Versicherungen/Pensionskassen (37 Mrd. Euro), ausländische Investoren (20 Mrd. Euro) und Immobilien AGs (10 Mrd. Euro) (Bulwien, 2005, S. 51). Seit 2004 haben allerdings die Immobilien AGs im Zuge der Diskussion um die Einführung der G-REITs (die deutsche Variante der Real Estate Investment Trusts) und der konjunkturell bedingten Erholung der Immobilienmärkte stark an Bedeutung gewonnen. Ihr Marktwert beträgt im Jahr 2007 ungefähr 21 Mrd. Euro und hat sich seit 2004 annähernd verdreifacht (HSH Nordbank, 2007, S. 46).

---

[19] Die Zahl beruht zum Teil auf Schätzungen bzw. Verbandsangaben. Bei den Versicherungen wurde der ausgewiesene Verkehrswert als Basis genommen. Bei den geschlossenen Fonds wurde das Investitionsvolumen herangezogen, Wertveränderungen wurden nicht berücksichtigt.

Abbildung 5: Immobilienbestand institutioneller Investorengruppen 2003

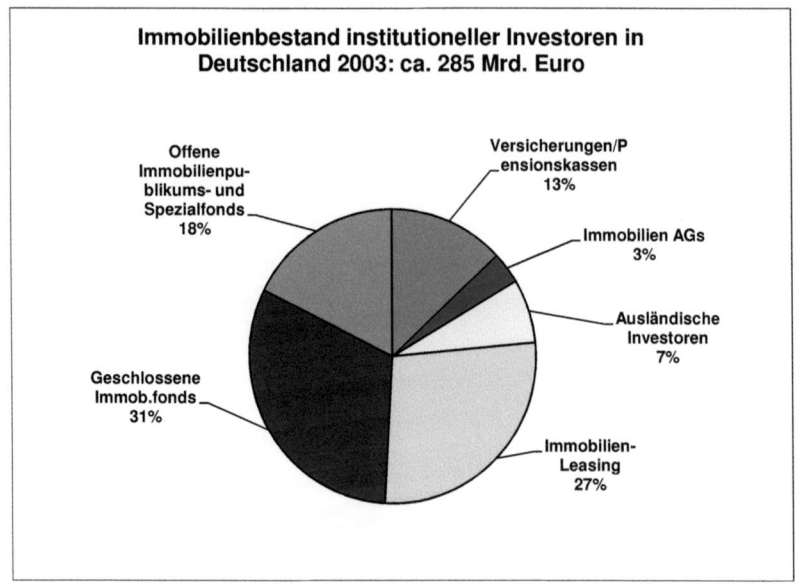

Quelle: BVI, BAV, Bundesverband deutscher Leasing-Gesellschaften, Bankhaus Ellwanger & Geiger, Deutsche Bundesbank/Kapitalmarktstatistik und Erhebungen von Bulwien (Bulwien, 2005, S. 51)

Der Bedeutungsgewinn institutioneller Investoren ging mit ansteigenden Volumina am Gewerbeimmobilienmarkt einher. Anfang der 1980er Jahre wurden jährlich etwa 5 Mio. Euro auf dem Immobilienmarkt investiert. Weit über die Hälfte entfiel auf Wohnimmobilien. In der zweiten Hälfte der 1980er Jahre wuchs das Investitionsvolumen in etwa auf die doppelte Größenordnung. Institutionelle Anleger von Gewerbeimmobilien profitierten zwar von dieser Entwicklung, konnten ihre geringen Marktanteile gegenüber den Wohnimmobilien allerdings nicht steigern. Die offenen Immobilienfonds überschritten in den 1980er Jahren nur in einem Jahr die Grenze von 1 Mrd. Euro. Anfang der 1990er Jahre erlebte der institutionelle Anlegermarkt dann eine Boomphase, die insbesondere 1992 und 1993 mit stark ansteigenden Volumina einherging. Als Folge der Wiedervereinigung trugen steuerorientierte Anlageformen in den neuen Bundesländern (Anlagemodelle im Teileigentum und geschlossene Fonds) maßgeblich dazu bei. Geschlossene Fonds hatten 1995 ihren Höhepunkt mit fast 10 Mrd. Euro erreicht. Auch die offenen Immobilienfonds, die 1996 über 4 Mrd. Euro in Immobilien investierten, gewannen an Bedeutung. Die Versicherungen und Pensionskassen investierten in diesem Zeitraum in einer Größenordnung zwischen 2 und 3 Mrd. Euro auf einem relativ konstanten Niveau (Bulwien, 2005, S. 49f).

Institutionelle Investoren haben also seit Mitte der 1980er Jahre stark an Bedeutung gewonnen: Während von institutionellen Anlegern 1986 5,8 Mrd. Euro in Immobilien neu investiert wurden, vervierfachte sich das Volumen der Neuanlagen annähernd auf 21,0 Mrd. Euro im Jahre 2003 (Abbildung 6). Innerhalb des institutionellen Segments haben in diesem Zeitraum insbesondere offene Immobilienfonds (+ 16 %) und das Immobilien-Leasing an Bedeutung gewonnen, während ausländische Investoren (- 15 %), Versicherungen/Pensionskassen (- 12 %) sowie geschlossene Fonds relativ verloren haben. Absolut betrachtet haben allerdings alle institutionellen Investoren ihr Neuanlagevolumen erhöht. Erst ab 2004 haben sich ausländische Anleger verstärkt in Deutschland engagiert. Im Folgenden werden die wichtigsten institutionellen Investoren im Detail vorgestellt.

Abbildung 6: Immobilienneuanlagen institutioneller Investoren in Deutschland 1986-2003

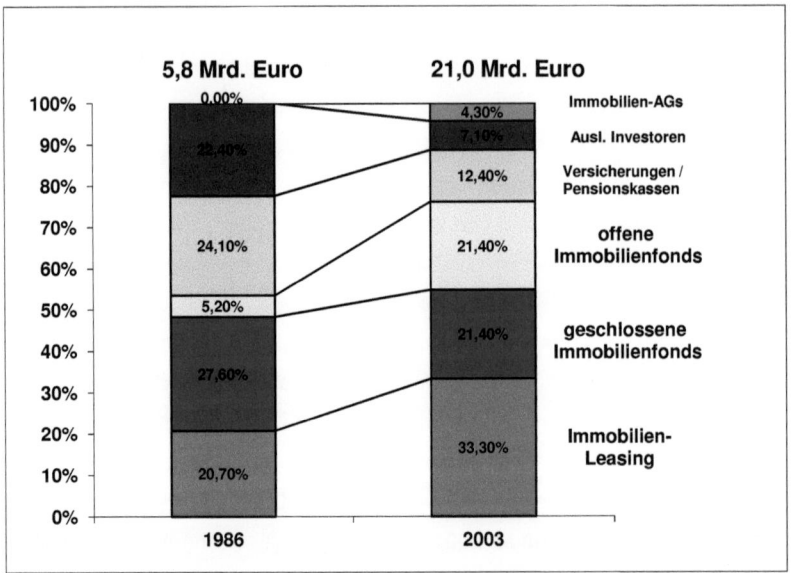

Quelle: BVI Bundesverband Deutscher Investmentgesellschaften, BAFin, Bundesverband Deutscher Leasing-Gesellschaften, Bankhaus Ellwanger & Geiger, Deutsche Bundesbank, Auswertungen Loipfinger Kapitalmarktstatistik, Erhebungen und Berechnungen von Bulwien aus Bulwien, 2005, S. 50 (eigene Darstellung)

Versicherungen/Pensionsfonds

Die Gewährung von Versicherungsschutz erfordert die Leistung finanzieller Risikovorsorge. Versicherungsunternehmen, zu denen Lebens-, Sach-, Kranken- oder Rückversicherungen gezählt werden, sammeln zum Zweck der finanziellen Risikovorsorge Kapital in Form von Prämien von seinen Versicherungsnehmern ein und legen dieses unter Beachtung finanzwirtschaftlicher Ziele auf dem Kapitalmarkt an. Teile des Kapitals werden für die Erfüllung von fälligen Versicherungsversprechen an die betroffenen Versicherungsnehmer ausgezahlt (Betz, 1997, S. 4). Pensionskassen sind außerbetriebliche Versorgungseinrichtungen, die von einem oder mehreren Unternehmen Gelder im Rahmen der betrieblichen Altersvorsorge erhalten und diese anlegen, um in der Zukunft anfallende Ansprüche abzusichern (Schulte et al., 2005, S. 179). Pensionskassen sind langfristig ausgerichtet und investieren deshalb auch in Immobilien. Bei Versicherungen bedingt die Natur des Kerngeschäfts die Art der gewählten Anlageklassen. Insbesondere Lebensversicherungen zielen auf einen langfristigen Wertzuwachs und investieren daher in Immobilien: Etwa 50% aller von Versicherungen und Pensionskassen gehaltenen Immobilien befinden sich im Besitz von Lebensversicherungen (Schulte et al., 2005, S. 179f).

Sowohl bei den Lebensversicherungen als auch bei den Pensionskassen ist die Immobilienquote in den letzten 40 Jahren deutlich gesunken. Während die Lebensversicherungen 1970 noch 12,83 % ihres Kapitals in Immobilien investierten, waren es 2003 nur noch 2,6%. Der Anteil der Immobilien an den gesamten Kapitalanlagen unter Berücksichtigung aller Beteiligungen wird etwas höher auf 5 % bis 6 % geschätzt. Die Immobilienquoten von Pensionskassen und Lebensversicherungen verlaufen bis zum Ende der 1980er Jahre parallel. Ab diesem Zeitpunkt entwickeln sich die Quoten jedoch unterschiedlich: Die Lebensversicherer hatten bis zum Jahr 2003 eine stetig fallende Immobilienquote zu verzeichnen, während die Quote der Pensionskassen zwischen 6 % und 7 % pendelte. Diesen unterschiedlichen Verläufen liegt eine differenzierte Anlagepolitik zugrunde: Während die Versicherungsunternehmen in direkt gehaltene Gewerbeimmobilien investierten, favorisierten die Pensionskassen bereits ab 1990 Grundstückssondervermögen in Form von Immobilienspezialfonds. Auf diese Weise konnten sie Immobilien im Ausland erwerben, ohne dort kostenintensiv Know-How aufbauen zu müssen. Direkt gehaltene Immobilien in den Metropolen Europas hätten die Kapitalkraft der im Vergleich zu den Versicherungen kleineren Pensionskassen zudem überfordert. Die Versicherungen begannen erst zur Jahrtausendwende, ebenfalls massiv in Immobilienspezialfonds zu investieren. Heute beträgt die Quote der in Grundstückssondervermögen gehaltenen Immobilien an allen Immobilien bei beiden Investorengruppen rund 25% (Walz et al., 2005, S. 175ff.). Die deutschen Versicherungsunternehmen und Pensionskassen sind so zu der wichtigsten Anlegergruppe deutscher Immobilienspezialfonds geworden. Sie steuern insgesamt 69% des Fondvermögens bei (Deutsche Bundesbank, 2006, S. 60f).

Neben den oben genannten sind weitere Gründe für den Bedeutungsgewinn der indirekten Immobilienanlage verantwortlich (Walz et al., 2005, S. 180ff.):

- Im Gegensatz zu Schadensversicherungen können Lebensversicherungen und Pensionskassen Abschreibungen steuerlich nicht effizient nutzen. Immobilienspezialfonds ermöglichen jedoch eine Ausschüttung der Abschreibung.
- Die Performance der Versicherungs- und Pensionskassen wird nach der „laufenden Durchschnittsverzinsung" gemessen. Direktanlagen in Immobilien sind dabei gegenüber indirekten Anlagen benachteiligt, weil außerordentliche Ergebnisse bei der Betrachtung nicht berücksichtigt werden dürfen. In der Konsequenz werden Abschreibungen als Aufwand berücksichtigt und beeinflussen die Performance negativ.
- Die direkte Immobilienanlage bindet überproportional viele Mitarbeiter. Durch indirekte Anlagen wird Personal ausgelagert und Know-How eingekauft. Aus Sicht des Investors beschränkt sich die indirekte Immobilienanlage auf eine reine Controlling-Funktion.
- Aufgrund anderer Steuersysteme sollten trotz EU-Binnenmarkt Immobilien in den Mitgliedsländern nicht direkt erworben werden. Das gilt insbesondere auch für Investitionen außerhalb der EU, wie z. B. in Nordamerika und in Asien.

Abgesehen von den Immobilienspezialfonds, der derzeit beliebtesten indirekten Anlageform der deutschen Versicherungsunternehmen und Pensionskassen, wird auch in SICAVs (Société d'Investissement à Capital Variable), FCPs (Fonds Commun de Placement), sog. Unlisted Vehicles (Beteiligungsgesellschaften mit dem Charakter geschlossener Immobilienfonds) und im geringen Umfang auch in Immobilien AGs indirekt investiert. Immobilienspezialfonds sind zwar sehr kostenaufwendig, besitzen jedoch insbesondere in den Aufsichtsgremien der investierenden Unternehmen eine hohe Akzeptanz (Walz et al., 2005, S. 180ff.).

Wie andere institutionelle Investoren sind auch Versicherungen und Pensionskassen nicht frei in ihrer Anlageentscheidung, sondern unterliegen gesetzlichen Bestimmungen: Das Kapital, das zur Deckung der versicherungstechnischen Verpflichtungen dient, ist „ ...so anzulegen, dass möglichst große Sicherheit und Rentabilität bei jederzeitiger Liquidität des Versicherungsunternehmens unter Wahrung angemessener Mischung und Streuung erreicht wird" (§ 54 Abs. 1 VAG). Die Portfolioplanung ist dabei das übergeordnete Instrument, dem sämtliche Fragen des An- und Verkaufs sowie des Immobilienmanagements untergeordnet werden. Die Ziele müssen zunächst gewichtet werden, wobei das Renditeziel aufgrund des ausgeprägten Wettbewerbs heute prioritär ist. Da institutionelle Investoren die Möglichkeit haben, neben Immobilien auch andere Anlageklassen zu wählen, müssen Fragen wie die Höhe des Immobilienanteils und der Struktur der Immobilienanlagen hinsichtlich der Anlageform bzw. der geographischen und sektoralen Streuung beantwortet werden. Zur Bewertung der gegenwärtigen und zukünftigen Performanceaussichten der Immobilienanlagen werden Scoring-Modelle herangezogen, die anhand verschiedener quantitativer und qualitativer Kriterien für jede Investitionsmöglichkeit eine Gesamtpunktzahl ermitteln. Dabei werden Immobilien- und Marktrisiken getrennt ermittelt (Walz et al., 2005, S. 191-200).

Während in den Nachkriegsjahren noch der Wohnungsbau den traditionellen Schwerpunkt in der Immobilienanlagepolitik von Versicherungen und Pensionskassen bildete, fand mit Beginn der 1970er Jahre eine stärkere Hinwendung zu Gewerbeimmobilien statt. Die Gründe lagen in gestiegenen Renditeanforderungen, restriktiverer Mietgesetzgebung sowie schlechten Erfahrungen aus dem 2. Förderweg im Wohnungsbau. Ab Beginn der 1980er Jahre wurden dann Wohnungsbestände real abgebaut. Direkt gehaltene Gewerbeimmobilien machen heute den größten Anteil an den Immobilienanlagen der Lebensversicherungen und Pensionskassen aus (Walz et al., 2005, S. 177f).

Die Anlagekriterien der Versicherungen ähneln denen der offenen Immobilienfonds, die unter Vermeidung von größeren Risiken eine reale Wertentwicklung der Immobilien anstreben und deshalb vornehmlich in 1a-Lagen investieren. Typische Anlagegüter sind Büroimmobilien und Einkaufszentren in sehr guten innerstädtischen Lagen (Bone-Winkel et al., 2005a, 705). Es ist zu erwähnen, dass von den Versicherern Immobilienanlagen im Wert von 3,8 Mrd. Euro selbst genutzt werden. Das entspricht in etwa 15 % der gesamten Kapitalanlagen in Immobilien (Bulwien, 2005, S. 59).

Im Gegensatz zu den Kapitalanlagegesellschaften der offenen Immobilienfonds sind deutsche Versicherer und Pensionskassen nicht nur in den Metropolen vertreten, sondern haben auch in kleineren Städten Sitze bzw. lokale Niederlassungen. In der Region ihrer Niederlassungen verfügen beide Investorentypen auch über ausgeprägte Marktkenntnis und kommen dort grundsätzlich auch als Büroimmobilieninvestoren infrage, sofern sich Chancen ergeben.

Offene Immobilienfonds

Bei einem offenen Immobilienfonds handelt es sich um ein nicht rechtsfähiges Immobilien-Sondervermögen, das von einer Kapitalanlagegesellschaft geführt wird. Die Anlagegesellschaft unterliegt als Spezialkreditinstitut der Aufsicht der Bundesanstalt für Finanzdienstleistungsaufsicht (BaFin). Im Gegensatz zu den geschlossenen Immobilienfonds ist das Zeichnungsvolumen nicht geschlossen, sondern offen. Die Haftung des Anlegers ist auf seinen Anteil beschränkt. Neben der Pflicht der Prospekthaftung bestehen umfangreiche Schutzvorschriften des Investmentgesetzes (InvG) zur Publizität als auch zur Anlagepolitik. Auf der anderen Seite hat der Anleger nur geringe Kontroll- und Mitwirkungsrechte. Besteuert wird auf der Ebene des Anlegers, Körperschafts- und Gewerbesteuer sowie Grundsteuer beim Anteilserwerb entfallen (Bone-Winkel et al., 2005d, S. 687ff.).

Offene Immobilienfonds haben das Ziel, die Immobilieanlage auch Kleinanlegern zugänglich zu machen und ihnen dabei eine angemessene laufende Verzinsung sowie eine möglichst kontinuierliche Wertentwicklung zu bieten. Nachteile des direkten Grundbesitzes, wie der hohe Kapitaleinsatz, das erforderliche Know-How sowie die langfristige Bindung des Kapitals lassen sich durch eine Beteiligung an einem offenen Fonds weitgehend umgehen. Der einzelne Anleger partizipiert an den Vorteilen eines großen Immobilienportfolios, das sich durch Risikostreuung auszeichnet. Die Immobilienanlage über offene Immobilienfonds ist normalerweise liquide, da die Kapitalanlagegesellschaft eine Mindestliquidität vorhalten muss. Offene Immobilienfonds weisen zudem eine relativ geringe Volatilität auf und gelten deshalb als vergleichsweise sicher (Alda et al., 2005, S. 92f).

Das Ziel der Anlagestrategie der offenen Fonds besteht darin, positiven Marktentwicklungen durch aktives Portfoliomanagement zu folgen bzw. an ihnen zu partizipieren. Dabei sind das Timing sowie die Auswahl prosperierender Standorte mit entwicklungsfähigen Mieten von großer Bedeutung für den Erfolg des Fonds. Die Gebäude müssen sowohl eine adäquate Qualität und eine ansprechende und funktionale Architektur aufweisen. Das professionelle Portfoliomanagement soll eine möglichst breite Diversifizierung des Immobilienbestandes sicher stellen und auf diese Weise Klumpenrisiken minimieren (Alda et al., 2005, S. 114).

Es werden offene Publikums- und Spezialfonds unterschieden. Bis auf wenige Ausnahmen sind die gesetzlichen Grundlagen identisch. Natürliche Personen sind jedoch als Anleger offener Spezialfonds ausgeschlossen. Für große institutionelle Anleger werden auch eigene Immobilienfonds aufgelegt. Das sichert ihnen die größtmögliche Kontrolle über das Investment. Die Anleger offener Spezialfonds, v. A. Versicherungen, Pensionskassen, kirchliche Organisationen und berufsständische Versorgungswerke, verlagern zunehmend ihren Immobilienbesitz in indirekte Anlagen. Sie profitieren dabei von der Professionalität der Anlagegesellschaft und werden in die Lage versetzt, mit geringem Aufwand und kalkulierbarem Risiko neue Märkte zu erschließen und auf diese Weise ihr Anlageportfolio zu diversifizieren. Bei den Kapitalanlagegesellschaften handelt es sich bis auf wenige Ausnahmen um dieselben, die auch offene Publikumsfonds auflegen (Alda et al., 2005, S. 109f).

Offene Immobilienfonds konnten seit 1990 erhebliche Mittelzuflüsse verzeichnen: Das Fondsvolumen der offenen Publikumsimmobilienfonds verzehnfachte sich seit 1990 von gut 9 Mrd. Euro auf 90,1 Mrd. Euro Ende 2005. Die 37 offenen Publikumsimmobilienfonds besaßen somit rund ein Viertel des Kapitals aller deutschen Publikumsfonds. Daneben existierten Ende 2005 noch 98 offene Spezialfonds, die ein Vermögen von 16,6 Mrd. Euro verwalteten. Das betreute offene Immobilienfondsvolumen umfasste Ende 2005 somit 107,7 Mrd. Euro (Deutsche Bundesbank, 2006, S. 52f). Da das Investmentgesetz den offenen Immobilienfonds eine maximale Liquiditätsquote von 49 % vorschreibt (InvG §80 Abs. 1), besteht bei großen Mittelzuflüssen ein hoher Anlagedruck. Um diesem Druck mit einem vertretbaren Aufwand zu begegnen, wird in möglichst große Immobilien investiert.

Während in früheren Jahren der Anlagefokus der offenen Immobilienfonds ausschließlich auf Deutschland lag, ist gerade in den letzten Jahren ein verstärkter Trend zu grenzüberschreitenden Immobilieninvestitionen zu beobachten. Zum einen wird dieser Trend auf die große Nachfrage nach international ausgerichteten und diversifizierten Immobilienfonds seitens der Anleger zurück geführt. Auf der anderen Seite haben das vierte Finanzmarktförderungsgesetz im Jahre 2002 mit einer Erhöhung der erlaubten Anlagequote außerhalb der EU auf 100 % sowie die Erweiterung des europäischen Währungsraumes den Weg für Auslandsinvestitionen erheblich erleichtert (Alda et al., 2005, S. 95). So lagen 2003 bereits 44,9 % der Flächen der 22 im BVI organisierten Fonds im Ausland, während auf die deutschen Großstädte, die Regionen Rhein-Main und Rhein-Ruhr insgesamt 49,8 % und auf sonstige Städte in Deutschland lediglich 5,3 % entfallen (Bone-Winkel et al., 2005d, S. 692). Nach Berechnungen des Fondsverbandes BVI nahm die Auslandsorientierung der offenen Immobilienfonds seitdem weiter zu: So beträgt die Quote deutscher Objekte im September 2007 nur noch 31,7 % (Meldung der Immobilien-Zeitung vom 17.12.2007; www.immobilien-zeitung.de). Während die offenen Fonds hierzulande momentan auf der Seite der Verkäufer agieren, sehen Marktbeobachter kurz- bis mittelfristig wieder ein stärkeres regionales Engagement in Deutschland (DEGI, 2007, S. 20).

Da sich offene Immobilienfonds sehr gut zur Abbildung von Wertentwicklungen aufgrund der täglichen Ermittlung des Rücknahmepreises eignen und es ihnen verwehrt ist, hohe Risiken einzugehen, eignen sich für diese Anlageart insbesondere Immobilien in nicht-duplizierbaren Lagen, da nur dort eine reale Wertentwicklung zu erwarten ist. Immobilien in duplizierbaren Lagen sind dagegen nur bedingt geeignet, da diese ein geringeres Wertentwicklungspotenzial aufweisen. Dementsprechend gehören Büroimmobilien und Einkaufszentren in sehr guten innerstädtischen Lagen der wichtigsten Standorte Deutschlands, Europas und Nordamerikas zu den typischen Anlagen der offenen Immobilienfonds (Bone-Winkel et al., 2005d, S. 692 und 705).

Eine Analyse der Bestände der fünf größten offenen Immobilienpublikumsfonds 1999 kam zu dem Ergebnis[20], dass im Zeitraum zwischen 1984 und 1999 eine zunehmende Konzentration der Immobilienanlagen auf ausgewählte deutsche Verdichtungsräume von einem hohen Niveau aus stattgefunden hat. Andere Verdichtungsräume wie Bielefeld, Bremen, Nürnberg, Saarland und Rhein-Neckar sind für die Fonds dagegen kaum noch von Relevanz. Während vorrangig Oberzentren der Verdichtungsräume profitierten, verloren Mittelzentren in wenig verdichteten Räumen stark an Bedeutung. Der Anlageschwerpunkt hat sich somit auf die wichtigsten Großstädte Deutschlands verlagert. Gewerbliche Nutzungen dominieren mit 96,8 % Flächenanteil. Der Großteil entfällt dabei auf reine Büroflächen mit 51,9 %. Es folgen Verkaufsflächen (18,0%), Büro- und Geschäftsgebäude (17,4%), Büro- und Lagergebäude (9,3%) und Spezialimmobilien (3,4%). Während Büronutzungen in verdichteten Regionen grundsätzlich stärker vertreten sind, machen in den sonstigen Städten die Einzelhandelsflächen den größten flächenmäßigen Anteil aus. Insbesondere Frankfurt mit 71

---

[20] Es wurden fünf der im Jahr 1999 bestehenden 16 offenen Immobilienpublikumsfonds untersucht, die einen Marktanteil von knapp 16 % ausmachen. Die Fonds halten zu diesem Zeitpunkt 564 Objekte, von denen 551 berücksichtigt wurden. Der größte Anteil der Objekte (knapp 90 % der Fläche) liegt in Deutschland.

% und Düsseldorf mit 68 % zeichnen sich durch hohe Büroquoten aus. Aber auch München, Leipzig, Köln und Hamburg weisen Quoten über 50 % auf. Der Anteil der reinen Bürogebäude hat seit 1984 stark zugenommen, während Büro- und Lagergebäude, Geschäftsgebäude und Einzelhandelsflächen an Bedeutung verloren haben. Es hat somit im Zeitablauf parallel zum Bedeutungsgewinn der unternehmensorientierten Dienstleister ein Wandel von der Konzentration auf Einzelhandelsobjekte zu einer starken Büroorientierung stattgefunden. Aufgrund der großen Mittelzuflüsse nahm auch die Objektgröße zu: Sie betrug 1999 durchschnittlich 12.500 qm (Schmitt, 2001, S. 14-20).

Die Anlagen der einzelnen Fonds in Deutschland konzentrieren sich 1999 schwerpunktmäßig jeweils auf einige wenige Regionen, meistens auf zwei oder drei Hauptanlageregionen. Eine besondere Bedeutung hat dabei das Rhein-Main-Gebiet (v. A. Frankfurt am Main) aufgrund des hohen Stellenwerts als Standort für unternehmensorientierte Dienstleister. Zudem erwerben die Fonds in der Region des Unternehmenssitzes verstärkt Objekte – der Großteil der Kapitalanlagegesellschaften hat den Sitz in Frankfurt. Fühlungsvorteile sowie der enge Kontakt zu Entscheidungsträgern erleichtern dabei die Akquisition der Immobilien vor Ort (Schmitt, 2001, S. 23-30).

Im Vergleich zu anderen institutionellen Investoren, wie z. B. kleineren Pensionskassen oder auch geschlossenen Immobilienfonds, handelt es sich bei den offenen Publikumsfonds um sehr kapitalkräftige Investoren: Ein einziger offener Publikumsfonds verwaltete 2005 im Durchschnitt ein Vermögen über etwa 2,4 Mrd. Euro. Die Kapitalanlagegesellschaften der Fonds weisen im Vergleich zu anderen institutionellen Investoren eine erheblich größere Konzentration auf: Die Hauptsitze der Gesellschaften konzentrieren sich bis auf wenige Ausnahmen auf die fünf größten Metropolen Deutschlands. Ein Schwerpunkt bildet wie bereits oben angeführt Frankfurt am Main. Der Bedeutungszuwachs dieser Anlageform hat somit auch zu einer Konzentration der Investments auf die Bürometropolen Deutschlands geführt.

Geschlossene Immobilienfonds

Die geschlossenen Fonds gehören heute in Deutschland zu den wichtigsten Immobilieninvestoren (siehe Abbildung 5). Bei den geschlossenen Immobilienfonds handelt es sich i. d. R. um Personengesellschaften in den Gesellschaftsformen KG und GbR bzw. auch verwandte Konstruktionen. Der Anleger ist in dieser Konstruktion Kommanditist oder er beteiligt sich am Fonds über einen Treuhänder. Kommanditisten haften nur bis zur Höhe der Einlage. Das Eigenkapital steht von vornherein fest und wird zumeist öffentlich zur Zeichnung angeboten. Der Unterscheid zu den offenen Immobilienfonds besteht darin, dass der geschlossene Fonds bei Vollzeichnung geschlossen wird.

In den letzten Jahren haben die geschlossenen Immobilienfonds Marktanteile gegenüber den offenen Immobilienfonds verloren (Abbildung 7), insbesondere infolge des Abbaus weitreichender steuerlicher Vergünstigungen. In den 1990er Jahren dominierten noch die sog. Steuersparfonds, die insbesondere von der „Sonder-AfA Ost" profitierten. Kapitalanleger profitieren von hohen steuerlichen Abschreibungen. Da geschlossene Fonds keinem Regelwerk unterliegen und die Anleger insbesondere auf die Steuervergünstigungen schauten, sich mit den Immobilien- und auch den Vermietungsrisiken kaum beschäftigten, konnten viele Produkte die Prognosen nicht einhalten. Die Sonder-Afa Ost wurde 1998 komplett abgeschafft (Kunath, A., 2005, S. 158f).

Weitere gesetzliche Regelungen zuungunsten der geschlossenen Fonds haben zu diesem Bedeutungsverlust geführt (Kunath, A., 2005, S. 158f):

- Ab 1999 mit dem § 2 Abs. 3 EStG Mindestbesteuerung durch Begrenzung der Verrechnungsmöglichkeiten. Diese Regelungen sind seit dem 1. April 2004 nicht mehr gültig,
- Konsequenz aus dem § 2 b EStG, dem sog. „Fallenstellerparagraph" ist, dass mit Steuervorteilen nicht mehr geworben werden darf und
- der 5. Bauherrenerlass: Im Ergebnis können Fondskosten nicht mehr als Werbungskosten geltend gemacht werden. Die sofortige Abzugsfähigkeit von Finanzierungskosten wird von bisher 10 % auf 5 % eingeschränkt.

Abbildung 7: Entwicklung des platzierten Eigenkapitals bei Immobilienfonds 1996- 2005 in Mrd. Euro

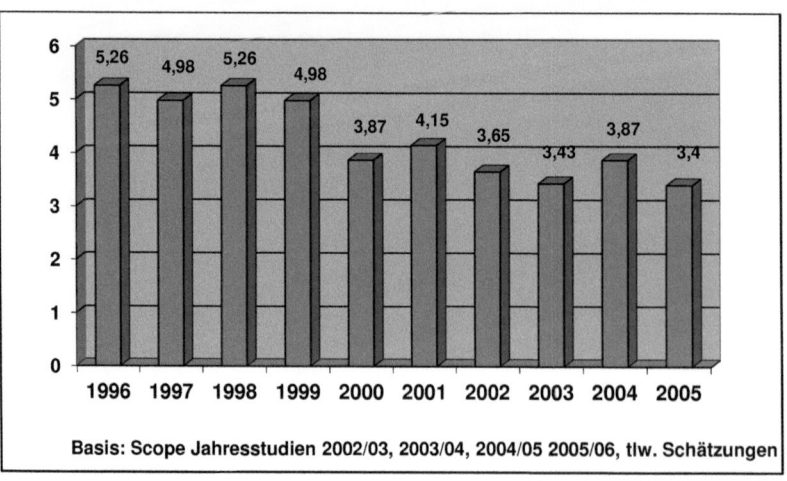

Basis: Scope Jahresstudien 2002/03, 2003/04, 2004/05 2005/06, tlw. Schätzungen

Quelle: Schoeller et al., 2006, S. 177

Ebenso wie die offenen Immobilienfonds haben auch die geschlossenen Fonds in den letzten Jahren ihren Anteil ausländischer Immobilien stark erhöht. Bis Ende der 1980er Jahre befanden sich die in geschlossenen Fonds gehaltenen

Immobilien fast ausschließlich in Deutschland. Vereinzelte Investitionen in ausländischen Märkten, insbesondere in den USA und Kanada ab Mitte der sechziger Jahre bildeten die Ausnahme. Ende der 1980er Jahre richtete sich das Augenmerk dann zusehends auf Österreich und die Niederlande. Während Österreich sich durch eine hohe Stabilität auszeichnete, boten die Niederlande vergleichsweise hohe Renditen. Als Ende der 1990er Jahre Steuervergünstigungen in Deutschland gestrichen wurden, weiteten Initiatoren geschlossener Fonds ihre Aktivitäten auf weitere Zielländer aus. In diesem Zusammenhang sind z. B. Österreich und Frankreich zu nennen. In den letzten Jahren wurde aber auch verstärkt in den EU-Beitrittsländern wie Ungarn, Tschechien und Polen investiert (Kunath, A., 2005, 153 und 159f). Im Ergebnis wurde 2005 mit 1,2 Mrd. Euro lediglich 34,6 % des platzierten Eigenkapitals in Deutschland investiert. An zweiter Stelle liegen die USA mit 22,5%, dahinter Großbritannien mit 13,1 %. Die klassischen Zielmärkte Deutschland, Holland und Österreich haben wegen sinkender Renditen und Schwierigkeiten bei der Objektbeschaffung verloren. Neue Investitionsstandorte wie Italien, Australien und die Vereinigten Arabischen Emirate wurden vereinzelt von Fondsinitiatoren gewählt (Schoeller et al., 2006, S. 33).

Da Büroimmobilien an nicht duplizierbaren Lagen Wertentwicklungspotenzial kombiniert mit einem relativ geringen Risiko aufweisen, eignen sie sich eher für offene als für geschlossene Immobilienfonds, weil geschlossene Fonds zur Abbildung von Wertentwicklungen weniger geeignet sind. Da sich geschlossene Immobilienfonds aufgrund der Prospekthaftung nur eingeschränkt zur Finanzierung von Risiken eignen, besitzen Büroimmobilien in duplizierbaren Lagen einen besonders hohen Stellenwert. An diesen Lagen ist das Risiko kalkulierbar (Bone-Winkel, 2005a, 702-706). Langfristig vermietete Supermärkte waren somit auch die Objekte der ersten Stunde. Gelegentlich wurden auch Investitionen in 1a-Lagen ebenso wie in riskante Immobilientypen wie Einkaufszentren auf der „grünen Wiese" unternommen, sofern steuerliche Vorteile die Nachteile ausgleichen. Geschlossene Fonds besitzen Vorteile, wenn hohe Einnahmesicherheit unter Berücksichtigung steuerlicher Effekte und Subventionen zu erwarten ist (Bone-Winkel, 2005a, 706).

In den vergangenen Jahren war die deutsche Büroimmobilie, insbesondere in den Metropolen Berlin, Düsseldorf, Frankfurt, Hamburg und München, das beliebteste Anlageobjekt (Abbildung 8). An zweiter Stelle folgen die Einzelhandelsimmobilien. Betreiberimmobilien wie Hotels, Seniorenresidenzen, Kinocenter und Sportstätten waren von geringer Bedeutung. Aufgrund stagnierender Büromärkte mit hohen Leerstandsraten ist momentan verstärkt ein Trend zu Einzelhandels- und Logistikimmobilien erkennbar. Auch Wohnimmobilien rücken wieder in den Fokus der Initiatoren (Kunath, A., 2005, S. 157). Andere Autoren vertreten jedoch den Standpunkt, dass momentan Investitionen in Klein- und Mittelstädten gegenüber den Toplagen in den Metropolen überwiegen. Die hohen Anfangsrenditen in den Klein- und Mittelstädten bieten einen Wettbewerbsvorteil gegenüber alternativen Kapitalanlagen (Bulwien, 2005, S. 61f).

Eine ähnliche Strategie wie geschlossene Immobilienfonds verfolgen auch Immobilien-Leasinggesellschaften, wobei auf Qualität und Drittverwendungsfähigkeit der Immobilie aufgrund des höheren Risikos beim Leasingnehmer stärker geachtet wird (Schulte, 2005, 706). Auch Leasinggesellschaften bedienen sich u. A. geschlossener Fonds als Anlagevehikel.

Da geschlossene Fonds weniger reglementiert sind als die offenen Immobilienfonds und Büroimmobilien in kleinen Märkten ein geringeres Wertentwicklungspotenzial aufweisen, ist davon auszugehen, dass geschlossene Fonds auch zur Finanzierung von Büroimmobilien in kleineren Städten abseits der Metropolen herangezogen werden. Da geschlossene Fonds auch von kleinen Kreditinstituten sowie freien Initiatoren aufgelegt werden, die im Vergleich zu den offenen Immobilienfonds dispers im Raum verteilt sind, werden Investitionsstandorte weiter streuen.

Abbildung 8: Engagement der Initiatoren geschlossener Immobilienfonds in 2006 nach Nutzungsart

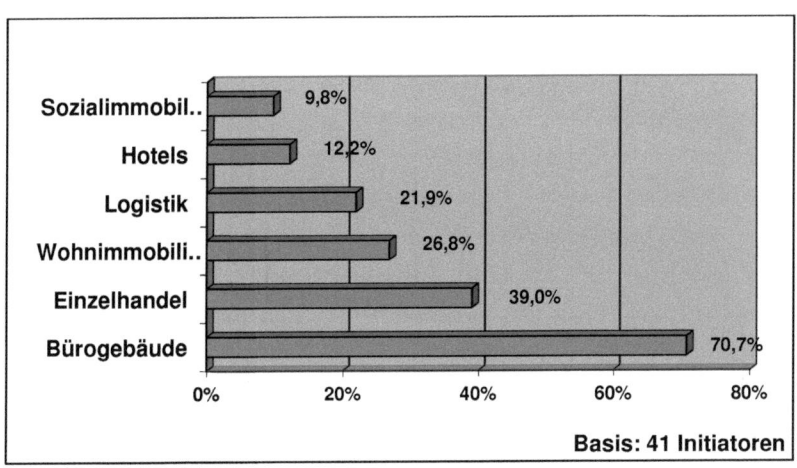

Quelle: Schoeller et al., 2006, S. 182

Immobilien AGs/G-REITs

Immobilien AGs können als Unternehmen definiert werden, „deren hauptsächlicher Zweck und dominante Ertragsquelle in der Entwicklung und dauerhaften Bewirtschaftung von Immobilien, einschließlich der damit unmittelbar im Zusammenhang stehenden Dienstleistungen, besteht" (Cadmus et al., 2005, S. 144). Das Marktsegment der Immobilien AGs war über viele Jahre an der deutschen Börse unbedeutend, hat jedoch im Zuge der Erholung der Immobilienmärkte seit 2005 und der Diskussion um die Einführung der G-REITs an Bedeutung gewonnen. Die Marktkapitalisierung deutscher Immobilienaktien am DIMAX konnte sich seit 2004 verdreifachen und wird momentan auf rund 21 Mrd. Euro geschätzt. Das ist allerdings immer noch weniger als 1 % des Bruttoinlandsprodukts, während vergleichbare Werte im Ausland bei 2 % bis über 3 % liegen. Diese Unterrepräsentanz wird mit der Dominanz der offenen Immobilienfonds in Deutschland erklärt, die wegen ihrer steuerlichen Transparenz gegenüber den Immobilienaktien Vorteile besitzen (HSH Nordbank AG, 2007, S. 4 und 46).

Immobilienaktiengesellschaften bieten grundsätzlich die notwendigen Rahmenbedingungen (wie das unbeschränkt zur Verfügung stehende Haftungskapital sowie hohe Drittverwendungsfähigkeit der Finanzierungsstruktur), um risikoreiche Investitionen zu finanzieren. Es besteht sogar der wirtschaftliche Zwang, risiko- und ertragreich zu investieren. Zur Abbildung von Wertentwicklungen sind Immobilien AGs dagegen nur eingeschränkt geeignet, da deutsche und europäische Aktien in der Vergangenheit systematisch unter hohen Abschlägen der Bewertung des Eigenkapitals durch die Börse litten (Bone-Winkel et al., 2005a, S. 707).

Die deutschen Immobilien AGs sind häufig aus ehemaligen Industrieunternehmen entstanden, die ihr ursprüngliches Geschäftsfeld eingestellt und sich auf die Bewirtschaftung des zurückgebliebenen industriellen Immobilienbestandes ausgerichtet haben. Börsengänge bestehender Immobilienunternehmen sowie Neugründungen kamen dagegen eher selten vor (Cadmus et al., 2005, S. 145).

Neben der reinen Anlage umfasst das Spektrum der Immobilien AGs Tätigkeiten wie aktive Sanierung, Umnutzung, Entwicklung und Verwertung von Bestandsobjekten (Bone-Winkel et al., 2005a, S. 692). Für Investitionen in reine Büroimmobilien, das betrifft sowohl duplizierbare als auch nicht duplizierbare Lagen, sind Immobilien AGs aufgrund des unzureichenden Risikos nicht geeignet (Bone-Winkel et al., 2005a, S. 704f). Insbesondere Büroimmobilien in den 1a-Lagen der Metropolen zeichnen sich durch ein geringes Risiko und ein hohes Wertentwicklungspotenzial aus, so dass diese Objektklasse anderen Investorentypen vorbehalten bleibt. Da Büroimmobilien in den kleineren Städten tendenziell größere Risiken als in den Metropolen aufweisen, dürften abseits der Metropolen auch vereinzelt Immobilien AGs als Büroimmobilieninvestoren auftreten, insbesondere wenn bei größeren Objekten aktives unternehmerisches Engagement gefordert ist.

Da Erträge der Immobilien AGs nicht beim (privaten) Anleger, sondern auf Unternehmensebene besteuert werden, eignet sich die Immobilien AG nicht als Steuersparmodell und weist gegenüber den offenen und geschlossenen Immobilienfonds aus steuerlicher Sicht Nachteile auf. So führten steuerliche Gestaltungsmöglichkeiten der offenen Fonds dazu, dass in der Vergangenheit durchschnittlich ein Viertel bis zu zwei Drittel der Wertentwicklung beim Anleger steuerfrei waren (Alda et al., 2005, S. 109). Mit der Einführung des G-REIT im März 2007 sollen die steuerlichen Nachteile der Immobilien AGs verringert werden. Bei dem G-REIT handelt es sich um eine steuerlich transparente Immobilienaktiengesellschaft. Das bedeutet, dass Gewinne eines G-REITs steuerfrei bleiben, wenn sie als Dividende beim Aktionär vollständig besteuert werden. Dazu müssen mindestens 90 % des Gewinns ausgeschüttet werden (HSH Nordbank AG, 2007, S. 4ff.).

Einige Punkte sprechen dafür, dass sich G-REITs auch insbesondere als Vehikel für Büroimmobilieninvestments an den Standorten abseits der Metropolen eignen. So dürfen G-REITS nur in Gewerbeimmobilien investieren, nicht jedoch in inländische Mietbestandswohnungen. Darüber hinaus ist der (kurzfristig orientierte) Handel mit Immobilien verboten. Langfristige Anlagestrategien, wie sie bei Büroimmobilieninvestments in kleineren Städten überwiegend gefordert sind, werden also begünstigt. Im Unterschied zu den offenen Immobilienfonds sind die gesetzlichen Auflagen bzgl. des möglichen Risikos weniger restriktiv, so dass auch sektoral und regional fokussierte Portfolios möglich sind.

Da die Anlageklasse des G-REITs jedoch noch am Anfang steht, muss die weitere Entwicklung zunächst abgewartet werden. Es wird kritisiert, dass die G-REITs im Vergleich zu ihren Pendants in anderen Ländern relativ restriktiv sind. Deshalb wird das Marktpotenzial mit 15 bis 40 Mrd. Euro bis 2010 momentan als noch relativ gering eingestuft (HSH Nordbank, 2007, S. 2). Es wird jedoch erwartet, dass der Gesetzgeber auf die Kritik reagiert und die Restriktionen lockert.

2.3.4 Ausländische Investoren

Die nachfolgend aufgeführten Investoren gehören zu den Hauptakteuren auf den deutschen Immobilienmärkten (Bulwien, 2005, S. 64):

- Niederländische Fondsgesellschaften, Pensionskassen und Versicherungen;
- Britische Investoren, v. A. Developer, mittelgroße Versicherungen und börsennotierte Property-Unternehmen;
- Skandinavische institutionelle Anleger und private Unternehmen;
- Französische Gesellschaften, überwiegend Bauunternehmen und Banken;
- Weitere Investoren aus Österreich, der Schweiz, Italien, Portugal und Spanien, den USA und Japan.

Das Transaktionsgeschehen auf den deutschen Immobilienmärkten haben seit 2005 allerdings insbesondere Opportunity Funds bestimmt, die größtenteils aus den angelsächsischen Ländern stammen. Zu ihren Kapitalgebern gehören insbesondere institutionelle Investoren, aber auch sehr vermögende Direktinvestoren. Opportunity Funds verfolgen das Ziel, hochwertige Immobilien mit Wertabschlägen zu erwerben, um sie später in einem besseren Marktumfeld mit Gewinn zu veräußern. Sie verfolgen dabei kurz- bis mittelfristige Strategien: Typischerweise beträgt die Lebensdauer eines Fonds nicht mehr als sechs bis acht Jahre. Es handelt sich um einen risikoaffinen Investorentyp, der im Gegenzug Eigenkapitalrenditen von rund 20 % anstrebt. Neben dem Leverage-Effekt werden Mietsteigerungspotenziale genutzt. Erworbene Immobilienbestände werden aufgewertet, um sie nach einer kurz bis mittelfristigen Haltephase an Endinvestoren zu veräußern. Opportunity Funds agieren somit oft als Zwischeninvestor.

Aufgrund des kurz- bis mittelfristigen Anlagehorizonts sowie hoher Mindestanlagevolumina spielen Opportunity Funds als Büroimmobilieninvestoren abseits der Metropolen voraussichtlich nur eine untergeordnete Rolle, zumindest bei Einzelinvestments. In Immobilienportfolios, die in der Vergangenheit vorzugsweise von Opportunity Funds erworben wurden, befinden sich natürlich auch Büroimmobilien kleiner und mittelgroßer Städte.

2.3.5 Investmenttrends an den deutschen Gewerbeimmobilienmärkten

Das Investitionsgeschehen an den Investmentmärkten ist einem ständigen Wandel unterworfen. Die letzen 30 Jahre waren dadurch geprägt, dass Investoren, die Immobilien eher unter Tauschwertaspekten betrachten, an Bedeutung gewonnen haben. Die letzten Jahre sind durch einen sprunghaften Bedeutungszuwachs ausländischer Investoren in Deutschland geprägt: Während die deutschen Investoren zunehmend grenzüberschreitend investieren und dabei gegenläufige Immobilienzyklen ausnutzen, engagieren sich auch ausländische Investoren verstärkt in Deutschland. Die Internationalisierung des Investitionsgeschehens wird durch die Einführung des europäischen Binnenmarktes sowie die sukzessive Deregulierung und Liberalisierung der Tätigkeit der offenen Immobilienfonds begünstigt (Heeg, 2003). Die Entwicklung der letzten 10 Jahre wird anhand aktueller Marktdaten nachgezeichnet (Tabelle 7). Es handelt sich dabei um eine Betrachtung der Gewerbeimmobilieninvestments in den deutschen Metropolen[21].

Die Gewerbeimmobilieninvestments haben seit 1998 stark zugenommen: Im Vergleich zum Jahr 1998 hat sich das Investitionsvolumen im Jahr 2007 fast verzehnfacht. Allerdings ist dieser extreme Anstieg insbesondere der Entwicklung in den Boomjahren 2005 bis 2007 geschuldet. Ausschlaggebend für den Boom ist das Engagement ausländischer Investoren. Ihr Anteil am Gesamtvolumen betrug in den Boomjahren 2006 und 2007 jeweils über 70 %, während er bis 2004 meistens unter 10 % lag. In erster Linie sind in diesem Zusammenhang angelsächsische Opportunity und Equity Funds zu nennen, die 2005 bis 2007 über ein Drittel des gesamten Investitionsvolumens ausmachen. Eine parallele Entwicklung ist bei den deutschen Investoren nicht zu beobachten: Obgleich auch die Inländer im Jahr 2007 einen deutlichen Zuwachs zu den vorhe-

---

[21] Neben Anlagen in Büroimmobilien sind in diesen Zahlen auch Investitionen in Einzelhandels-, Logistik- und sonstige gewerbliche Immobilien (z. B. Hotels) enthalten. Die zugrundeliegende Tabelle mit den absoluten Zahlen befindet sich im Anhang (Tabelle 45).

rigen Jahren aufwiesen, ist ein eindeutiger Trend zwischen 2000 und 2007 nicht erkennbar.

Als Gründe für das zunehmende Engagement ausländischer Investoren nennt DEGI (Marktbericht 2007) die positive Wirtschaftsentwicklung in Deutschland sowie attraktive Zins- und Renditedifferenzen zu den Herkunftsländern der Investoren. Die Ausländer setzen nicht mehr auf die einst beherrschende Lagestrategie, sondern primär auf Mietsteigerungs- und Cash-Flow-Potenziale in voll vermieteten Gebäuden. Käufer im Jahr 2006 kamen aus England, den USA, Irland, Skandinavien, Frankreich, Spanien, Australien und Israel. Dabei überwogen Opportunity/Equity Funds, geschlossene Fonds, Spezialfonds und Privatanleger. Deutsche Investoren wie offene Fonds, Projektentwickler, die öffentliche Hand und institutionelle Investoren agierten dagegen auf der Seite der Verkäufer (DEGI, 2007, S. 20).

Im Zuge des Bedeutungsgewinns der ausländischen Investoren hat insbesondere die Nachfrage nach großvolumigen Portfolioinvestments zugenommen. Diese Entwicklung wird exemplarisch anhand des Jahres 2006 nachgezeichnet (Zahlen des Jahres 2007 im Anhang). Fast zwei Drittel des gewerblichen Investitionsvolumens konzentrierte sich in diesem Jahr auf Immobilienportfolios (Tabelle 8). Insbesondere institutionelle Investoren zeichnen für diese Entwicklung verantwortlich. Mit überdurchschnittlichen Anteilen innerhalb der Gruppe der institutionellen Investoren warten die Opportunity und Equity Funds auf, aber auch Immobilien AGs und Banken. Es dürfte sich dabei zum großen Teil um hoch fremdkapitalfinanzierte Investments handeln, bei denen der Leverage-Effekt eine erhebliche Bedeutung spielt.

Der Anteil der institutionellen Investoren war allerdings schon vor Eintritt ausländischer Investoren hoch: Ihr Anteil am Gesamtvolumen lag in den Jahren 1999 bis 2004 i. d. R. über 60%. Die Entwicklung zwischen den einzelnen Investorentypen ist über den Betrachtungszeitraum allerdings differenziert zu betrachten. Während bspw. Versicherungen und offene Fonds über den Betrachtungszeitraum Anteile einbüßten, konnten z. B. Spezialfonds und Immobilien

AGs gewinnen. Diesen Entwicklungen liegen Branchentrends zugrunde. Bei den Versicherungen besteht z. B. die Tendenz, vermehrt indirekt (z. B. in Spezialfonds) zu investieren. Offene Immobilienfonds konnten in dem gesamten Zeitraum bedeutende Mittelzuflüsse verbuchen, investierten in den letzten Jahren jedoch zunehmend im Ausland.

Tabelle 7: Gewerbeimmobilieninvestments in den deutschen Metropolen[22] von 1998 bis 2007

	1998	1999	2000	2001	2002	2003	2004	2005	2006	2007
Summe (in Mio.)	5.744	10.120	6.563	6.405	7.423	5.194	5.201	8.980	21.247	30.660
Währung	DM	DM	Euro	Euro	Euro	Euro	Euro	Euro	Euro	Euro
private Anleger	18,9%	8,2%	6,0%	4,7%	5,3%	4,2%	13,1%	8,1%	5,9%	3,9%
öffentliche Hand	0,0%	0,0%	0,0%	0,4%	0,0%	0,4%	0,5%	0,6%	1,2%	0,1%
Pensionskassen	4,8%	4,2%	5,1%	10,4%	6,2%	4,8%	2,3%	2,0%	2,6%	0,9%
Versicherungen	18,6%	12,3%	10,0%	9,0%	6,9%	3,6%	10,9%	3,0%	1,5%	1,8%
Eigennutzer	15,7%	2,6%	4,2%	15,5%	3,8%	4,1%	7,1%	3,8%	2,4%	2,2%
Banken	1,2%	1,4%	4,4%	0,6%	0,0%	0,0%	0,0%	5,3%	0,6%	1,2%
Spezialfonds	0,0%	0,0%	0,0%	0,0%	0,0%	2,8%	7,5%	2,6%	6,9%	6,0%
Offene Fonds	14,0%	33,1%	30,8%	19,4%	34,1%	38,0%	17,3%	3,9%	1,6%	6,3%
Immobilienunternehmen	0,0%	0,0%	0,0%	0,0%	0,0%	0,0%	0,0%	0,0%	5,9%	5,0%
Bauträger/ Entwickler	10,1%	7,5%	17,2%	16,2%	17,2%	8,0%	14,6%	10,4%	5,2%	8,5%
geschlossene Fonds	11,3%	18,9%	6,1%	12,1%	21,3%	13,6%	16,8%	11,3%	16,8%	7,7%
Immobilien AGs	3,1%	3,0%	4,1%	5,0%	0,7%	2,1%	4,7%	7,6%	13,2%	17,6%
Opport./ Equity Funds23	0,0%	0,0%	0,0%	0,0%	0,0%	15,9%	4,4%	38,7%	35,6%	38,5%
Sonstige24	2,4%	8,7%	12,1%	6,7%	4,4%	2,4%	0,8%	2,7%	0,5%	0,1%
Summe	100%	100%	100%	100%	100%	100%	100%	100%	100%	100%

---

[22] 1998 bis 2005 Berlin, Düsseldorf, Frankfurt, Hamburg und München. Ab 2006 wurde zusätzlich noch Köln berücksichtigt (Big Six").
[23] Ab 2006 wird diese Kategorie in den Marktberichten mit „Equity/Real Estate Funds" bezeichnet.
[24] 1998 und 1999 waren Stiftungen separat aufgeführt und wurden in der Tabelle zu den „Sonstigen" gezählt. Zwischen 1998 und 2001 wurden Ausländer als eigenständige Kategorie aufgeführt. Sie wurden ebenfalls zu den „Sonstigen" gezählt.

Anteil instit. In-vestoren25	53%	73%	60%	56%	69%	81%	64%	74%	79%	80%
Anteil Ausländer	0,9%	7,4%	9,7%	4,2%	8,4%	19,5%	12,0%	60,9%	75,7%	70,3%
Summe Ausländer	52	749	637	269	624	1.013	624	5.469	16.084	21.554
Summe Inländer	5.692	9.371	5.927	6.136	6.800	4.181	4.576	3.511	5.163	9.106

Quelle: Collier Müller International Immobilien (2000, S. 12), ATIS REAL Müller International (2002, S. 8 und 2004, S. 9), ATIS REAL (2006, S. 17 und 2008, S. 12), eigene Berechnungen

---

[25] Zu den institutionellen Investoren wurden in dieser Tabelle Banken, Versicherungen, Pensionskassen, offene Fonds, Spezialfonds, geschlossene Fonds, Immobilien AGs sowie Equity/Real Estate Funds gezählt

Tabelle 8: Gewerbeimmobilieninvestments in Deutschland 2006 – Portfolio- und Einzelinvestments

	Investitionssumme	Anteil der Portfolioinvestments [in %]	Anteil der Einzelinvestments [in %]
private Anleger	1.826	14,0	86,0
öffentliche Hand	313	0,0	100,0
Pensionskassen	810	62,3	37,7
Versicherungen	431	21,1	78,9
Eigennutzer	1.788	42,4	57,6
Banken	1.420	85,2	14,8
Spezialfonds	3.670	31,7	68,3
Offene Fonds	623	0,0	100,0
Immobilienunternehmen	4.600	73,8	26,2
Bauträger/Entwickler	2.377	6,7	93,3
geschlossene Fonds	6.942	63,6	36,4
Immobilien AGs	6.307	72,1	27,9
Equity/ Real Estate Funds	18.126	77,2	22,8
Sonstige	146	28,8	71,2
Summe	49.379	61,8	38,2
Institutionelle Investoren	38.329	67,6	32,4
Rest	11.050	41,7	58,3

Quelle: ATIS REAL (2008, S. 7 und 10), eigene Berechnungen

Das Aufkommen neuer Investorentypen beeinflusst auch die Art und Weise, wie Immobilien finanziert werden. Bis in die 1990er Jahre hatten die Banken eine Monopolstellung bei der Finanzierung von Immobilien. Aufgrund ihrer lokalen Einbindung besitzen sie ein umfassendes Know-How im Hinblick auf problematische und aussichtsreiche Immobilienprojekte. In der Konsequenz überlappten sich daher die Orte der Finanzierung und der Investition. Mit dem Aufkommen neuer Akteure an den Immobilienmärkten Ende der 1980er Jahre änderten sich auch die Finanzierungsmöglichkeiten, z. B. durch die Emission von Aktien oder

Ausgabe von Fondsanteilen. In Teilen hat dadurch ein Übergang von der Investitionsfinanzierung durch Banken zu einem Finanzinvestment institutioneller Investoren stattgefunden (Heeg, 2003, S. 338f).

Diese Entwicklung ist jedoch zu relativieren, da institutionelle Investoren, wie z. B. offene Immobilienfonds, normalerweise erst nach Fertigstellung und Vermarktung die Immobilie von einem Projektentwickler erwerben. Lediglich in Boomzeiten ändert sich dieses Verhältnis: Aufgrund der günstigen Ertragsaussichten beteiligen sich diese Investoren bereits in der Phase der Entwicklung, um auch diese Phase zur Wertschöpfung auszunutzen (Heeg, 2008, S. 80f). Diese Sichtweise wird auch durch eine empirische Analyse der Gewerbefinanzierungen deutscher Hypothekenbanken gestützt. Demnach wurde der größte Teil der Darlehen aufgrund der geringen, durchschnittlichen Kredithöhe bis etwa 2 Mio. Euro mittels klassischer Hypothekenfinanzierung vergeben (Schätzl, 2002, S. 179). Klassische Finanzierungsformen wie Hypothekenfinanzierung werden insbesondere in kleineren Städten die Regel darstellen.

Die Konsequenz des Bedeutungszuwachses institutioneller Investoren äußert sich in vielfältigen Aspekten. Institutionellen Investoren ist gemein, dass sie Immobilien primär unter renditebezogenen Gesichtspunkten betrachten. Das impliziert, dass institutionelle Investoren nicht nur Investoren und Betreiber von Immobilien sind, sondern auch vermehrt mit ihnen handeln. Jede Investitionsentscheidung ist auch mit der Planung eines Exits verbunden. Es muss rechtzeitig Kapital von ertragsschwachen Produkten und Räumen auf ertragsstarke umgeschichtet werden. Die Haltedauern haben sich infolgedessen tendenziell verkürzt. Des Weiteren hat mit der zunehmenden Tauschwertbetrachtung auch eine Veränderung der Art und Weise stattgefunden, wie Immobiliengeschäfte gemanaged werden: Entscheidungen werden weniger von lokalen Experten getroffen, die die örtlichen Verhältnisse kennen und in lokale Netzwerke eingebunden sind, sondern nunmehr von Immobilienmanagern, die primär über Kapitalmarktkenntnisse und Banken-Know-How verfügen. Zur Bewertung der Investitionsrisiken wird das Instrument des Portfoliomanagements herangezogen: geeignete Investitionsobjekte liegen in einem engen Spektrum hinsichtlich Lage, Gestaltung und möglicher Nutzung. Offene Immobilienfonds bevorzugten z. B. primär Büroimmobilien an innerstädtischen Standorten in den Metropolen (Heeg, 2003, 339). Diese Ausrichtung soll im folgenden Kapitel erklärt werden.

2.3.6 Die Standort- und Objektwahl institutioneller Investoren

Institutionelle Investoren unterscheiden sich von den privaten insbesondere in dem zur Verfügung stehenden Kapital und damit einhergehend in den möglichen Investitionsstrategien. Das ermöglicht Ihnen, große Volumina zu bewältigen (Schulte, 2005b, 24ff.). Während Privatinvestoren selten Investments tätigen, die die Grenze von 5 Mio. Euro überschreiten, bevorzugen institutionelle Investoren große Immobilien. Mindestanlagevolumina zwischen 10 und 20 Mio. Euro sind keine Seltenheit (Dobberstein, 2004). Investitionen in große Objekte bieten die Möglichkeit, von Größendegressionseffekten zu profitieren und vereinfachen die Betreuung und Verwaltung der Immobilien. Anhand der Auswertung der Deutschen Immobilien Datenbank GmbH wurde ermittelt, dass der durchschnittliche Verkehrswert der Bürobestandsobjekte in den Metropolen bei 33,8 Mio. Euro liegt, während er in den Mittelstädten lediglich 11,9 Mio. Euro beträgt (Thomas, Folie 10, eigene Berechnungen). Der durchschnittliche Verkehrswert in den Mittelstädten liegt somit deutlich unter 20 Mio. Euro. Daraus kann man schließen, dass der größte Teil der in den Mittelstädten gelegenen Büroimmobilien für institutionelle Investoren von vornherein nicht in Betracht kommt, da der Mindestwert nicht erreicht wird.

Bei den institutionellen Investoren handelt es sich jedoch nicht um eine homogene Gruppe. Die einzelnen institutionellen Investoren weisen zwar im Vergleich zu anderen Investorenklassen, insbesondere Privatinvestoren, Gemeinsamkeiten auf, unterscheiden sich aber auch in einigen Punkten. In diesem Zusammenhang sind die Größe sowie der Grad der räumlichen Konzentration zu nennen. Es kann angenommen werden, dass sehr kapitalkräftige Investoren (z. B. die offenen Immobilienpublikumsfonds) aufgrund des damit einhergehenden Anlagedrucks primär in größere Immobilien investieren. Nur die metropolitanen

Büroimmobilienmärkte bieten genügend Liquidität, um derartige Investments mit einem adäquaten Risiko durchführen zu können. Diese Investoren bevorzugen deshalb die Metropolen. Weniger kapitalkräftige Investoren (z. B. Pensionskassen und geschlossene Immobilienfonds) mit einem geringeren Anlagedruck werden auch in kleinere Immobilien investieren.

Es kommt noch hinzu, dass die kapitalkräftigsten institutionellen Immobilieninvestoren, die offenen Publikumsfonds, ihren Sitz bis auf wenige Ausnahmen in den Metropolen haben. Empirische Untersuchungen haben ergeben, dass sich die Investments der größten Fonds auf wenige Regionen beschränken und vermehrt in der Umgebung des Geschäftssitzes investiert wird (Kapitel 2.3.3). Das erleichtert das operative Geschäft sowie die laufende Marktbeobachtung. Die räumliche Konzentration schlägt sich also auch in der Wahl der Investitionsstandorte nieder. Pensionskassen und die Initiatoren geschlossener Immobilienfonds sind dagegen räumlich weniger stark konzentriert. Das begünstigt Investitionen abseits der Metropolen.

Institutionelle Investoren unterliegen spezifischen rechtlichen und ökonomischen Rahmenbedingungen, die das Verhältnis zwischen dem maximal tolerierbaren Risiko und der zu erwartenden Rendite bestimmen. Dieses Verhältnis beeinflusst die Standortwahl (Schulte, 2005, S. 629). Aufsichtsrechtliche Auflagen und die Pflicht zum Reporting führen zu einer geringen Risikotoleranz. Investitionsentscheidungen werden insbesondere unter portfoliotheoretischen Gesichtspunkten getroffen, mit dem Ziel, Risiken durch Diversifikation zu minimieren. Reine Entscheidungen aus dem Bauch heraus dürften dagegen die Ausnahme sein. Während Privatinvestoren oft unverhältnismäßig risikoreich investieren, verhalten sich institutionelle Investoren oft konservativer, als es notwendig erscheint. Da Investments in kleinen Büromärkten wegen des geringen Vermietungsvolumens als vergleichsweise risikoreich gelten, werden risikoaverse Investoren, die die Verhältnisse vor Ort nicht kennen, derartige Standorte voraussichtlich meiden (Tabelle 9).

Institutionelle Investoren können im Vergleich zu Privatinvestoren als reaktionsträge charakterisiert werden: Jede Investitionsentscheidung bedarf einer umfangreichen Vorbereitung, bei der u. a. aufsichtsrechtliche Auflagen beachtet werden müssen. Das Investitionsobjekt muss zudem in die Portfoliostrategie passen. Private handeln demgegenüber eigenverantwortlich und sind Dritten gegenüber nicht rechenschaftspflichtig. Aufgrund ihrer schnellen Reaktionsfähigkeit besitzen sie Vorteile bei kleinen Investitionsvolumina, die für institutionelle Investoren unwirtschaftlich sind. Privatinvestoren sind also für Büroimmobilieninvestments in Städten abseits der Metropolen prädestiniert.

Während die Anlagepolitik deutscher institutioneller Investoren in der Vergangenheit durch eine renditeorientierte, opportunistische Vorgehensweise sowie sehr langer Haltedauern und wenig Umstrukturierungen im Immobilienbestand geprägt war, ist in den letzten zehn Jahren das Bewusstsein gewachsen, dass Immobilienportfolios zur Performanceoptimierung einem aktiven Management unterzogen werden müssen. Damit haben sich auch die Haltedauern tendenziell verringert (Walz et al., 2005, S. 197). In der Konsequenz ist eine vermeintliche Langfristigkeit institutioneller Investoren in der Realität nicht gegeben. Das notwendige Reporting führt tendenziell zu kurzfristigem Denken. Kleine Büroimmobilienmärkte erfordern jedoch aufgrund der geringen Liquidität langfristige Investitionsstrategien.

Tabelle 9: Merkmale privater und institutioneller Investoren

Attribut	Investorenklasse		Strategische Implikationen
	Privat	Institutionell	
Größe	klein	groß	**Institutionelle Investoren:** reaktionsträge, Marktmacht, finanzielle Ressourcen, Bewältigung großer Volumina
			Private Investoren: sind reaktionsschnell und haben Vorteile bei kleinen Volumina, die zu illiquid bzw. unwirtschaftlich für institutionelle Investoren sind
Steuern	steuerbar	tlw. steuerbar	Je nach steuerlichem Umfeld haben Investorenklassen Vor- und Nachteile
Persönliche Beteiligung	oft direkt	indirekt: Arbeit durch Intermediäre	Institutionelle Investoren weichen direktem Mieterkontakt eher aus und beschäftigen dafür Dienstleister
Primäres Motiv	Wachstum	Kapitalerhalt	Vermeintliche Langfristigkeit institutioneller Investitionen oft nicht gegeben. Notwendiges Reporting führt zu kurzfristigem Denken.
Auflagen	keine	Aufsichtsrechtliche Auflagen/Reporting	Private sind bei der Investitionsform freier
Verantwortung	Eigenverantwortung	Verantwortung Dritten gegenüber	Institutionelle Investoren vermeiden daher oft Risiken und Chance auf Gewinne
Risikotoleranz (1) Theorie (2) Praxis	(1) niedrig (2) hoch	(1) hoch (2) niedrig	Institutionelle Anleger können das hohe Maß an unsystematischen Risiken einer Immobilieninvestition eher durch Diversifikation eliminieren. In der Praxis verfolgen private Investoren oft eine unverhältnismäßig risikoreiche Strategie, während sich institutionelle Anleger oft konservativer verhalten, als es notwendig scheint.
Stil	Unternehmer	Treuhänder	Private schaffen vielfach durch aggressive Strategien Mehrwert.

Quelle: Schulte et al., 2005, S. 25 in Anlehnung an Roulac, 1995, S. 35 und 50

Die räumliche Verteilung der gewerblichen Investitionstätigkeit wird im Folgenden anhand von Marktdaten nachgezeichnet. Eine Untersuchung des Büroimmobilienbestands der Deutschen Immobilien Datenbank GmbH belegt die Metropolenorientierung institutioneller Investoren: Gut drei Viertel der Bürobestandsimmobilien institutioneller Investoren bzw. etwa 90% der Verkehrswerte befinden sich in den Metropolen[26] (Thomas, 2004, eigene Berechnungen).

Die gewerbliche Investitionstätigkeit der letzten drei Jahre wird im Folgenden anhand von Marktberichten des Immobilienmaklers ATIS REAL skizziert[27]. Dabei ist zu berücksichtigen, dass es sich bei den Zahlen nicht um eine amtliche Statistik handelt und die Zahlen dementsprechend mit Vorsicht zu interpretieren sind. In den Betrachtungszeitraum fiel zudem die Boomphase des vergangenen Zyklus. Es wird deutlich, dass einhergehend mit dem sprunghaften Anstieg der Investmentumsätze eine Konzentration auf die Metropolen stattgefunden hat: Der Anteil der in den Metropolen verzeichneten Umsätzen erhöhte sich von 38,0 % im Jahre 2005 auf 51,6 % (2007). Absolut betrachtet hat sich aber auch das Investitionsvolumen in den restlichen Städten stark erhöht (Tabelle 10).

Insbesondere gewerbliche Einzeldeals fanden vorrangig in den Metropolen statt: Der Metropolenanteil liegt dabei im Betrachtungszeitraum bei rund zwei Dritteln. Im Jahr 2007 verblieben knapp 65 % der Einzelinvestitionen in den Metropolen („Big Six"), während es in den Städten mit mehr als 250.000 Einwohnern 16 % und in den verbleibenden Städten mit bis zu 250.000 Einwoh-

---

[26] Es wurden ausschließlich Bürobestandsobjekte in der Analyse berücksichtigt, die in zwei aufeinander folgenden Jahren bewertet wurden: Die Stichprobe besteht aus insgesamt 832 Bestandsobjekten. Es wird ein relativ weit gefasster Metropolenbegriff verwendet: Neben den sog. „Big Five" (Berlin, Düsseldorf, Frankfurt, Hamburg und München) werden auch Stuttgart, Köln und Leipzig zu den Metropolen gezählt. Zu den Mittelstädten gehören Bochum, Dortmund, Dresden, Essen, Freiburg, Kassel, Mannheim, Münster, Nürnberg und Wiesbaden. Es wird geschätzt, dass die Datenbank knapp die Hälfte des relevanten institutionellen Immobilienmarktes abdeckt (Thomas, 2004, eigene Berechnungen).

[27] Da ATIS REAL seine Zahlen sowohl für ganz Deutschland als auch für die deutschen Metropolen separat ausweist, konnte unter Verwendung der Restgröße eine räumliche Verteilung berechnet werden. Dabei ist allerdings zu erwähnen, dass die restlichen Städte in den Marktberichten nicht weiter spezifiziert werden. Es ist also nicht klar, welche Städte in die Analyse einbezogen wurden. Trotzdem lassen sich grundsätzliche Tendenzen erkennen.

nern 19 % waren (ATIS REAL, 2008, S. 9). Bei den Portfoliotransaktionen ist zwischen 2005 und 2006 ebenfalls eine zunehmende Metropolenorientierung zu konstatieren: Der Metropolenanteil steigt deutlich von 17,2 % auf 42,7 %.

Tabelle 10: Räumliche Verteilung der Gewerbeimmobilieninvestments 2005 bis 2007

	2005	2006	2007
Investitionsvolumen (in Mio. Euro)	23.650	49.379	59.447
davon in den Metropolen	8.980	21.247	30.660
davon in den restlichen Städten	14.670	28.132	28.787
Metropolenanteil [in %]	38,0	43,0	51,6
Einzeldeals insgesamt	10.250	18.846	23.344
Anteil Einzeldeals am gesamten Volumen [in %]	43,3	38,2	39,3
Anteil bei Einzeldeals in den Metropolen [in %]	65,2	58,7	65,3
Anteil bei Portfoliotransaktionen in den Metropolen [in %]	17,2	33,3	42,7

Quelle: ATIS REAL (2008, S. 5 und 2006, S. 6), eigene Berechnungen

Tabelle 11: Räumliche Verteilung der Gewerbeimmobilieninvestments in Deutschland 2006

	Investitionssumme [tausend Euro]	Anteil in den Metropolen[28] [in %]	Anteil in den restlichen Städten [in %]
private Anleger	1.826	69,1	30,9
öffentliche Hand	313	84,3	15,7
Pensionskassen	810	67,5	32,5
Versicherungen	431	74,7	25,3
Eigennutzer	1.788	28,4	71,6
Banken	1.420	9,2	90,8
Spezialfonds	3.670	40,1	59,9
Offene Fonds	623	55,2	44,8
Immobilienunternehmen	4.600	27,1	72,9
Bauträger/Entwickler	2.377	46,3	53,7
geschlossene Fonds	6.942	51,4	48,6
Immobilien AGs	6.307	44,6	55,4
Equity/Real Estate Funds	18.126	41,8	58,2
Sonstige	146	73,3	26,7
Summe	49.379	43,0	57,0
Institutionelle Investoren	*38.329*	*43,7*	*56,3*
Rest	*11.050*	*40,6*	*59,4*

Quelle: ATIS REAL (2008, S. 10 und 12), eigene Berechnungen

Die räumlichen Präferenzen der unterschiedlichen Investorentypen werden anhand der Marktdaten Jahres 2006 veranschaulicht[29]. Es handelt sich wiederum lediglich um eine punktuelle Betrachtung, die keine Rückschlüsse auf die Entwicklung im Zeitablauf zulässt. Während insbesondere Eigennutzer, Banken und Immobilienunternehmen die restlichen Städte bevorzugen, weisen alle anderen Investorentypen eine ausgeprägte Metropolenorientierung auf (Tabelle 11). Der Anteil der reinen Büroimmobilieninvestments in den restlichen Städten dürfte allerdings insgesamt deutlich niedriger ausfallen, weil an diesen Standor-

---

[28] Berlin, Düsseldorf, Frankfurt, Hamburg, München und Köln („Big Six").
[29] Die entsprechenden Zahlen des Jahres 2007 befinden sich im Anhang; Tabelle 47.

ten vorrangig Einzelhandelsimmobilien und Büro- /Geschäftshäuser nachgefragt werden (Tabelle 12 und Tabelle 47 im Anhang). Reine Büroimmobilien werden vorrangig in den Metropolen gekauft.

Tabelle 12: Räumliche Verteilung der Gewerbeimmobilieninvestments in Deutschland 2006 nach Immobilienart

	Investitionssumme [tausend Euro]	Anteil in den Metropolen [in %]	Anteil in den restlichen Städten [in %]
Büro	19.138	63,7	36,3
Einzelhandelsimmobilie/Büro- und Geschäftshaus	19.707	27,1	72,9
Sonstige	10.534	35,2	64,8
Summe	**49.379**	**43,0**	**57,0**

Quelle: ATIS REAL (2008, S. 6 und 15), eigene Berechnungen

2.3.7 Problembereiche eines finanzmarktbasierten Immobilienmarktes

Die Immobilienwirtschaft steht heute mit den Finanz- und Kapitalmärkten in einer engen Verbindung. Das hat zur Folge, dass sich Krisen an diesen Märkten auch auf die Immobilienwirtschaft niederschlagen. Zuletzt wurde dieser Zusammenhang durch die sog. Subprime-Krise deutlich, die ihren Ausgangspunkt im nordamerikanischen Hypothekenmarkt hatte und in der Folge das weltweite Bankensystem destabilisiert hat. Das Verhältnis der Banken untereinander ist aktuell durch ein großes Misstrauen geprägt. Das führt dazu, dass sie sich untereinander kein Geld mehr leihen und schränkt den Refinanzierungsspielraum ein. Zurzeit werden kaum noch neue Kredite vergeben. In der Folge verzögern sich zurzeit auch hierzulande Immobilienprojekte, teilweise werden sie komplett ausgesetzt.

Aber auch der Bedeutungsgewinn der finanzmarktorientierten Investorentypen birgt Problempotenzial. Profitiert haben von dieser Entwicklung in der Vergangenheit insbesondere offene Immobilienfonds. Eine Voraussetzung dafür, dass Kapital in diese Anlageform fließt und Immobilienprojekte durchgeführt werden können, ist zunächst das Vorhandensein von Anlagekapital. Darüber hinaus muss das Rendite-/Risikoverhältnis im Vergleich zu anderen Anlageformen konkurrenzfähig sein. Wie bereits dargestellt wurde, ist das Anlagespektrum dieses Investorentyps begrenzt: Hierzulande wurde insbesondere in großvolumige Büro- und Einzelhandelsimmobilien investiert, wobei der Schwerpunkt bei den Büroimmobilien in den Metropolen liegt. Diese Immobilientypen bieten aus Sicht der Fonds ausreichend Volumen, um Skaleneffekte zu realisieren, letztlich aber auch ein gewisses Maß an Sicherheit (Heeg, 2003, S. 341).

Die Gefahren, die mit der Zentralisierung des Kapitals in einer Anlageform einhergehen, sind vielschichtig. In den letzten Jahren sind in der Phase des Investmentbooms geeignete Anlageimmobilien knapp geworden, was sich in Preiskämpfen niedergeschlagen hat. Hierdurch können Immobilienzyklen überhöht werden und die Marktvolatilität insgesamt steigen. In der Boomphase mündeten diese Entwicklungen oft in spekulativen Übertreibungen, die in der Phase des Abschwungs regelmäßig zu großen Leerständen in den betroffenen Märkten führte. Um weiterhin attraktive Renditen bieten zu können, haben offene Immobilienfonds in der Vergangenheit auch Kapital ins Ausland verlagert. Dieses Kapital steht in der Folge regionalen Bauvorhaben nicht mehr zur Verfügung. Darüber hinaus kann der Abzug von Kapital auch dazu führen, dass größere Bauvorhaben ins Stocken geraten. Diese Prozesse können sich kumulativ verstärken und auf größere Bereiche überspringen (Heeg, 2003, S. 341).

Ein weiterer Problembereich, der mit dem Bedeutungszuwachs finanzmarktbasierter Investoren diskutiert wird, ist ihre vorrangige Renditeorientierung. In der Vergangenheit hat sich immer mehr die Erkenntnis durchgesetzt, dass Immobilienportfolios einem aktiven Management unterzogen werden müssen. Gerade offene Immobilienfonds versuchen, an aktuellen Entwicklungen zu profitieren und schichten deshalb ständig ihre Immobilienbestände um. Das impliziert allerdings auch, dass die zu erzielende Rendite das Hauptmotiv der Investition ist und Anlagen oft kurzfristig gehalten werden. Dieser Investorentyp besitzt zwar normalerweise ausreichend Kapital, um städtebauliche Großvorhaben durchzuführen, baut aber keinen emotionalen Bezug zu den Immobilien auf. Es ist deshalb zu befürchten, dass er wenig Verantwortung für das städtische Umfeld übernimmt und sich schwerer in die lokale Politik einbinden lässt, als regionale Investoren mit einem langfristigen Anlagehorizont (Heeg, 2003, S. 341).

2.4 Trends an den Büroimmobilienmärkten und die räumlichen Implikationen

Büroimmobilienentwicklungen bewegen sich in einem engen Spektrum hinsichtlich Lage, Konzeption und Gestaltung, da die Gebäude sowohl den Präferenzen der nachfragenden Dienstleistungsunternehmen sowie den Zielvorstellungen der Investoren entsprechen müssen. Bisher wurde im Rahmen dieser Arbeit schwerpunktmäßig die Erstellung von Büroimmobilien untersucht. Es wurde deutlich, dass unterschiedliche Investorentypen individuelle Präferenzen haben, die sich in der Wahl der Investitionsobjekte niederschlagen. Institutionelle Investoren präferieren Büroimmobilien in den Metropolen, während Immobilienunternehmen und Eigennutzer auf kleinere Städte fokussiert sind.

Die Präferenzen der Mieter spielen bereits bei der Investitionsfinanzierung eine große Rolle. Banken schreiben normalerweise eine Vorvermietungsquote als Finanzierungsvoraussetzung vor und stellen auf diese Weise die Marktgängigkeit des Objektes sicher. Da daraus zu schließen ist, dass renditeorientierte Büroimmobilienentwicklungen überwiegend marktorientiert konzeptioniert sind, werden im Folgenden zunächst die Präferenzen der Dienstleistungsunternehmen dargestellt.

2.4.1 Veränderte Präferenzen im Dienstleistungssektor

Der Standortentscheidung eines Unternehmens liegt stets eine (subjektive) Bewertung verschiedener Standorte durch die entscheidenden Personen zugrunde. In diesem Zusammenhang sind Standortfaktoren von Bedeutung. Besonders wichtige, harte Faktoren sind z. B. die Verkehrsanbindung, die Verfügbarkeit qualifizierter Arbeitskräfte, Flächen- und Mietkosten, die Höhe der lokalen Abgaben usw. Im Zuge der fortschreitenden Tertiärisierung gewinnen weiche Faktoren an Relevanz, wobei weiterhin die harten Faktoren die weichen dominieren. Zu nennen sind in diesem Zusammenhang die Wirtschaftsfreundlichkeit des Standorts, die Wohn- und Umweltqualität sowie die Qualität der Ausbildungseinrichtungen. Darüber hinaus besitzen im internationalen Wettbewerb auch Subventionen einen großen Stellenwert bei der Standortentscheidung (Schätzl, 2003, S. 46).

Anhand von Befragungen von Unternehmen der Branchen Telekommunikation, Informationstechnologie, Medien und Entertainment (TIME-Branchen) lassen sich die Anforderungen unternehmensorientierter Dienstleistungsunternehmen an ihren Immobilien weiter konkretisieren. Es handelt sich bei diesen Branchen um einen dynamischen Wirtschaftszweig, der durch seine Kleinstrukturiertheit geprägt ist. Insofern werden von diesen Unternehmen relativ kleine Flächengrößen nachgefragt. Die Bewertung der Standortfaktoren weicht von der anderer Branchen nur marginal ab: Als besonders wichtig werden die Grundstückskosten angesehen. Als zweitwichtigstes Kriterium folgt die ÖPNV-Anbindung, während über alle Branchen betrachtet die Straßenanbindung diesen Stellenwert einnimmt. Weiterhin von Relevanz sind die Grundstücksgröße und die technische Infrastruktur (Giesemann, 2000, S. 14f aus Schätzl, 2003, S. 80f).

Von besonderer Bedeutung für die Bewertung der Qualität einer Büroimmobilie ist der Faktor Repräsentativität. In diesem Zusammenhang sind Faktoren wie Lage und Image des Mikrostandorts zu nennen. Positiv zu beurteilen sind bekannte Straßen und Plätze, während Emissionen (wie Straßenlärm oder Abgase) die Qualität mindern. Tendenziell werden zurzeit Top-Standorte und architektonisch angemessene Objekte in einem begrünten Umfeld bevorzugt (Schätzl, 2003, S. 46), während alte Immobilien nur noch schwer zu vermarkten sind.

Da die Standortansprüche einem Wandel unterliegen, variieren auch die Standortmuster der Büroimmobilienentwicklungen. Neben den Präferenzen der Dienstleistungsunternehmen werden Standorte auch von der Angebotsseite beeinflusst.

2.4.2 Dekonzentrationstendenzen neuer Bürostandorte seit dem Ende des zweiten Weltkrieges

Der Prozess der Suburbanisierung hat neben Wohnnutzungen auch für Standorte neuer Büroimmobilien Relevanz. Der Prozess kann grob in vier Phasen eingeteilt werden: Bereits in den 1950er Jahren verursachten expandierende Großunternehmen infolge des wirtschaftlichen Aufschwungs einen Wanderungsdruck von der City an den Stadtrand. In den 1960er Jahren trug die einsetzende Expansion des tertiären Sektors neben der Entstehung von ersten großen Bürohausstädten auch zu Gewerbeparks mit Dienstleistungsbesatz am Stadtrand großer Ballungszentren bei (z. B. Eschborn bei Frankfurt). Seit Ende der 1980er Jahre konnten Standorte in der Nähe überregionaler Verkehrsknotenpunkte, insbesondere mit Anbindung an internationale Flughäfen, an Bedeutung gewinnen (Giesemann et al., 1999, S. 47f).

Grundsätzlich determiniert die Art der Nutzergruppe, ob ein zentraler oder dezentraler Standort gewählt wird: Sind Büronutzer vom Kundenverkehr abhängig, werden zentrale Standorte bevorzugt. Mit ansteigender Flächen- und Kostensensivität tendieren die Nutzer dagegen zu dezentralen Standorte (Schätzl, 2003, S. 46). Insbesondere Routinetätigkeiten wurden in der Vergangenheit oft an dezentrale Standorte verlagert, während für hochrangige Funktionen in den internationalen Finanzzentren eine Persistenz der bestehenden starken räumlichen Konzentration attestiert werden kann (Heineberg, 2001, S. 178f).

Aber auch die zentralen Standorträume zeichnen sich durch eine differenzierte Raumqualität aus. Unterschiedliche Wertigkeiten entstehen durch die Linienführung innerstädtischer Massenverkehrsmittel, die Verteilung von Fußgängerströmen sowie das Prestige der verschiedenen Teilräume. Darüber hinaus sind weitere wichtige Eigenschaften des Mikrostandorts der Parzellenschnitt, die Besitzverhältnisse, das Flächenangebot sowie die Mieten prägend (Heineberg, 2001, S. 178f). Die zentralen Standorträume teilen sich in der Realität in Wachstumsareale und in Niedergangsbereiche. Letztere sind durch eine unterdurchschnittliche Investitionstätigkeit geprägt.

Zur Erklärung dieser räumlichen Fragmentierung wird zunächst die raumstrukturierende Wirkung der Grundrente herangezogen. Alonso stellte anhand von Beobachtungen in nordamerikanischen Städten fest, dass Bodenpreise vom Zentrum zur Peripherie einer Stadt abnehmen. Erklärt wird dieses Gefälle mit einer höheren Profitabilität zentraler Standorte infolge geringerer Raumüberwindungskosten. Die Standorte besitzen aufgrund unterschiedlicher Präferenzen und Ausstattungen der Nutzer verschiedene Wertigkeiten. Die Nutzergruppe, für die der Standort den größten relativen Vorteil bietet, setzt sich mit dem höchsten Rentengebot durch. Es resultiert ein Muster konzentrischer Kreise unterschiedlicher Nutzungen um das Stadtzentrum, wobei jede Zone das Rentenpotenzial einer Nutzergruppe widerspiegelt. Den ersten Ring bildet das Büro- und Geschäftszentrum, es folgen Wohnnutzungen und schließlich eine Gewerbe- und Industriezone (Alonso, 1968).

In der dynamischen Betrachtung innerhalb dieses Modells vergrößern sich die konzentrischen Ringe einer Nutzergruppe, wenn ihre Flächenansprüche steigen. Nutzergruppen mit einem geringeren Rentengebot werden nach außen gedrängt. Marxistisch orientierte Autoren (z. B. Harvey, 1985 und Smith, 1996) betonen dagegen den Einfluss gesellschaftlicher Gruppierungen auf den Immobilienmarkt. Marktpräferenzen werden demzufolge nicht autonom herausgebildet. Immobilienbesitzer, Projektentwickler und Stadtplaner zielen vielmehr durch ein Bündel an Maßnahmen, die nicht zeitgleich oder konzertiert ausfallen müssen, auf eine „vormarktliche Prägung". In der Konsequenz führt die städtische Segmentierung, Imagebildung und politische Privilegierung räumlicher Nutzungs- und Investitionsmuster zu einer Kanalisierung des Wachstums

(Heeg, 2008, S. 105). Begünstigt werden Standortbereiche, die an die bestehenden Zentren anschließen und ein hohes Potenzial aufweisen (z. B. Wasserlagen). Profitable Nutzungen dehnen sich also nicht konzentrisch aus, es werden vielmehr untergenutzte bzw. unbebaute Gebiete in zentraler Lage bevorzugt. Insbesondere Wohnnutzungen können als Barriere wirken, da hier Nutzungskonflikte drohen[30] (Heeg, 2008, S. 188).

Am Beispiel der South Boston Waterfront (SBW) hat Heeg den Einfluss des Immobilienmarktes auf ein innerstädtisches Großvorhaben untersucht. Es konnte gezeigt werden, dass die Entwicklung immer dann vom Central Business District (CBD) auf die SBW übersprang, wenn die Büroflächen im CBD knapp wurden und die Chancen einer zukünftigen Vermietung gut eingeschätzt wurden. Erste Projekte wurden zunächst von lokalen Projektentwicklern in Angriff genommen, während sich die institutionellen Investoren auf die etablierten Lagen (CBD) konzentrierten. Die Entwicklung fand somit in Wellen ausgehend vom CBD statt. Es wurde aber auch demonstriert, dass der Immobilienmarkt auch die Art der entwickelten Gebäude vorgibt: Wohn- und Büronutzungen wechselten sich entsprechend der Nachfrageverhältnisse ab. Dabei wurde die Tendenz beobachtet, dass v. A. finanzkräftige Käufer und Mieter angesprochen werden. Hier werden die höchsten Renditen erwartet (Heeg, 2008).

In der Literatur existieren weitere Beispiele, die die Entstehung neuer Bürostandorte Mitte der 1980er Jahre infolge eines Investitionsbooms thematisieren[31]. De Magalhães beschreibt bspw. für São Paulo den Prozess der Herausbildung eines Gewerbeimmobilienmarktes in den späten 1980er Jahren und damit einhergehend die Entstehung einer neuen 1a-Büromarktlage abseits des klassischen CBD. Bei den Nachfragern handelte es sich überwiegend um Dienstleistungsfunktionen, die aus den großen Produktionsbetrieben abgespalten wurden, sowie um große internationale Dienstleistungsunternehmen. Wegen des fehlenden Platzes, den die präferierten Gebäude eingenommen hätten, sowie

---

[30] Untersuchungen der Erweiterung der Frankfurter City in das ehemalige Wohnviertel „Westend" liefern ein Beispiel für einen innerstädtischen Landnutzungskonflikt (z. B. Giese, 1979 oder Vorlaufer, 1975).
[31] z. B. Moricz, 1997, Feagin, 1987, Halber, 2004 oder Hermelin, 2007

des schlechten Images des CBD, wurde ein neuer Stadtteil abseits des bestehenden entwickelt, der in der Folge von den Nutzern sehr gut angenommen wurde und den klassischen CBD im Rang abgelöst hat (dazu De Magalhães, 1998).

In der Regel zielen derartige Analysen im englischsprachigen Raum auf spekulative Entwicklungen infolge einer sich dynamisch-entwickelnden Nachfrage ab, die durch das bestehende Angebot nicht mehr gedeckt werden kann. Institutionelle Investoren spielen dabei oft eine bedeutende Rolle. Wenn das Wachstumspotenzial im CBD ausgeschöpft ist, werden auch dezentrale Standorte gewählt, die aufgrund ihrer Eigenschaften ein bedeutendes Entwicklungspotenzial aufweisen. Untergenutzte Areale besitzen dabei aus Sicht der Investoren eine große Priorität, da bestehende Bebauungen und insbesondere Wohnquartiere als Barriere wirken.

Besondere Problemlagen bergen mittelalterlich geprägte Altstadtbereiche. So haben Untersuchungen in Braunschweig ergeben, dass dort Büroimmobilien in den letzten 20 Jahren vorrangig abseits der gewachsenen Altstadt entstanden sind. Gewählt wurden verkehrsgünstig gelegene Standorte am City- bzw. Innenstadtrand, die großflächige Büroimmobilienentwicklungen zuließen. Als entscheidend für die Standortwahl abseits der Altstadt wird das fehlende Mietpreisgefälle angeführt: Immobilienentwicklungen in der Altstadt sind aufgrund der kleinteiligen Parzellierung sowie weiterer Auflagen wie Denkmalschutz sehr kostenintensiv, können jedoch im Bürosegment keine höhere Miete generieren. Infolgedessen lohnt es sich für einen Projektentwickler nicht, in der Altstadt von Braunschweig zu projektieren. Die Altstadt in Braunschweig ist demzufolge durch Desinvestitionen geprägt, während Standorte am Cityrand profitieren konnten (Dobberstein, 2004).

Der Cityrand besitzt aus Sicht der Büronutzer im Allgemeinen eine besondere Wertigkeit: Erreichbarkeit und Lage sind an diesen Standorten positiv zu bewerten, während die Grundstückskosten normalerweise unter denen der City liegen (Giesemann, 2004). Insbesondere kostensensitive Nutzer, die trotzdem auf eine gewisse Zentralität angewiesen sind (wie z. B. die öffentliche Hand), bevorzugen diese Standorte. Am Cityrand gelegene Brachflächen (z. B. ehemalige Bahn-, Post- oder Altindustrieflächen) bieten aus der städtebaulichen Perspektive besondere Chancen: Sie liegen zentral und besitzen aufgrund ihrer Größe ein bedeutendes Potenzial zur Nachverdichtung. Durch die Inanspruchnahme dieser Flächen wird zudem der zusätzliche Flächenverbrauch auf der grünen Wiese verringert. An diesen Standorten, die oft im Vorwege aufwendig saniert werden müssen, werden zurzeit in vielen Städten Deutschlands städtebauliche Großvorhaben durchgeführt. Der Staat versucht durch das Angebot entsprechender Fördergelder diese Entwicklungen zu initiieren.

Die Ausführungen verdeutlichen, dass rein marktorientierte Entwicklungen zu einer räumlichen Fragmentierung des Stadtgefüges führen können. Insbesondere innerstädtische Standorte rangieren in der Gunst der Nutzer weit oben. Es steht zu befürchten, dass periphere Stadtteile in Zukunft zu den Verlierern der Entwicklung zählen. Zentral gelegene Stadtteile bieten insbesondere Potenzial für Büroimmobilien und Wohnungen für besser gestellte Haushalte. Damit ist aber auch die Gefahr einer sozialen Fragmentierung des Stadtgefüges verbunden. Unbebaute Areale in Innenstadtnähe scheinen heute gegenüber bereits bebauten Stadtteilen, die einen überalterten Gebäudebestand haben, Vorteile zu haben. Sofern die Städte in diesen Prozess nicht steuernd eingreifen, drohen Verhältnisse wie in stärker marktliberal ausgerichteten Gesellschaften (z. B. USA und Großbritannien): Dort wird auf Niedergangsprozesse in einzelnen Stadtteilen weniger mit Sanierung, als vielmehr mit Abriss reagiert (Heeg, 2003, S. 341f).

2.5 Ableitung der Forschungshypothesen für die empirische Untersuchung

Im Folgenden werden anhand der bis hierhin angestellten theoretischen Überlegungen die Forschungshypothesen formuliert. Da die Thematik anhand einer Einzelfallanalyse erarbeitet wird, beziehen sich die Forschungshypothesen auf

Kiel. In Kapitel 4 wird deshalb diskutiert, inwieweit die empirischen Ergebnisse auch für andere Städte von Bedeutung sind. Die vorliegende Arbeit ist gerade deshalb von Relevanz, da bisher nur für den Büroimmobilienmarkt in Braunschweig eine vergleichbare Studie vorliegt. Diese Ergebnisse werden im Folgenden auch immer wieder in der Diskussion herangezogen.

Die gegensätzliche Entwicklung der Nettoanfangsrenditen in den Metropolen und den kleineren Städten wird mit steigenden Kaufpreisen erklärt, die durch eine Konzentration der Nachfrage nach Büroimmobilieninvestments in den Metropolen hervorgerufen wird. Einen großen Beitrag zu dieser Entwicklung leisten die institutionellen Investoren, die spätestens seit dem Ende der 1980er Jahre stark an Bedeutung gewonnen haben: Zwischen 1986 und 2003 vervierfachte sich der Umfang der Neuanlagen in Büroimmobilien institutioneller Investoren. Durch empirische Untersuchungen wurde gezeigt, dass sich der Großteil der Bürobestände institutioneller Investoren in den Metropolen Deutschlands befindet. Insbesondere die Metropolen haben somit in den letzten Jahren von dem Bedeutungsgewinn institutioneller Investoren profitiert.

Während in der Fachpresse oft von einer Hinwendung zu kleinen und mittelgroßen Städten die Rede ist, haben in den Jahren 2005 bis 2007 die Metropolen stärker von dem ansteigenden Volumen auf den Investmentmärkten für Gewerbeimmobilien profitiert. Absolut gesehen hat sich aber auch in den Städten abseits der Metropolen das Gewerbeinvestitionsvolumen in den Boomjahren 2006 und 2007 stark erhöht. Die empirischen Zahlen belegen allerdings auch, dass in den kleineren Städten vorzugsweise Einzelhandelsimmobilien nachgefragt werden, während in den Metropolen die Büroimmobilie größeres Gewicht besitzt.

Es stellt sich die Frage, welche Investorentypen abseits der Metropolen zu finden sind. Zu diesem Zweck wurden die Eigenschaften und Strategien der bedeutenden Investorengruppen in den voran gegangenen Abschnitten beleuchtet und anhand der aktuellen Marktdaten evaluiert. Privatpersonen sind bedeutende Immobilieninvestoren. Im Gegensatz zu institutionellen Investoren steht ihnen jedoch normalerweise weniger Kapital zur Verfügung. Einzelinvestments werden die Marke von 5 Mio. Euro nur in ganz seltenen Fällen überschreiten. Die durchschnittliche Investitionssumme wird vermutlich noch deutlich unter diesem Wert liegen. Dadurch wird die Bandbreite der möglichen Immobilien bei einem direkten Erwerb beschränkt. Eine besondere Bedeutung als Anlagegut kommt den Wohnimmobilien zu. Bei Gewerbeimmobilien kommen im Normalfall nur kleine Objekte in Betracht, z. B. kleine Büroimmobilien oder kleine Büro- und Geschäftshäuser.

Privatpersonen sind im Gegensatz zu den institutionellen Investoren Dritten gegenüber zu keiner Rechenschaft verpflichtet. Da sie auf eigenes Risiko investieren, nehmen sie in der Realität auch hohe Risiken in Kauf. Da sie primär in Einzelobjekte investieren, spielen Portfolioplanungen keine Rolle. Privatinvestoren handeln deshalb primär opportunistisch. Sie werden vermutlich vorzugsweise im näheren lokalen Umfeld tätig, also dem durch Wohnen und Arbeit definierten Aktionsraum. Hier verfügen sie über eine besondere Marktkenntnis und auch über gewachsene Netzwerke, die für die Durchführung derartiger Vorhaben förderlich sind.

Bei Betrachtung der aktuellen Marktdaten wird jedoch deutlich, dass Privatpersonen bei Gewerbeimmobilieninvestments ebenfalls eine starke Metropolenorientierung aufweisen. Trotzdem gehören sie im Umfeld ihrer Wohnorte zum endogenen Investorenpotenzial. Immobilienunternehmen bzw. Property-Unternehmen waren dagegen in den Jahren 2006 und 2007 vorzugsweise in Städten abseits der Metropolen aktiv. Property-Unternehmen ähneln eher den Privatinvestoren: Sie befinden sich oft in privatem Besitz und sind Dritten gegenüber nicht zur Rechenschaft verpflichtet (ausgenommen die finanzierenden Kreditinstitute). In Braunschweig sind in der Vergangenheit insbesondere regionale Property-Unternehmen als Projektentwickler und Investoren von Büroimmobilien in Erscheinung getreten (Dobberstein, 2004). Unternehmen werden oft über eine bessere Kapitalausstattung als einzelne private Investoren verfügen und damit auch in der Lage sein, in größere Büroimmobilien zu investieren.

Hypothese I: Im Kieler Büroimmobiliensegment sind hauptsächlich Privatpersonen und Property-Unternehmen aus der Region als Investoren aktiv.

Institutionelle Investoren haben in den vergangenen 20 Jahren stark an Bedeutung gewonnen. Es konnte gezeigt werden, dass sich der Großteil ihrer Büroimmobilienbestände auf die Metropolen konzentriert, die somit stark von dieser Entwicklung profitieren konnten. Im Vergleich zu den Privatinvestoren verfügen institutionelle Investoren über deutlich mehr Kapital. Oftmals haben sie eine Mindestgrenze für Immobilienanlagen, unter der sie nicht tätig werden. Diese liegt nicht selten zwischen 10 und 20 Mio. Euro und damit deutlich über den durchschnittlichen Anlagesummen der Privatinvestoren bei Direktinvestments. Beide Investorentypen konzentrieren deshalb ihre Aktivitäten in unterschiedlichen Preissegmenten. In den kleineren Städten werden nur wenige Büroimmobilien diese Mindestgröße erreichen und somit für institutionelle Investoren infrage kommen.

Institutionelle Investoren sind im Gegensatz zu Privatinvestoren Dritten gegenüber zur Rechenschaft verpflichtet. Je nach Investorenart müssen verschiedene aufsichtsrechtliche Auflagen beachtet werden. In der Realität verhalten sich institutionelle Investoren reaktionsträge und meiden Risiken. Zur Risikominimierung wird das Instrument der Portfolioplanung verwendet, dem sämtliche Investitionsentscheidungen untergeordnet werden. Vor diesem Hintergrund wird insbesondere die geringe Liquidität in den kleineren Städten als Investitionshemmnis angesehen. Sie erschwert im Falle eines Mieterausfalls die Anschlussvermietung, sowie den schnellen Weiterverkauf einer Immobilie zur Durchführung einer aktiven Portfoliostrategie.

Hypothese II: Der Großteil der institutionellen Investoren meidet den Kieler Markt.

Da zu den institutionellen Investoren verschiedene Typen mit unterschiedlichen Eigenschaften gezählt werden, werden im Folgenden für die institutionellen Investoren weitere Hypothesen gebildet, die Hypothese II konkretisieren.

Die Immobilienanlagen der offenen Immobilienfonds konzentrierten sich in der Vergangenheit auf die deutschen und ausländischen Metropolen. Das betrifft insbesondere die Anlage in Büroimmobilien. Für Städte in weniger stark verdichteten Räumen spielt dagegen die Einzelhandelsimmobilie als Anlagegut eine bedeutende Rolle. Zunehmend investieren die Fonds auch international. Erhebliche Mittelzuflüsse in der Vergangenheit haben dazu geführt, dass im Jahr 1999 die durchschnittliche Liegenschaftsgröße bei 12.500 qm lag. Büroimmobilien dieser Größenordnung sind in kleineren Städten kaum zu finden. Im Gegensatz zu anderen institutionellen Investoren, z. B. den Initiatoren geschlossener Immobilienfonds, konzentrieren sich die Sitze der Kapitalanlagegesellschaften auf wenige Metropolen in Deutschland: Einen besonderen Stellenwert besitzt dabei Frankfurt am Main. In der Folge konzentrieren offene Immobilienfonds ihre Anlagen auf wenige Regionen und erwerben auch gerade in der näheren Umgebung des Unternehmenssitzes verstärkt Objekte. Deshalb konzentrierten sich ihre Büroimmobilieninvestments in der Vergangenheit auf die deutschen und internationalen Metropolen.

Hypothese IIa: Offene Immobilienfonds spielen als Investoren auf dem Kieler Büroimmobilienmrkt keine Rolle.

Auch Versicherungen und Pensionskassen sind bedeutende Immobilieninvestoren. Sie investieren zwar zunehmend indirekt, insbesondere in Immobilienspezialfonds, weisen aber immer noch eine Quote direkt gehaltener Immobilien von etwa 75 % auf. Ihre Anlagekriterien ähneln denen offener Immobilienfonds. Portfoliostrategien spielen auch für diesen Investorentyp eine große Bedeutung. Für die Jahre 2006 und 2007 kann den Versicherungen und Pensionskassen eine klare Metropolenorientierung attestiert werden.

Hypothese IIb: Versicherungen und Pensionskassen bevorzugen Büroimmobilieninvestments in den Metropolen und meiden deshalb den Kieler Büroimmobilienmarkt.

In der Theorie eignen sich Büroimmobilien in duplizierbaren Lagen besonders gut für geschlossene Fonds, weil das Risiko relativ niedrig ist und mit einer realen Wertentwicklung nicht gerechnet werden kann. Andererseits weisen kleinere Städte bei Büroimmobilieninvestments aufgrund der geringen Liquidität und der oftmals fehlenden Marktreife und Transparenz höhere Risiken auf. Die Aussagen in der Literatur zu den bevorzugten Standorten der geschlossenen Immobilienfonds sind nicht eindeutig. Neben den Metropolen werden aller Voraussicht nach aber auch kleinere Städte als Standort gewählt, weil hier höhere Nettoanfangsrenditen erzielt werden. Als Initiatoren fungieren Kreditinstitute und auch freie Initiatoren, die im Vergleich zu den stark zentralisierten Kapitalanlagegesellschaften der offenen Immobilienfonds dispers im Raum verteilt sind.

Hypothese IIc: Geschlossene Immobilienfonds werden auch in Kiel als Anlagevehikel gewählt.

Das Marktsegment der Immobilien AGs in Deutschland ist relativ unbedeutend. Aus steuerlichen Gesichtspunkten weist diese Anlageform im Vergleich zu den offenen und geschlossenen Immobilienfonds Nachteile auf und konnte sich deshalb am Markt bisher nicht durchsetzen. Da Immobilien AGs risiko- und ertragreich investieren müssen, können sie mit größeren Risiken in den kleineren Städten umgehen. Käufe von voll vermieteten Büroimmobilien in kleineren Städten bieten aller Voraussicht nach jedoch nicht die Renditen, die Immobilien AGs erwarten. Das gilt auch für Projektentwicklungen von Büroimmobilien in den kleineren Städten aufgrund der geringen Marge im Vergleich zu den Metropolen.

Hypothese IId: Immobilien AGs spielen als Investoren in Kiel keine Rolle.

Die letzten Jahre waren durch Immobilienkäufe ausländischer Investoren geprägt. Es handelt sich dabei insbesondere um Opportunity Funds, die vorrangig Immobilienportfolios erwerben. In der Vergangenheit spielten dabei auch Wohnungsportfolios eine bedeutende Rolle. Unter Ausnutzung des Leverage-Effekts werden großvolumige Immobilieninvestments oder Immobilienportfolios erworben. Die Opportunity Funds treten dabei als Zwischeninvestoren auf. Aufgrund ihres kurz- bis mittelfristigen Anlagehorizonts sowie hoher Mindestanlageschwellen sind Büroimmobilieninvestments abseits der Metropolen für diesen Investorentyp nicht geeignet.

Darüber hinaus wird angenommen, dass sich der Großteil der restlichen ausländischen Investoren bei Büroimmobilieninvestments auf die Metropolen konzentriert. Metropolen bieten ihnen die notwenige Infrastruktur und darüber hinaus vielfältige Schnittstellen zu anderen Metropolen weltweit.

Hypothese III: Ausländische Investoren meiden den Kieler Büroimmobilienmarkt. Sie bevorzugen die Metropolen.

Kiel fungiert als Landeshauptstadt von Schleswig-Holstein und als Oberzentrum. Es ist daher zu erwarten, dass in Kiel die öffentliche Hand auf dem Büroimmobilienmarkt ein bedeutender Player ist. Das Motiv der Eigennutzung ist dabei ausschlaggebend.

Hypothese IV: In Kiel ist die öffentliche Hand ein bedeutender Player auf dem Büroimmobilienmarkt. Die Eigennutzung ist das ausschlaggebende Motiv.

Kleine Büroimmobilienmärkte weisen im Gegensatz zu den metropolitanen Märkten besondere Strukturen auf. Diese Besonderheiten werden anhand des Kieler Büroimmobilienmarktes zunächst herausgearbeitet. Gemein sind den kleineren Städten die im Vergleich zu den Metropolen relativ geringen Vermietungs- und Transaktionsvolumina. Deshalb eignen sie sich nicht für kurzfristige Anlagestrategien oder Trader-Developer. Da in kleineren Städten dem Motiv der Eigennutzung generell eine größere Bedeutung zukommt, wird voraussichtlich auch bei den Projektentwicklungen in Kiel dieses Motiv überwiegen.

Hypothese V: In Kiel existiert kein Investmentmarkt für sehr große Büroimmobilien mit einem Wert von über 5 Mio. Euro.

Hypothese VI: Renditeorientierte Entwicklungen sind in Kiel die Ausnahme. Insbesondere Trader-Developer meiden einen kleinen Markt wie Kiel aufgrund der unzureichenden Exit-Möglichkeiten. In Kiel spielt vielmehr die Eigennutzung eine große Rolle bei der Projektentwicklung von Büroimmobilien.

Aufgrund der Nähe zu Hamburg werden die Büroimmobilienmärkte beider Städte miteinander verflochten sein. Es ist davon auszugehen, dass in Kiel Investoren und Entwickler aus Hamburg aufgrund der Größe und Nähe der Metropole tätig sind. Auf der anderen Seite werden Kieler Akteure auch verstärkt in Hamburg aufgrund der Größe des Marktes aktiv sein.

Hypothese VII: Aufgrund der Nähe zu Hamburg und der Größe der Hansestadt haben Investoren aus Hamburg auf dem Kieler Büroimmobilienmarkt großes Gewicht. Auf der anderen Seite sind Akteure in Kiel auch vermehrt in Hamburg aktiv.

Investoren und Projektentwickler präferieren untergenutzte Standorte in geringer Entfernung zur City. Gerade mittelalterlich geprägte Altstadtkerne werden aufgrund der kleinteiligen Parzellierung, des überalterten Gebäudebestands sowie fehlender Parkplätze als Standort neuer Büroimmobilien gemieden.

Hypothese VIII: Jüngere Büroimmobilienentwicklungen finden oft nicht in den gewachsenen Innenstadtlagen statt, sondern in Citynähe. An den gewachsenen Standorten, z. B. der Kieler Altstadt, werden aufgrund der kleinteiligen Parzellierung und des fehlenden Platzes keine neuen Büroimmobilien projektiert.

Vor dem Hintergrund dieser Ergebnisse wird die Umsetzung eines der wichtigsten städtebaulichen Projekte der letzten Jahre in Kiel, der Kai-City Kiel, diskutiert. Es handelt sich dabei um ein sog. „Waterfront-Projekt" auf einer ehemaligen Industriebrache direkt am City-Rand. Es dient als Beispiel für die Umsetzung einer „Property-Led-Development"-Strategie in einer Stadt abseits der Metropolen. Da es sich bei dem Projekt um ein großes, überregionales Vorhaben handelt, kann der Frage nachgegangen werden, inwieweit überregional agierende Investoren gewonnen werden konnten. Wenn dies nicht der Fall gewesen sein sollte, stellt sich die Frage, wie das Fehlen dieser Investoren kompensiert wurde und welche Probleme daraus resultieren. Insbesondere die räumlichen Konsequenzen sollen in diesem Zusammenhang diskutiert werden.

3 Der regionale Investmentmarkt für Büroimmobilien am Beispiel von Kiel

In einem ersten Schritt werden die Prozesse skizziert, die Kiels wirtschaftliche Entwicklung in der Vergangenheit prägten. Danach wird der Kieler Büroimmobilienmarkt vorgestellt und wichtige Büromarktkennziffern mit denen der fünf deutschen Metropolen Berlin, Düsseldorf, Frankfurt, Hamburg und München verglichen. Im Fokus stehen dabei regionale Eigenschaften, die Einfluss auf den Investmentmarkt für Büroimmobilien haben.

3.1 Die ökonomische Entwicklung Kiels

Kiel weist zum Ende des Jahres 2005 eine Einwohnerzahl von 232.385 auf (Amt für Statistik der Landeshauptstadt Kiel, 2006, S. 3). Daneben ist Kiel Landeshauptstadt Schleswig-Holsteins und fungiert als Oberzentrum. Die Lage der Stadt an der Kieler Förde beeinflusste die Entwicklung der Stadt maßgeblich: Die Kieler Förde ist glazigen geformt und weist deshalb für den Seeschiffverkehr ausreichende Wassertiefen auf.

Seine heutige Bedeutung hat Kiel jedoch nicht durch den Handel erlangt, sondern primär als Marine- und Werftenstandort. Dabei spielten Entscheidungen, die außerhalb der Stadt getroffen wurden, eine große Rolle. So löste die Eingliederung der Stadt in das Königreich Preußen und die Ernennung Kiels zum Reichskriegshafen 1871 den entscheidenden Wachstumsschub der Stadt aus. Die Kehrseite der Medaille ist bis in die Gegenwart zu spüren: An erster Stelle sind die enormen Kriegszerstörungen zu nennen, da Kiel als Reichskriegshafen ein strategisches Angriffsziel darstellte. Daneben belegten Werften und Marine einen Großteil der zentralen, am Wasser gelegenen Flächen, die zivilen Nutzungen nicht mehr zur Verfügung standen. Dadurch wurde der Grundstein der Trennung der Innenstadt vom Wasser gelegt.

Da die Entwicklung Kiels traditionell eng mit der Marine und der Rüstungs- und Werftenindustrie verbunden war, wurde auch die Industriestruktur sehr stark durch den Schiffbau und verwandte Branchen im Maschinenbau und der Elektrotechnik geprägt. Die ökonomische Entwicklung der vergangenen 20 Jahren lässt sich dagegen als drastischer Strukturwandel beschreiben, der die industrielle Basis stark dezimiert hat: Die Zahl der Beschäftigten in der Industrie sank zwischen 1994 und 2005 um 42% auf nunmehr 10.821 (Kieler Zahlen 2005). Waren 1991 noch 22% der sozialversicherungspflichtig Beschäftigten im produzierenden Gewerbe tätig, betrug dieser Wert 2003 nur noch knapp 16 %.

Insbesondere große Industriebetriebe waren betroffen. Im Schiffbau fielen viele Stellen weg: Die Zahl der Angestellten der „Howaldtswerke Deutsche Werft AG" reduzierte sich von 4.500 Anfang der 1990er Jahre auf knapp 2.800 im Jahr 2003. Auch Unternehmen des Maschinenbaus und der Elektroindustrie sind vom Stellenabbau betroffen: Die Anzahl der Beschäftigten bei Caterpillar (Motorenbau) fiel von 1.500 im Jahr 1998 auf rund 1.000, bei Rheinmetall Landsysteme von 600 auf nunmehr 300. Im Zuge der Insolvenz der Firma Hagenuk, einem Hersteller von Telekommunikationsgeräten, gingen auf einen Schlag ungefähr 3.000 Arbeitsplätze verloren. Auch multinationale Unternehmen bauten Arbeitsplätze ab: Arbeiteten 1992 noch rund 1.600 Personen in der Produktion der Heidelberger Druckmaschinen AG, sind heute noch 350 Stellen (Stand Juli 2007) im Service- und Entwicklungsbereich in Kiel verblieben.

Der Abbau industrieller Arbeitsplätze wirkt sich indirekt auf den Dienstleistungssektor und auch auf den Büroflächenmarkt aus. Im Allgemeinen gilt die Industrie als besonders exportorientierter Sektor, der entsprechend der Exportbasistheorie Kaufkraftüberschüsse erwirtschaftet. Im Falle des Wegbrechens der industriellen Basis erleiden zunächst die vorleistenden Betriebe, insbesondere auch unternehmensorientierte Dienstleistungsunternehmen, Einbußen. Diese schlagen sich wiederum in einem Stellenabbau nieder. Weitere negative Konsequenzen wie sinkende Gewerbesteuereinnahmen und steigende Arbeitslosigkeit können letztendlich einen sich kumulativ verstärkenden Niedergangsprozess nach sich ziehen.

In der Folge sind ehemals industriell genutzte Flächen brach gefallen. Da derartige Immobilien für die Betriebsabläufe des ursprünglichen Eigentümers oder Hauptnutzers optimiert und oft durch Altlasten verunreinigt sind, gestaltet sich eine Wiedernutzbarmachung oft sehr kompliziert und erfordert einen erheblichen Mitteleinsatz. Die auf diesen Arealen befindlichen Verwaltungsgebäude werden in einem ersten Schritt oft zur Miete oder zum Kauf angeboten. Das führt zu einer Angebotsausweitung an Mietflächen im niederpreisigen Segment und geht mit sinkenden Durchschnittsmieten einher. Da die Verwaltungsgebäude den heutigen Ansprüchen der Nutzer an Lage sowie Ausstattung nicht entsprechen, stehen die Gebäude meistens leer und lassen sich nur schwer veräußern. Als Beispiel wird an dieser Stelle das ehemalige Gelände der MAK (Maschinenbau Kiel) in Friedrichsort angeführt, auf dem fast 10.000 qm Bürofläche leer stehen. Es handelt sich dabei überwiegend um modernisierungsbedürftige Gebäude aus den 1960er und 1970er Jahren, die den Ansprüchen moderner Dienstleistungsunternehmen nach Standort und Qualität nicht mehr entsprechen. Der Eigentümer, die Thyssen Krupp Real Estate, bietet das gesamte Areal zum Kauf an.

Der Deindustrialisierungsprozess bietet an zentralen Standorten aber auch Chancen für die Stadtentwicklung. So entsteht in unmittelbarer Nachbarschaft zur Christian-Albrechts-Universität der Wissenschaftspark Kiel auf einer etwa 20 ha großen Industriebrachfläche. Erste Büroimmobilien wurden bereits gebaut und vermietet. Auch die Kai City Kiel, konzipiert als neuer Stadtteil mit Wasserbezug, entsteht am Cityrand auf einer ehemals industriell genutzten Fläche. Auch hier sind bereits erste Immobilien fertig gestellt und bezogen. Es handelt sich um eine sehr dynamische Lage, deren Vermarktung allerdings in den letzten Jahren große Probleme bereitet hat.

Die Beschäftigungsentwicklung der letzten zehn Jahre wird anhand Abbildung 9 veranschaulicht. Dem Beschäftigungsabbau im produzierenden Gewerbe stand eine in der Summe positive Entwicklung in den Dienstleistungsbranchen gegenüber. Hier profitiert Kiel als Landeshauptstadt und Oberzentrum von den vielfältigen zentralörtlichen Funktionen. Daneben ist Kiel seit 1665 Universitätsstadt und beherbergt heute neben der Christian-Albrechts-Universität, der Muthesius- sowie der Fachhochschule weitere renommierte Forschungseinrichtungen (z. B. das Leibniz-Institut für Weltwirtschaft IfW). Dementsprechend dominieren öffentliche und private Dienstleistungen (Abbildung 10), während die als besonders wachstumsstark geltenden unternehmensorientierten Dienstleister in Kiel nur schwach vertreten sind.

Die positive Entwicklung in den Dienstleistungsbranchen konnte die Verluste im produzierenden Gewerbe im skizzierten Zeitraum jedoch nicht kompensieren. In der Summe sank seit 1990 die Zahl der sozialversicherungspflichtig Beschäftigten um 10.441 (- 9,5%) auf 98.930 im Jahre 2005 (Kieler Zahlen, 2005). Es waren in der Vergangenheit auch nur vereinzelt Zuzüge zu verzeichnen, allenfalls noch im Einzelhandel, so dass von außen im Wesentlichen keine Stimulation stattgefunden hat. Als Wachstumspol könnte sich in der Zukunft der Diesellokomotivenbau erwiesen. In diesem Bereich hat eine Ansiedlung von Entwicklungs- und Fertigungskapazitäten im Kieler Nordhafen stattgefunden. Die Entwicklung der vergangenen Jahre ist trotzdem primär durch Arbeitsplatzabbau und Deindustrialisierung geprägt, was in der Konsequenz in einer schrumpfenden Wirtschaft mündet. In der Konsequenz liegt die Arbeitslosenquote mit 14,8 % über dem bundesdeutschen Durchschnitt (Amt für Statistik der Landeshauptstadt Kiel, 2006, S. 3).

**Abbildung 9: Erwerbstätige in Kiel nach Wirtschaftsbereichen 1996-2003
(Index 1996 = 100)**

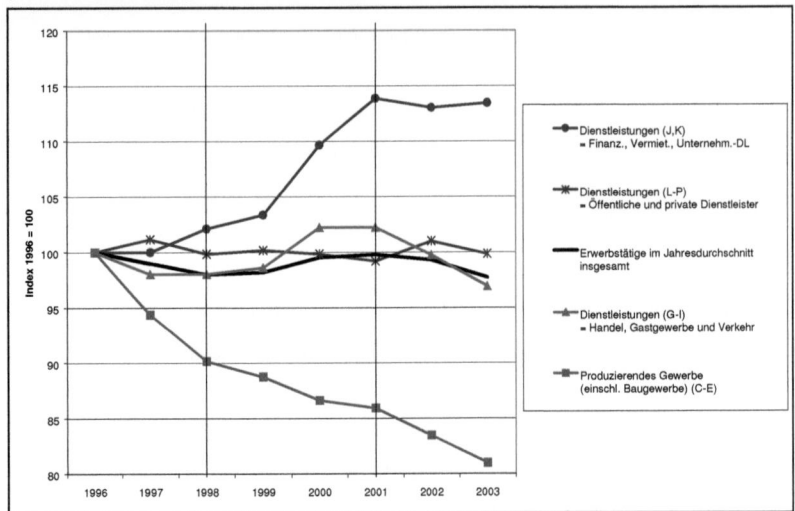

Quelle: Statistikamt Nord, Berechnungen BFAG (aus Aring, 2006, Seite 3)

Abbildung 10: Erwerbstätige in Kiel nach Wirtschaftsbereichen (Stand: Herbst 2003)

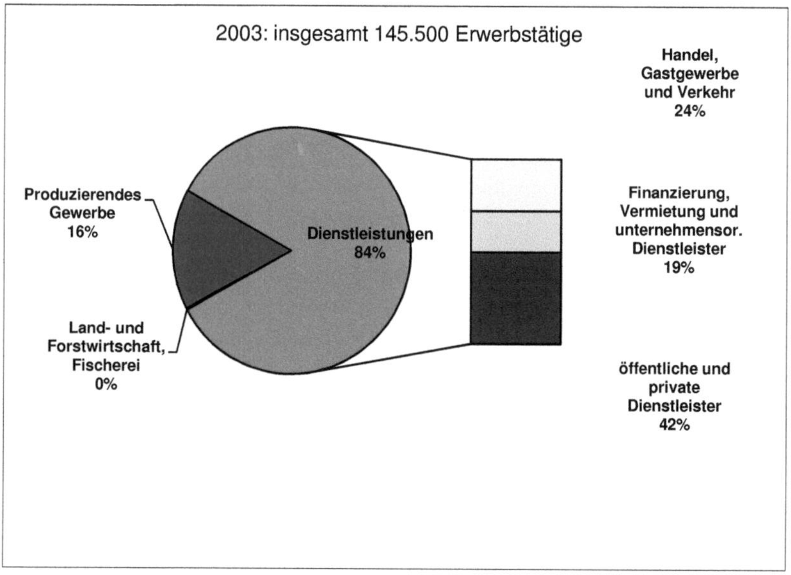

2003: insgesamt 145.500 Erwerbstätige

- Produzierendes Gewerbe 16%
- Dienstleistungen 84%
- Land- und Forstwirtschaft, Fischerei 0%
- Handel, Gastgewerbe und Verkehr 24%
- Finanzierung, Vermietung und unternehmensor. Dienstleister 19%
- öffentliche und private Dienstleister 42%

Quelle: Kieler Zahlen 2005, Seite 70 (eigene grafische Darstellung)

3.2 Kieler Metropolfunktionen

Im theoretischen Teil wurden aus einer entwicklungsorientierten Sichtweise Funktionen benannt, die für Metropolen charakteristisch sind: Entscheidungs- und Kontrollfunktionen, Innovations- und Wettbewerbsfunktionen sowie Gateway-Funktionen. Im Folgenden wird untersucht, inwieweit derartige Funktionen auch in Kiel zu finden sind.

Zunächst werden die privatwirtschaftlichen Entscheidungs- und Kontrollfunktionen anhand der 100 größten Kieler Unternehmen behandelt. Die HSH Nordbank erhebt diese Statistik einmal im Jahr. Neben Unternehmen mit Hauptsitz in Schleswig-Holstein werden auch Geschäftsstellen und Konzerntöchter berücksichtigt. Die Aufzählung ist nicht vollständig, aber sehr umfassend. Aus diesen 100 Unternehmen wurden die großen Kieler Arbeitgeber mit 500 und mehr Beschäftigten (in Schleswig-Holstein) extrahiert und in einer Tabelle aufbereitet (Tabelle 13). Es handelt sich dabei um 18 Unternehmen. Die Schwerpunkte befinden sich in den Bereichen Handel, Kreditwesen, Gesundheitswesen sowie Schiff- und Maschinenbau. Von den 18 Unternehmen haben zehn ihren Hauptsitz in Kiel. Bei ihnen ist davon auszugehen, dass Standort- und Investitionsentscheidungen vor Ort getroffen werden.

Die regionalen Großunternehmen sind von der Struktur her nicht als multinational zu charakterisieren. Bei den produzierenden Unternehmen handelt es sich dagegen ausschließlich um Konzerntöchter. Standort- und Investitionsentscheidungen werden somit in letzter Instanz außerhalb von Kiel getroffen. In der Vergangenheit waren in Kiel insbesondere diese Produktionsunternehmen von Stellenstreichungen und Werksschließungen betroffen. Die Fremdbestimmung der Kieler Produktionsunternehmen stellt auch in Zukunft ein Risiko hinsichtlich Werksschließungen und Arbeitsplatzabbau dar.

Tabelle 13: Die 100 größten Unternehmen mit Sitz in Kiel

Unternehmen	Niederlassung	Beschäftigte in Schleswig-Holstein 2006	Wirtschaftszweig
Universitätsklinikum Schleswig-Holstein	Hauptsitze in Kiel und Lübeck	10.706	Gesundheitswesen
co op Schleswig-Holstein eG	Hauptsitz in Kiel	6.385	Einzelhandel
Deutsche Telekom AG	Geschäftsstelle	5.637	Telekommunikation
Howaldtswerke-Deutsche Werft GmbH	Konzerntochter	2.974	Schiffbau
Spiegelblank Reinigungsunternehmen	Hauptsitz in Kiel	2.496	Dienstleistungen Gebäudereinigung
Kloppenburg GmbH & Co. KG	Hauptsitz in Kiel	1.998	Einzelhandel
HSH Nordbank AG	Hauptsitze in Kiel und Hamburg	1.749	Kreditwesen
Stadtwerke Kiel AG	Hauptsitz in Kiel	1.286	Energieversorgung
Caterpillar Motoren GmbH & Co. KG	Konzerntochter	1.214	Maschinenbau
Provinzial Nord Brandkasse AG/Provinzial NordWest Lebensversicherung AG	Konzerntochter	1.164	Versicherungen
Commerzbank AG Filiale Kiel	Geschäftsstelle	1.116	Kreditwesen
Remondis GmbH & Co. KG Region Nord	Konzerntochter	983	Entsorgungswirtschaft
Raiffeisen Hauptgenossenschaft Nord AG	Hauptsitz in Kiel	830	Agrarhandel
Sparkasse Kiel	Hauptsitz in Kiel	779	Kreditwesen
Autokraft GmbH	Hauptsitz in Kiel	766	Verkehrsunternehmen
Lubinus Clinicum GmbH & Co. KG	Hauptsitz in Kiel	657	Gesundheitswesen
Vossloh Locomotives GmbH	Konzerntochter	513	Lokomotivenbau
Raytheon Anschütz GmbH	Konzerntochter	500	Zulieferer Schiffbau

Quelle: HSH Nordbank AG, 2006, Seite 4f (die Tabelle wurde ergänzt)

In Kiel sind keine Headquarter großer nationaler und internationaler Unternehmen vorhanden (Tabelle 14). Wegen der fehlenden Headquarterfunktionen sind auch die unternehmensorientierten Dienstleister in Kiel nur schwach vertreten (Abbildung 10). Eine Ausnahme im Kreditwesen ist die HSH Nordbank, die in

Kiel und Hamburg einen Doppelsitz unterhält. Positiv zu vermerken ist die Funktion von Kiel als Landeshauptstadt von Schleswig-Holstein und als Oberzentrum: Öffentliche Entscheidungsfunktionen sind daher vorhanden. Daneben sind aber keine supranationalen Organisationen oder internationale NGOs vertreten. Es wird festgehalten, dass Kiel Defizite hinsichtlich der privatwirtschaftlichen Entscheidungs- und Kontrollfunktionen aufweist.

Innovations- und Wettbewerbsfunktionen haben dagegen in Kiel deutlich mehr Gewicht: Insbesondere das Hochschulwesen und auch einige renommierte Forschungsinstitute (wie das IfM Geomar oder das Leibniz-Institut für Weltwirtschaft IfW) sind in diesem Zusammenhang zu nennen. Technische Fakultäten sind allerdings wiederum stark unterrepräsentiert. Das gilt auch für privatwirtschaftlich geführte F & E-Einrichtungen sowie die in den Metropolen stark vertretenen wissensintensiven Dienstleister. Im kulturellen Bereich ist neben Theatern und Museen insbesondere die Kieler Woche als überregional bedeutsames Segelevent zu nennen.

Die wichtigen Gateway-Funktionen fehlen dagegen in Kiel fast vollständig. Das wiegt umso schwerer, als das Kiel aus geographischer Sicht bereits eine Randlage aufweist. Besonders negativ sind in diesem Zusammenhang die schlechte Zuganbindung sowie der fehlende Linienflugverkehr zu nennen. Positiv schlägt dagegen die Wasseranbindung zu Buche: Kiel hat in der Vergangenheit als Fähr- und Kreuzfahrtverkehrhafen zunehmend an Bedeutung gewonnen. Auch der Nord-Ostsee-Kanal bietet der Stadt für die Zukunft noch Entwicklungs- und Synergiepotenziale, die es zu heben gilt.

Tabelle 14: Bewertung der Kieler Metropolfunktionen

Funktionen von Metropolen	Ebene	Bewertung der Kieler Metropolfunktionen
Entscheidungs- und Kontrollfunktionen	Privatwirtschaft	- Keine Headquarter großer nationaler und transnationaler Unternehmen - Finanzwesen: HSH Nordbank unterhält Doppelsitz in Kiel und Hamburg; daneben vereinzelte Förderinstitute des Landes; neben den Geschäftsstellen deutscher Banken keine Funktionen wie Börsen usw. vorhanden - unternehmensorientierte Dienstleistungen in Kiel nur schwach vertreten
	Staat	Sitz der Landesregierung
	Sonstige Organisationen	Keine supranationalen Organisationen (EU, UN) bzw. internationale NGOs
Innovations- und Wettbewerbsfunktionen		Generierung und Verbreitung von Wissen, Einstellungen, Werten, Produkten
	Wirtschaftlich-technische Innovationen	- vereinzelt F&E-Einrichtungen - neben Christian-Albrechts-Universität zu Kiel auch eine Fach- und eine Kunsthochschule, kaum technische Fakultäten - nur vereinzelt wissensintensive Dienstleister
	Soziale und kulturelle Innovationen	- verschieden kulturelle Einrichtungen (Theater, Museen usw.); jährlich findet die Kieler Woche statt - Orte sozialer Kommunikation (Gaststätten, Sport usw.) vorhanden
Gateway-Funktionen	Zugang zu Menschen	Kiel ist kein Fernverkehrsknoten (insbesondere kein Linienbetrieb im Luftverkehr), kaum ICE-Züge, lediglich direkter Autobahnanschluss (kein Knoten); aber zunehmende Bedeutung im Fähr- und Kreuzfahrtverkehr, auch Nord-Ostsee-Kanal bedeutend
	Zugang zu Wissen	Nur regionale Medien (NDR-Fernsehen, regionale Printmedien usw.), wenig Kongresse, aber z. T. wichtige Bibliotheken (Bibliothek des Instituts für Weltwirtschaft)
	Zugang zu Märkten	nur lokale Messen und Ausstellungen

Eigene Zusammenstellung

3.3 Besonderheiten des Büromietflächenmarktes in Kiel

3.3.1 Vorstellung der Büromarktlagen in Kiel

Im Rahmen der Büromarktstudie Kiel 2006 wurde der Versuch unternommen, Bürolagen abzugrenzen. Diese Abgrenzung wird den weiteren Betrachtungen zugrunde gelegt. Lagen sind in der Büromarktstudie als räumlich abgeschlossene Gebiete definiert, die einen spürbaren Quartierscharakter sowie eine gewisse innere Homogenität aufweisen. Es werden in Anlehnung an vergleichbare Studien City-Lagen (Altstadt/City), Innenstadtrandlagen und periphere Lagen unterschieden. Es wurden sieben Hauptlagen und zusätzlich einige Stadtteillagen identifiziert. Zu den Stadtteillagen wurden auch die innerstädtischen Gewerbegebiete gezählt (Aring, 2006, S. 7). Es folgt eine Auflistung:

Innenstadt (City):	Altstadt/City
Innenstadtrand:	Südliche City
	Kleiner Kiel
	Innenförde
	Dreiecksplatz/Knooper Weg
Periphere Lagen:	Universität/Westring
	Schwedendamm
	Stadtteillagen

Die Charakteristika der einzelnen Lagen werden im Folgenden tabellarisch aufgeführt.

Tabelle 15: Merkmale der verschiedenen Lagen in Kiel

Lagebezeichnung	Abgrenzung	Quartierscharakter	Bauweise	Nutzer
Altstadt/ City	Vom Bahnhof bis zum Alten Markt. Prägend ist die Holstenstraße als wichtigste Einkaufsstraße Kiels.	Urban-lebendig. Enges Miteinander von Geschäften, Cafés, Dienstleistungsbetrieben und Wohnen	Wohnungen und Büroflächen v. A. in den oberen Etagen. Bauweise überwiegend kleinteilig, geschlossen und schlicht (1950er bis 1970er Jahre).	Ärzte, Rechtsanwälte, Steuerberater und Notare sowie Versicherungen und Personaldienstleister.
Südliche City	Südlich der Einkaufszone und westlich des Hauptbahnhofs.	Belebtes Innenstadtrandquartier mit einer Mischung aus Büros, Einzelhandel (meist im EG) und Wohnungen.	Geschlossene, dichte Bauweise. Südlicher Teil der Hopfenstraße mit größeren, modernen Büroobjekten (1990er Jahre). Sophienblatt wenig attraktive Hochhausbauten (1970er Jahre).	Großobjekte werden von Versicherungen und z. T. von Behörden genutzt. Des Weiteren Dienstleistungsbetriebe, Steuerberater, Ärzte, Immobilienmakler und Computerdienstleister.
Kleiner Kiel	Gebiet am gleichnamigen Gewässer, das früher als Nebenarm der Förde das Stadtgebiet Kiels umschlossen hat.	Seen und Parkanlagen verleihen dem Standort ein repräsentatives und ruhiges Flair.	Überwiegend freistehende und häufig ausgefallene Häuser auf großen Grundstücken. Viele Gebäude aus den 1950er und 1960er Jahren, aber auch neue Gebäude.	Südlich der Seen Banken in großen, repräsentativen Büroobjekten. Nördlich kleinere und mittelgroße Objekte mit Rechtsanwälten, Notaren, Wirtschaftsprüfern und Stiftungen.
Innenförde (Kieler Förde)	Innerster Bereich der Förde einschließlich Hörn (einschließlich Sartorikai).	Nähe und Orientierung zum Meer. Ständiger Betrieb der großen Fähr- und Kreuzfahrtschiffe.	Geringe Zahl an Objekten, zumeist Neubauten und qualitativ hochwertige Sanierungen. Ausschließlich große, freistehende Gebäude mit ausgefallener und repräsentativer Archi-	Größere Dienstleistungsunternehmen ohne Dominanz einer Branche.

			tektur.	
Dreiecksplatz/ Knooper Weg	Schließt westlich an die Innenstadt und den Kleinen Kiel an. Auch Teile der anschließenden Ausfallstraßen (z. B. die Holtenauer Straße).	Größere Straßen an den Außengrenzen sehr belebt. Innere, zentrumsnähere Bereiche mit eher ruhigem Charakter auf. Insgesamt ein weniger dynamisches Quartier, mittlerer Qualitätsstandard.	Sehr heterogen. Städtisches, dicht bebautes Quartier. Durch Wohn- und Geschäftsgebäude geprägt. Behörden in großen, schlichten Bürogebäuden aus den 1950er und 1960er Jahren oder älter.	Zahlreiche Behörden und Landesministerien. Entlang der größeren Straßen Einzelhandel im Erdgeschoss und weitere Dienstleistungsbetriebe in den oberen Geschossen.
Universität/ Westring	Zwei Teilgebiete: Südlich der Universität das Kieler Innovations- und Technologiezentrum (KITZ). Nördlich der Universität der Wissenschaftspark.	KITZ etablierter Standort mit Einsteigerimmobilien. Wissenschaftspark befindet sich im Aufbau.	Wissenschaftspark auf ehemaligem Industrieareal. Ältere, sanierte und moderne Neubauten. Große, freistehende Objekte mit ausgefallener Architektur.	Unternehmen der Bereiche IT, Multimedia, Fortbildung und Beratung etc.
Schwedendamm	Süd-östlich der Hörn auf dem Ostufer (Gaarden).	Gewerbeparkähnlich ohne Wohnbebauung. Größere Freiflächen. Nur geringe Dynamik.	Lockere Bebauung mit freistehenden, großen Objekten. Junge, moderne und ältere, einfache Büroobjekte.	Behörden und Gewerbebetriebe mit größeren Büroflächen.
Streulagen	V. A. im Norden Kiels. Auch Wohn-, Misch- oder Gewerbelagen, z. B. Marinequartier Wik, Schleusenpark (NO-Kanal), Schwentine-Mündung am Ostufer.	Heterogen.	Heterogen.	U. A. Behörden, Militäreinrichtungen, kleinere Dienstleistungsbetriebe wie Ärzte, Rechtsanwälte, Versicherungsmakler und Medienunternehmen.

Quelle: Aring, 2006, S. 9-15

Abbildung 11: Büromarktlagen in Kiel

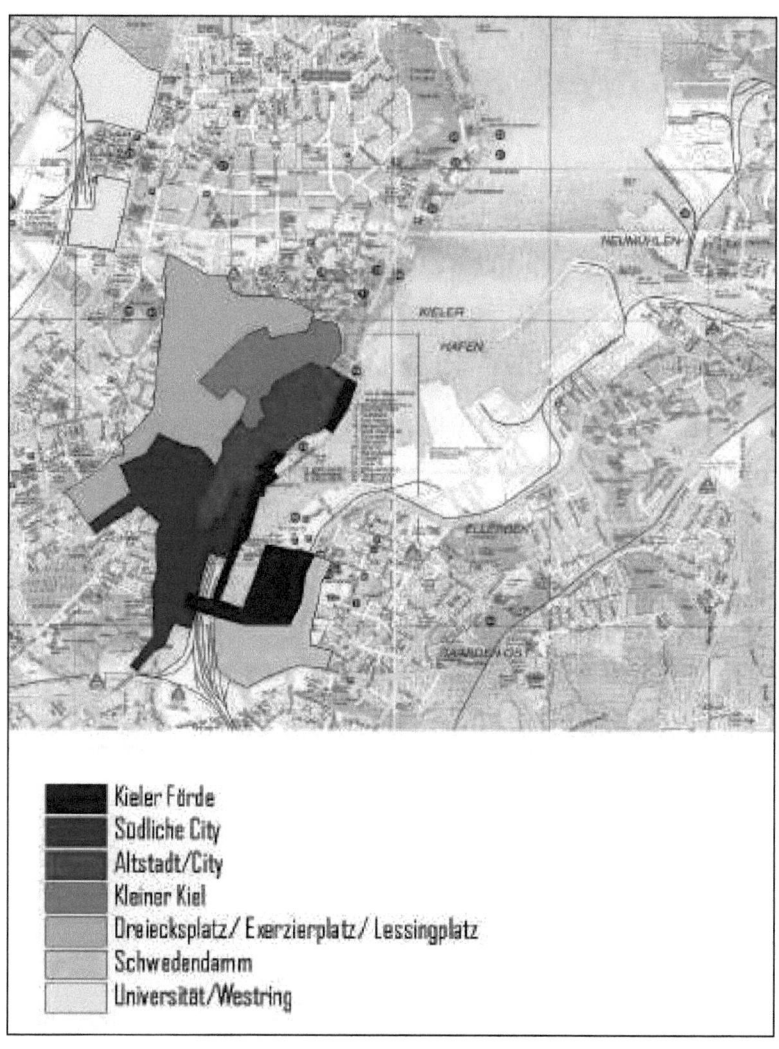

Quelle: Aring, 2006, S. 8

Die innerstädtischen Büroimmobilien wurden im Rahmen der Büromarktstudie Kiel 2005/2006 kartiert und in einer Datenbank gesammelt. Die größten Bürolagen sind demnach die „Südliche City" und die weiträumige und heterogene Lage „Dreiecksplatz/Knooper Weg" mit jeweils etwa 200.000 qm Bruttogeschossfläche (BGF). Danach folgt die „Altstadt/City" mit etwa 140.000 qm BGF. Der „Kleine Kiel" umfasst etwa 80.000 qm BGF. Die drei verbleibenden Lagen erreichen jeweils etwa 50.000 qm BGF (Aring, 2006, S. 15).

Betrachtet man die Entwicklungszyklen der verschiedenen Lagen, so ergibt sich ein differenziertes Bild (Tabelle 16). Die jüngsten Gebäudeentwicklungen konzentrieren sich hauptsächlich auf die am Wasser gelegenen Flächen der „Innenförde", während Bauten in den 1980er und 1990er Jahren primär in der südlichen City entstanden sind. Die „Innenförde" ist eine sehr junge Lage, die früher durch industrielle Nutzungen belegt war und erst Anfang der 1990er Jahre für andere Nutzungen hergerichtet wurde. Sie hat offensichtlich inzwischen die südliche City als 1a-Lage für Büroimmobilien in der Gunst der Nutzer abgelöst.

Büroimmobilien, die in den 1970er Jahren oder früher entstanden sind, dürften inzwischen an das Ende ihres wirtschaftlichen Lebenszyklus gekommen sein[32]. Sie genügen aufgrund des Ausstattungsstandards, der Raumaufteilung und der fehlenden Flexibilität der Büroräume den heutigen Ansprüchen nicht mehr (Schätzl, 2001, S. 35). In Kiel trifft das auf fast drei Viertel aller Immobilien des Untersuchungssamples zu. Lagen mit hohen Anteilen älterer Gebäude sind in Kiel die „Altstadt/City", der „Kleine Kiel" sowie „Dreiecksplatz/Knooper Weg". Nach Angaben der Kieler Makler sind insbesondere in der „Altstadt/City" Leerstände zu finden. Das betrifft die Kieler Altstadt sowie die Holstenstraße.

Das Alter spiegelt sich auch in der subjektiven Gebäudequalität wider[33]: Mehr als drei Viertel der Büroimmobilien des Untersuchungssamples weisen einen

---

[32] Schätzl geht von einer wirtschaftlichen Lebensdauer bei Bürogebäuden zwischen 30 und 40 Jahren aus.
[33] Das Gebäudealter und die Qualität stehen in einem engen Zusammenhang, der sich auch statistisch nachweisen lässt: Eine Kontingenzanalyse ergibt ein Cramer V von 0,433 bei einer Signifikanz von unter 0,1%.

mittleren oder schlechteren Qualitätsstandard auf (Tabelle 17). Lediglich 22,0 % der Büroimmobilien werden als qualitativ gehoben bewertet. Das betrifft insbesondere Immobilien an der Innenförde mit 80,0 %, aber auch die „Südliche City" und den „Kleinen Kiel". Die Lagen „Altstadt/City" und „Dreiecksplatz/Knooper Weg" weisen demgegenüber nur geringe Anteile an Immobilien mit einer gehobenen Gebäudequalität auf.

Tabelle 16: Geschätztes Gebäudealter und Lage in Kiel (% in Zeilen)

	N	Neubau	80er/ 90er Jahre	70er Jahre	50er/ 60er Jahre	älter	Gesamt
Innenförde	11	63,6	9,1	9,1	0	18,2	100
Südliche City	74	5,4	37,8	17,6	32,4	6,8	100
Altstadt/City	83	2,4	10,8	16,9	50,6	19,3	100
Kleiner Kiel	32	9,4	12,5	6,2	46,9	25,0	100
Dreiecksplatz/ Knooper Weg	48	0	16,7	12,5	45,8	25,0	100
Schwedendamm	8	0	62,5	12,5	25,0	0	100
Universität/ Westring	14	0	57,1	21,4	0	21,4	100
Streulagen	21	19,0	19,0	42,9	9,5	9,5	100
Gesamt	291	6,9	23,0	16,8	36,8	16,5	100

Eigene Auswertungen, Daten der Büroimmobiliendatenbank

Tabelle 17: Subjektive Gebäudequalität und Lage in Kiel (% in Zeilen)

	N	gehoben	mittel	einfach	sehr schlecht	Gesamt
Innenförde	10	80,0	20,0	0	0	100
Südliche City	74	35,1	29,7	33,8	1,4	100
Altstadt/City	83	12,0	56,6	26,5	4,8	100
Kleiner Kiel	32	28,1	65,6	6,2	0	100
Dreiecksplatz/ Knooper Weg	48	12,5	52,1	33,3	2,1	100
Schwedendamm	14	12,5	62,5	25,0	0	100
Universität/Westring	14	0	50,0	50,0	0	100
Streulagen	22	18,2	22,7	59,1	0	100
Gesamt	291	22,0	46,0	29,9	2,1	100

Eigene Auswertungen, Daten der Büroimmobiliendatenbank

Der Büroimmobilienbestand ist kleinteilig strukturiert: Der mittlere Gebäudegröße im Untersuchungssample liegt bei etwa 2.840 qm BGF, drei Viertel der Gebäude misst weniger als 2.500 qm BGF (Tabelle 18). Insbesondere die „Altstadt/City" ist durch sehr kleine Gebäudegrößen geprägt: Knapp 90% der Objekte haben weniger Fläche als 2.500 qm (BGF). Große Büroobjekte prägen hingegen den „Schwedendamm", die „Innenförde" (Kai-City Kiel) sowie die Streulagen.

Tabelle 18: Größe der Büroimmobilie (BGF) und Lage in Kiel (% in Zeilen)

	N	< 1.000 qm	1.000 bis < 2.500 qm	2.500 bis < 5.000 qm	5.000 bis < 10.000 qm	10.000 qm und mehr	Gesamt
Innenförde	11	0	27,3	27,3	36,4	9,1	100
Südliche City	74	32,4	39,2	12,2	12,2	4,1	100
Altstadt/City	83	28,9	60,2	8,4	1,2	1,2	100
Kleiner Kiel	32	28,1	50,0	9,4	3,1	9,4	100
Dreiecksplatz/ Knooper Weg	48	33,3	35,4	10,4	12,5	8,3	100
Schwedendamm	8	12,5	37,5	12,5	12,5	25,0	100
Universität/ Westring	14	28,6	42,9	7,1	14,3	7,1	100
Streulagen	22	36,4	31,8	4,5	22,7	4,5	100
Gesamt	292	29,5	44,9	10,3	9,9	5,5	100

Eigene Auswertungen, Daten der Büroimmobiliendatenbank

3.3.2 Kennzahlen des Kieler Büroimmobilienmarktes im Vergleich zu den Metropolen

Das Ziel der folgenden Betrachtung besteht nun darin, die strukturellen Unterschiede des Kieler Büromietmarktes zu denen der Metropolen anhand konkreter Zahlen herauszuarbeiten und daraus Schlussfolgerungen bzgl. des Investmentmarktes für Büroimmobilien zu ziehen[34].

Der Kieler Büroimmobilienmarkt weist mit einer Nutzfläche von 1,4 Mio. qm im Vergleich zu den fünf deutschen Metropolen, deren Bestände sich zwischen 6,9 Mio. qm (Düsseldorf) und 14,2 Mio. qm (Berlin) bewegen, eine deutlich geringere Größe auf (Tabelle 19). Bei der Betrachtung der Büroflächendichte[35] weist Kiel (1,15 %) jedoch einen mit Hamburg (1,39 %) und Berlin (1,59 %) nahezu vergleichbaren Bürobesatz auf. Die Dichte in den südlich gelegenen Metropolen Frankfurt, Düsseldorf und München liegt dagegen deutlich darüber.

Zur Beurteilung der Wachstumsdynamik wurde der Flächenneuzugang als Indikator herangezogen. Hierbei standen nur Zahlen für einen relativ kurzen Zeitraum zur Verfügung (2001 bis 2005), so dass die Ergebnisse mit Vorsicht zu interpretieren sind. Die Bauzyklen der verschiedenen Märkte verlaufen dabei nicht zwangsläufig parallel36. Der Flächenneuzugang lag in diesem Zeitraum, absolut und auch relativ betrachtet, deutlich unter den Werten in den Metropolen (Tabelle 19). Während in Kiel der durchschnittliche, jährliche Flächenzuwachs lediglich 0,4 % des Büroflächenbestandes des Jahres 2006 betrug, lag der Vergleichswert in Hamburg bei 1,8 % bzw. in Frankfurt, der Stadt mit der höchsten Wachstumsdynamik, bei 3,0 %. Es muss allerdings eingeschränkt werden, dass in dem betrachteten Zeitraum in Kiel gerade die Auswirkungen des Einbruchs der New Economy zu spüren waren. Insbesondere an der Hörn waren zu diesem Zeitpunkt Büroobjekte in der Entwicklung, die für Eigennutzer

---

[34] Die Daten für die folgenden Untersuchungen stammen zum großen Teil von der Bulwien AG (RIWIS) sowie aus dem Büromarktbericht der Landeshauptstadt Kiel 2005/2006 (Aring, 2006). Bulwien stellte Standortblätter der fünf Bürometropolen unentgeltlich zur Verfügung. Wenige wichtige Indikatoren, wie z. B. der Anteil der Eigennutzer, waren jedoch nicht enthalten. Für einen kostenpflichtigen Erwerb stand kein Budget zur Verfügung.
[35] Anhand des Verhältnisses vom Büroflächenbestand zur Fläche des administrativen Stadtgebietes. Es ist anzumerken, dass die Fläche des administrativen Stadtgebietes nicht das Potenzial der Region wider gibt.
[36] Die dbresearch konstatiert in ihrer aktuellen Marktstudie einen Vorlauf der Metropolen (dbresearch, 2007). Das stimmt auch mit Angaben von Marktteilnehmern überein, die sowohl in Hamburg als auch in Kiel Niederlassungen unterhalten.

dieser Branchen projektiert (ComDirect und Mobilcom AG) und infolge des Einbruchs des Neuen Markts zurückgestellt wurden.

Mit der relativ verhaltenen Bautätigkeit korrespondiert ein vergleichsweise niedriger Leerstand. Während in Kiel die durchschnittliche Leerstandsquote der Jahre 2001 bis 2006 von RIWIS mit 3,6% angegeben wird, schwanken die Quoten in den Metropolen zwischen 7,6 % (München) und 18,2 % (Frankfurt). Als Begründung für den geringen Leerstand in Kiel wird eine kontinuierliche, an der Nachfrage orientierte Neubautätigkeit angeführt. Spekulative Entwicklungen spielen in Kiel im Gegensatz zu den metropolitanen Märkten offensichtlich keine Rolle (Aring, 2006, S. 29).

Den Marktberichten ist zu entnehmen, dass in Kiel und auch in den Metropolen der Sockelleerstand eine große Rolle spielt. Es handelt sich dabei um Büroflächen, die ohne Sanierung bzw. Revitalisierung nicht mehr zu vermieten sind. Insbesondere ältere Flächen, die im Zuge von Flächenoptimierungsprozessen freigesetzt wurden und sich zudem in unattraktiven Lagen befinden, sind davon betroffen. In Kiel nimmt der Sockelleerstand im mittleren und einfachen Segment durch Flächentausch (Optimierungsnachfrage) zu. Ältere Flächen, die nicht mehr den Anforderungen der Nutzer entsprechen, werden leer gezogen und sind nur noch schwer wieder zu vermieten. Die im Rahmen der Büromarktstudie befragten Makler schätzen den Anteil des Sockelleerstandes am gesamten Leerstand auf rund zwei Drittel (Aring, 2006, S. 28f). In den Metropolen wird dieser Wert mit ungefähr einem Drittel angegeben (DEGI, 2007, S. 16). Da derartige Flächen nicht marktgängig sind, stellen sie für moderne Bürogebäude im hochpreisigen Segment normalerweise keine Konkurrenz dar. Sie beeinträchtigen allerdings das Stadtbild und offenbaren strukturelle Probleme.

Tabelle 19: Vergleich des Büromietmarktes in Kiel mit den metropolitanen Märkten[37]: Bestand, Neuzugang und Leerstand

	Kiel	Berlin	Düsseldorf	Frankfurt	Hamburg	München
Büroflächenbestand in Mio. qm 2006	1,361	14,214	6,934	9,771	10,472	12,937
Fläche des Stadtgebietes in Mio. qm[38]	118	892	217	249	755	310
Anteil Büroflächenbestandes an Gesamtfläche	1,15 %	1,59 %	3,20 %	3,92 %	1,39%	4,17 %
Durchschnittlicher Flächenneuzugang 2000-05	5.248	245.914	145.314	293.287	192.036	313.771
Anteil des Neuzugangs am Büroflächenbestand [in %]	0,4	1,7	2,1	3,0	1,8	2,4
Durchschnittlicher Leerstand in Mio. qm (2001 – 06)	0,028	1,521	0,617	1,351	0,878	0,865
Leerstandsquote 2006 [in %]	3,7	11,6	10,9	18,2	9,8	7,6

Zahlen der Bulwien AG, eigene Berechnungen

Entsprechend der Marktgröße fallen die Mietflächenumsätze in Kiel deutlich geringer aus als in den Metropolen (Tabelle 20). Während in den Metropolen im Schnitt der letzten zehn Jahre zwischen 322.400 qm (Düsseldorf) und 654.000 qm (München) Bürofläche vermietet wurden, sind es in Kiel lediglich 25.800 qm gewesen (Zahlen von RIWIS). Auch in Relation zum Büroflächenbestand fällt der Umsatz deutlich geringer aus. Als Indikator wird die Umschlagshäufigkeit herangezogen. Es handelt sich dabei um den durchschnittlichen Umsatz der Jahre 2001 bis 2006 in Relation zum Büroflächenbestand 2006 (in Prozent). Während der Wert für Kiel lediglich 1,86 beträgt, liegen die entsprechenden Werte in den Metropolen zwischen 3,2 (Berlin) und 4,5 (Frankfurt). Das spricht für eine gering ausgeprägte Marktdynamik in Kiel. Als Erklärung dafür können der hohe Anteil an Eigennutzern in Kiel herangezogen werden, die als Nachfra-

---

[37] wenn nicht anders gekennzeichnet: Zahlen von der Bulwien AG (RIWIS)

[38] Daten entstammen den Kieler Zahlen 2006, Statistikamt für Hamburg und Schleswig-Holstein, muenchen.de, Statistisches Landesamt Berlin, frankfurt-interaktiv.de und duesseldorf.de

ger auf dem Mietmarkt ausfallen. Die Kieler Makler schätzten im Rahmen des Büromarktberichtes Kiel 2005/2006, dass 60 %[39] der Büroflächen durch Eigennutzer belegt werden. Der Anteil des Mietmarktes in Kiel wird von dem Sachverständigen somit auf 560.000 qm Nutzfläche beziffert (Aring, 2006, S. 23). Weil in den letzten Jahren in Kiel zudem nur vereinzelte Unternehmensansiedlungen zu verzeichnen waren, fand eine Stimulation des Marktes durch Zuzüge von außen nicht statt.

Informationen über die Größenstruktur der Mietabschlüsse lagen für Kiel nicht vor. Es ist jedoch offensichtlich, dass in den Metropolen sehr große Einzelvermietungen durchgeführt wurden, die den gesamten Kieler Jahresumsatz übertreffen (z. B. in Berlin an den BND mit 100.000 qm und in München an O2 mit 51.000 qm). Großvermietungen ermöglichen es kapitalkräftigen Investoren, große Büroobjekte zu entwickeln und dabei von Größendegressionseffekten zu profitieren. Derartige Investoren finden in Kiel keine geeigneten Objekte.

Die Spitzenmiete 2006 für die Kieler City wird von RIWIS mit 11 Euro/qm angegeben und liegt damit deutlich unter den Spitzenmieten in den Metropolen. Dort variiert die Spitzenmiete zwischen 20,50 Euro/qm (Berlin) und 32,50 Euro/qm (Frankfurt). Die Kieler Spitzenmieten liegen dabei aber bereits auf einem Niveau, das Büroimmobilienentwicklungen für Fremdnutzer möglich erscheinen lässt. Die Spitzenmiete bewegt sich im Zehnjahresvergleich sowohl in Kiel als auch in den Metropolen auf einem relativ konstanten Niveau. Einzige Ausnahme ist Berlin. Dort hat sich die Spitzenmiete seit 1996 um ein Fünftel reduziert. Anhand des Variationskoeffizienten[40] lässt sich ablesen, dass in Kiel (7,45 %), Düsseldorf (7,54 %) und Hamburg (9,30 %) relativ niedrige Variationen der Spitzenmieten auftreten, während die Spitzenmiete in Frankfurt und Berlin im Untersuchungszeitraum deutlich stärker variierte (Tabelle 20 und Abbildung 19).

---

[39] RIWIS hat bis 2005 einen etwas höheren Wert von 70% ausgewiesen und 2006 nach Veröffentlichung der Büromarktstudie Kiel 2006 ebenfalls den Wert von 60% übernommen. Die Anteile der Eigennutzer der Metropolen wurden von RIWIS nicht unentgeltlich herausgegeben und standen deshalb nicht zur Verfügung.
[40] Um den Mittelwert bereinigte Standardabweichung

Als Begründung wird eine an der Nachfrage orientierte Bautätigkeit in Kiel herangezogen, die sich stabilisierend auf den Markt auswirkt.

Anders fällt die Betrachtung der Durchschnittsmieten in der City aus. Während das Niveau der Durchschnittsmieten in den Metropolen im Jahr 2006 auf einem zu 1996 vergleichbaren Niveau lag, verringerte sich die Durchschnittsmiete in Kiel um fast ein Viertel (Tabelle 20 und Abbildung 17). Die fallenden durchschnittlichen Mieten deuten auf ein zunehmendes Flächenangebot bzw. auf eine geringe Nachfrage im mittleren und unteren Preissegment hin, während Nutzer offensichtlich bereit sind, für moderne Büros in den besten Lagen von Kiel adäquate Mieten zu bezahlen. Derartige Flächen sind in Kiel offensichtlich rar.

Ebenso wie die Durchschnittsmiete haben sich die Vervielfältiger in Kiel deutlich schlechter als in den Metropolen entwickelt. Der Vervielfältiger errechnet sich näherungsweise aus dem Kehrwert der Nettoanfangsrendite. Aus der Multiplikation von Vervielfältiger und Jahresmiete erhält man den Marktwert einer Immobilie. Sinkende Verfielfältiger gehen also mit sinkenden Immobilienpreisen einher. Während die Vervielfältiger in den zentralen Lagen der Metropolen seit 1996 gestiegen sind (in München und Frankfurt um jeweils 14,2 %), sind sie in Kiel um ein Viertel gefallen. In den Expertengesprächen wurde die Meinung geäußert, dass das Angebot an Kieler Büroimmobilien deutlich größer als die Nachfrage der Investoren ist. Das betrifft insbesondere Problemimmobilien. Bundesweit haben sich jedoch die Nettoanfangsrenditen in Städten mit einer zu Kiel vergleichbaren Größe ebenfalls negativ entwickelt (Kapitel 2.2.4).

Tabelle 20: Vergleich des Büromietmarktes in Kiel mit den metropolitanen Märkten[41]: Umsatz, Miete und Vervielfältiger

	Kiel	Berlin	Düsseldorf	Frankfurt	Hamburg	München
Durchschnittlicher Flächenumsatz in qm (2001-06)	25.300	455.000	261.500	435.800	397.800	448.900
Umschlagshäufigkeit	1,86	3,20	3,77	4,46	3,80	3,47
größte Vermietung in qm (DEGI)	nicht ausgewiesen	100.000 (BND)	10.500 (Grey Global Group)	36.700 (Deutsche Bank AG)	18.000 (HSH Nordbank)	50.690 (O2 GmbH)
Spitzenmiete City 2006 in Euro/qm (Veränderung seit 1996 in %)	11,00 (+2,8)	20,50 (-19,9)	20,50 (+3,0)	32,00 (+4,2)	21,00 (+/-0)	28,00 (+9,4)
Variationskoeffizient der Spitzenmieten City (1996-2006)	7,45	14,09	7,54	17,54	9,30	10,70
Durchschnittsmiete City 2006 in Euro/qm (Veränderung seit 1996 in %)	7,0 (-23,9)	15,3 (+/-0)	15,7 (+4,0)	18,0 (-1,6)	15,1 (+2,0)	17,3 (-1,7)
Variationskoeffizient der Durchschnittsmieten City (1996-2006)	8,84	13,56	4,24	16,21	5,94	10,94
Nettoanfangsrendite zentrale Lage 2006 in % (und 1996 in %)	7,4 (5,4)	5,3 (5,5)	5,3 (5,4)	4,8 (5,5)	5,0 (5,3)	4,8 (5,5)
Vervielfältiger zentrale Lage 2006 (Veränderung seit 1996 in %)	13,5 (-27)	18,9 (+3,8)	18,9 (+2,2)	20,8 (+14,3)	20,0 (+5,8)	20,8 (+14,3)

Zahlen der Bulwien AG, eigene Berechnungen

---

[41] wenn nicht anders gekennzeichnet: Zahlen der Bulwien AG (RIWIS)

3.4 Eigentümerstruktur Kieler Büroimmobilien

3.4.1 Methodik

Für die Untersuchung der Eigentumsverhältnisse wurde eine Immobiliendatenbank herangezogen, die im Rahmen der „Büromarktstudie Kiel 2006"[42] entstanden ist. Im Sommer 2005 wurde der Büroimmobilienbestand Kiels durch das Büro für angewandte Geographie (Prof. Jürgen Aring) kartiert und die erhobenen Daten in eine Büroimmobiliendatenbank überführt. Für jede Büroimmobilie wurde die Länge der Gebäudefront im Rahmen einer Begehung geschätzt. Anhand des Schätzwertes und der Annahme einer mittleren Gebäudetiefe wurde die Bruttogeschossfläche ermittelt. Auf diese Art und Weise konnten 292 Büroimmobilien erfasst werden. Das entspricht knapp der Hälfte des gesamten Kieler Büroflächenbestands[43].

Für jede Immobilie der Datenbank wurden neben der Bruttogeschossfläche Merkmale wie das Gebäudealter, die Gebäudequalität, die Anzahl sowie die Branchen der Nutzer erhoben. Da primär die bedeutenden, innerstädtischen Bürolagen zu Fuß begangen wurden, sind Büroimmobilien an Streulagen sowie in Gewerbegebieten (z. B. Wellsee) in der Datenbank unterrepräsentiert. Auch Landesimmobilien (Ministerien, Polizei, Hochschulen) und Verwaltungsgebäude des produzierenden Gewerbes sind nur am Rande berücksichtigt. Die Datenbank zeichnet jedoch von den zentralen Büromarktlagen ein realistisches Bild.

---

[42] Die Büromarktstudie wurde von Prof. Jürgen Aring (Büro für angewandte Geographie in Meckenheim)im Auftrag der Kieler Wirtschaftsförderungs- und Strukturentwicklungsgesellschaft mbH (KiWi) und der BIG Städtebau (verwaltet das Treuhandvermögen der Hörn) erarbeitet. Dabei haben vier regional tätige Maklerunternehmen mitgewirkt. Die Ergebnisse der Studie wurden dazu verwendet, das Vermarktungskonzept für die Kai-City Kiel (Hörn) zu überprüfen und Optimierungsvorschläge zu erarbeiten. Die Ergebnisse der allgemeinen Büromarktstudie wurden im Rahmen eines acht Seiten umfassenden Flyers veröffentlicht.
[43] Es wurde angenommen, dass die Nutzfläche 80 % der Bruttogeschossfläche beträgt. Die Immobilien der Ursprungsdatenbank weisen unter dieser Annahme eine Nutzfläche von 663.000 qm aus.

Die Datenbank wurde im Rahmen dieser Arbeit in den Jahren 2006 und 2007 in mehreren Schritten um Eigentümerangaben ergänzt, die dem Kieler Liegenschaftskataster entnommen wurden. Das Liegenschaftsamt erhält die Daten vom Katasteramt im Rahmen eines automatisierten Abgleichs, der nach Angabe des Liegenschaftsamts ungefähr einmal im Monat durchgeführt wird. Das Katasteramt erhält die Informationen wiederum vom Grundbuchamt, das vom Notar nach vollzogener Transaktion den Kaufvertrag zur Archivierung erhält. Das Liegenschaftsamt erhält die Informationen somit mit einer Verzögerung von ein bis zwei Monaten.

Da die Mitarbeiter des Liegenschaftsamtes die umfangreichen Datenbankabfragen neben ihrer regulären Arbeit durchführten, musste das Arbeitsaufkommen soweit wie möglich begrenzt werden. Deshalb wurden zunächst lediglich die größten Immobilien der Ursprungsdatenbank berücksichtigt. Es war zu Beginn der Abfragen noch nicht geplant, einen repräsentativen Datenbestand der Kieler Büroimmobilien zu erstellen. In weiteren Tranchen wurden allerdings sukzessive Informationen der verbleibenden Immobilien in die Datenbank eingefügt, so dass das Datenvolumen eine Größenordnung erreichte, die sie für weitere Auswertungen prädestinierte. Die Katasterauszüge enthielten zudem noch Querverweise zu weiteren Immobilien der ausgewiesenen Eigentümer, die ebenfalls in die Datenbank eingearbeitet wurden. In der Konsequenz entstand ein Untersuchungssample mit 205 Büroimmobilienimmobilien, das 80 % des Flächenbestandes der Ursprungsdatenbank abdeckt (Tabelle 21).

Tabelle 21: Strukturdaten (Ursprungsdatenbank/Untersuchungssample)

	Ursprungsdatenbank Büromarktstudie Kiel 2006	Sample
Anzahl der Immobilien	292	205
Bürofläche (BGF)	828.862 qm	663.115 qm
Mittelwert Bürofläche (BGF)	2.839 qm	3.236 qm
Standardabweichung Bürofläche (BGF)	4.214 qm	4.657 qm

Das Auswahlverfahren hat zur Folge, dass kleine Immobilien (unter 1.000 qm BGF) im Untersuchungssample unterrepräsentiert sind (Tabelle 22). Zum Zeitpunkt der Abfragen der Liegenschaftsdaten lag lediglich eine ältere Version der Ursprungsdatenbank vor, die ausschließlich zentral gelegene Immobilien enthielt. Dementsprechend sind Immobilien, die sich in Streulagen (u. a. Gewerbegebiete) bzw. im Bereich des Westrings und der Universität befinden, im Untersuchungssample unterrepräsentiert (Tabelle 23 und Tabelle 24).

In der Konsequenz bildet das Untersuchungssample den Kieler Büroimmobilienbestand in seiner Gesamtheit nicht repräsentativ ab (die Ursprungsdatenbank ist ebenfalls nicht repräsentativ), zeichnet jedoch insbesondere für die zentralen Bürolagen aufgrund der hohen Fallzahl ein realistisches Bild.

Tabelle 22: Verteilung nach Immobiliengröße (Ursprungsdatenbank/Untersuchungs-sample) (% in Spalten)

	Ursprungsdatenbank Büromarktstudie Kiel 2006	Sample	Differenz
Anzahl der Immobilien	292	205	-29,8
unter 1.000 qm	29,5	24,4	- 5,1
1.000 qm bis unter 2.500 qm	44,9	46,3	+ 1,4
2.500 qm bis unter 5.000 qm	10,3	11,2	+ 0,9
5.000 qm bis unter 10.000 qm	9,9	10,7	+ 0,8
10.000 qm und mehr	5,5	7,3	+ 1,8
Gesamt	100	100	

Tabelle 23: Verteilung nach Lage: Anzahl der Immobilien (Ursprungsdatenbank/Untersuchungssample) (% in Spalten)

	Ursprungsdatenbank Büromarktstudie Kiel 2006	Sample	Differenz [in %]
Anzahl der Immobilien	292	205	-29,8
Innenförde	3,8	4,4	+ 0,6
Südliche City	25,3	28,3	+ 3,0
Altstadt/City	28,4	34,6	+ 6,3
Kleiner Kiel	11,0	10,7	- 0,3
Dreiecksplatz/Knooper Weg	16,4	15,6	- 0,8
Schwedendamm	2,7	2,9	+ 0,2
Universität/Westring	4,8	2,4	- 2,4
Streulagen	7,5	1,0	-6,5
Gesamt	100	100	

Tabelle 24: Verteilung nach Lage: Summe der Bruttogeschossfläche (Ursprungsdatenbank – Untersuchungssample)

	Ursprungsdatenbank	Sample	Differenz [in %]
Summe BGF	828.862	663.115	-20,0
Innenförde	57.074	49.455	-13,3
Südliche City	206.349	184.768	-10,5
Altstadt/City	137.782	119.489	-13,3
Kleiner Kiel	85.845	74.810	-12,9
Dreiecksplatz/Knooper Weg	190.610	171.435	-10,1
Schwedendamm	41.694	37.844	-9,2
Universität/Westring	34.980	16.135	-53,9
Streulagen	74.528	9.379	-87,4

Die Auszüge des Liegenschaftskatasters enthalten neben der Bezeichnung des Eigentümers und der Rechtsform noch ergänzende Angaben wie z. B. den Wohnort bzw. den Sitz der Gesellschaft. Handelt es sich bei den Eigentümern um Privatpersonen, so ist nur in den älteren Grundbucheinträgen der Wohnort verzeichnet. Um auch die Wohnorte der verbleibenden privaten Eigentümer zu ergänzen, wurde beim Grundbuchamt Kiel Einsicht in die Grundbücher bei dem verantwortlichen Grundbuchrichter beantragt. Zu Beginn der Arbeit wurde eine Einsichtnahme noch abgelehnt und daher eine Kompletterhebung des Immobilienbestandes verworfen. Der zuständige Richter genehmigte die Anfrage jedoch in einem späten Stadium der Datenerhebung, so dass die Wohnorte der Privatpersonen ergänzt werden konnten. Die Grundbucheinsicht förderte auch einige wenige Eigentümerwechsel zu Tage, die in der Immobiliendatenbank berücksichtigt wurden.

Die Eigentümer wurden anhand der hinterlegten Bezeichnung im Liegenschaftskataster klassifiziert (eine Kreuztabelle, die den Zusammenhang zwischen Investorentyp und Rechtsform wiedergibt, befindet sich im Anhang: Tabelle 53). Gesellschafterstrukturen wurden, soweit bekannt, berücksichtigt. Sie gehen allerdings nicht aus der Eigentümerbezeichnung hervor. So konnten bspw. die Immobilien der Provinzial Versicherung, die von Tochtergesellschaften gehalten werden (in der Rechtsform der GmbH & Co KG), dem Investorentyp „Versicherungen/Pensionskassen" zugeordnet werden (und nicht den „nicht klassifizierbaren Objektgesellschaften"). Die Zugehörigkeit war aus einem Expertengespräch bekannt[44]. Ein großer Teil der Objektgesellschaften, ausschließlich GmbH & Co. KGs, konnte jedoch nicht klassifiziert werden. Auch mittels angeforderter Handelsregisterauszüge war eine eindeutige Zuordnung nicht möglich. Es konnten aber unter Zuhilfenahme der Auszüge gewerbliche Orientierungen der Objektgesellschaften identifiziert werden.

Inwieweit es sich bei den im Privateigentum befindlichen Immobilien um geschlossene Fondskonstruktionen handelt, kann mittels der Liegenschaftsauszüge ebenfalls nicht geklärt werden. Wird z. B im Rahmen eines Fonds ein Vertreter des emittierenden Instituts als Treuhänder in das Grundbuch eingetragen, lässt sich dies anhand des Grundbuchauszugs nicht erkennen. Auch ist es denkbar, dass sich hinter einer Gesellschaft des bürgerlichen Rechts (GbR) ein geschlossener Immobilienfonds verbirgt. Die Einsicht der Grundakten (zur Ermittlung der Wohnorte der privaten Eigentümer) hat dafür jedoch keine Anhaltspunkte geliefert.

3.4.2 Eigentümerstruktur und Eigenschaften der Büroimmobilien

Die Eigentümerstruktur des Untersuchungssamples lässt sich Tabelle 25 entnehmen (die räumliche Verteilung der Investorentypen lässt sich Tabelle 50 im Anhang entnehmen). Die meisten Immobilien befinden sich demnach im Besitz von Privatinvestoren (58 Immobilien bzw. 28,3 % des Samples). Da im Sample kleine Immobilien unterrepräsentiert sind, ist davon auszugehen, dass der Anteil der privaten Investoren in der Realität erwartungsgemäß höher ausfällt. Öffentliche Eigentümer (26 bzw. 12,7 %), Versicherungen (21 bzw. 10,2 %) und

---

[44] Herr Rönnau am 18. Mai 2005

Banken/Kreditinstitute (20 bzw. 9,8 %) besitzen deutlich weniger Immobilien. Property-Unternehmen kommt in dieser Betrachtung ebenfalls nur wenig Gewicht zu. Investoren, die ihren Sitz im Ausland haben, sind in dieser Betrachtung ohne Bedeutung. Es konnte lediglich eine kleine Immobilie in der Hand eines ausländischen Investors identifiziert werden.

Geschlossene Fonds und Immobilien AGs besitzen in Kiel nur vereinzelt Immobilien. Bei der Immobilien AG (W. Jacobsen AG) handelt es sich um eine Gesellschaft, die bereits im 19. Jahrhundert in Kiel Handelsimmobilien zur eigenen Nutzung unterhielt und deshalb in der Region tief verwurzelt ist. Die Gesellschaft erwirbt, verwaltet und vermietet Wohn- und Geschäftshäuser in Norddeutschland. Zur W. Jacobsen AG gehören entsprechend der Immobiliendatenbank acht Büroimmobilien bzw. Büro- und Geschäftshäuser in der Altstadt sowie in der südlichen City mit einer Bruttogeschossfläche von knapp 20.000 qm. Offene Immobilienfonds konnten in Kiel als Eigentümer von Büroimmobilien nicht identifiziert werden. Ein offener Immobilienfonds war aber nach Aussage eines Experten[45] zum Zeitpunkt der Untersuchung im Besitz des Sophienhofs, einem innerstädtischen Shopping-Center. Das korrespondiert mit der Beobachtung, dass offene Immobilienfonds in weniger verdichteten Räumen primär in Einzelhandelsflächen investieren, Büroimmobilien dagegen meiden.

Die Datenbank enthält 25 Objektgesellschaften (12,2 %), die keinem Investorentyp eindeutig zugeordnet werden konnten. Die Handelsregisterauszüge legen nahe, dass sich einige Objektgesellschaften im Bankenbesitz befinden (acht Immobilien)[46]. Insbesondere von der HSH Nordbank genutzte Immobilien fallen in diese Kategorie. Demnach fällt die Anzahl der von Banken gehaltenen Immobilien in der Realität voraussichtlich noch etwas höher aus.

---

[45] Herr Plambeck (GVI) am 05.04.2006
[46] Für 23 Objekte lagen Handelsregisterauszüge vor. Acht Gesellschaften haben als Kommanditist lediglich eine GmbH und weisen somit eindeutig eine gewerbliche Orientierung auf. Die restlichen 15 haben ausschließlich private Kommanditisten und sind wahrscheinlich überwiegend nicht-gewerblich geprägt. Von diesen scheinen sich zehn Immobilien im Familienbesitz zu befinden, da mehr als eine Person mit demselben Familiennamen als Kommanditisten aufgeführt sind.

Unter Zugrundelegung der Bruttogeschossflächen ändert sich das Bild leicht. Den größten Flächenanteil mit 182.350 qm (27,5 %) halten nunmehr öffentliche Eigentümer. Erst an zweiter Stelle rangieren die Privatinvestoren mit einem deutlich geringeren Flächenanteil von 93.721 qm (14,1 %). Auch Banken und Objektgesellschaften warten mit größeren Flächenanteilen auf. Die Ursache für diese Verschiebung liegt darin begründet, dass insbesondere öffentliche Eigentümer (7.013 qm), aber auch Banken/Kreditinstitute (4.210 qm) im Durchschnitt größere Immobilien besitzen als die Privatinvestoren (Tabelle 26). Die Immobilien der geschlossenen Immobilienfonds sind mit 2.400 qm ebenfalls etwas größer als die der privaten Investoren. Die große Standardabweichung bei den Immobilien der öffentlichen Eigentümer sowie der Versicherungen/Pensionskassen lässt darauf schließen, dass diese Investorentypen in Einzelfällen sehr große Immobilien besitzen.

Tabelle 25: Eigentümerstruktur in Kiel 2006/2007

	Anzahl	in %	BGF	in %
Versicherung/Pensionskasse	21	10,2	70.084 qm	10,6
Bank/Kreditinstitut	20	9,8	84.197 qm	12,7
Geschlossener Fonds	8	3,9	19.203 qm	2,9
Immobilien AG	9	4,4	30.837 qm	4,6
Öffentliche Eigentümer	26	12,7	182.350 qm	27,5
Property-Unternehmen	13	6,3	38.168 qm	5,8
Non-Property Unternehmen	12	5,9	42.050 qm	6,3
Private	58	28,3	93.721 qm	14,1
Verein/Verband	7	3,4	7.665 qm	1,2
Stiftung/Kirche	5	2,4	6.500 qm	1,0
Objektgesellschaft – nicht klassifizierbar	25	12,2	87.701 qm	13,2
ausländische Gesellschaft	1	0,5	840 qm	0,1
Gesamt	**205**	**100**	**663.316 qm**	**100**

Tabelle 26: Objektgröße nach Investorenart 2006/2007

	Mittelwert	Standardabw.	Max
Versicherung/Pensionskasse	3.337 qm	5.602 qm	25.376 qm
Bank/Kreditinstitut	4.210 qm	4.975 qm	19.000 qm
Geschlossener Fonds	2.400 qm	2.145 qm	7.623 qm
Immobilien AG	3.426 qm	3.913 qm	11.765 qm
Öffentliche Eigentümer	7.013 qm	8.737 qm	36.772 qm
Property-Unternehmen	2.936 qm	2.937 qm	10.000 qm
Non-Property Unternehmen	3.504 qm	3.250 qm	10.008 qm
Private	1.616 qm	1.445 qm	6.845 qm
Verein/Verband	1.095 qm	421 qm	1.680 qm
Stiftung/Kirche	1.300 qm	284 qm	1.600 qm
Objektgesellschaft – nicht klassifizierbar	3.508 qm	3.623 qm	12.447 qm
ausländische Gesellschaft	840 qm		840 qm
Gesamt	**2.839 qm**	**4.214 qm**	**36.772 qm**

Aggregiert man die einzelnen Investorentypen zu Gruppen[47], erhält man eine Verteilung entsprechend Abbildung 12 (und Abbildung 21 im Anhang). Demnach dominieren in den zentralen Lagen in Kiel institutionelle Eigentümer (30,8 % der Fläche) sowie öffentliche Institutionen (29,7 %). Der Flächenanteil der Privatpersonen beträgt lediglich 14,1 %. Da die Restgröße auch die Objektgesellschaften enthält, bei denen es sich vermutlich zum größten Teil um Immobilien der Banken/Kreditinstitute handelt, fällt der Anteil der institutionellen Investoren in der Realität voraussichtlich noch etwas höher aus.

Abbildung 12: Investorengruppen in Kiel (BGF) 2006-2007

---

[47] Institutionelle Investoren sind hier Versicherungen/Pensionskassen, Banken/Kreditinstitute, Fondsgesellschaften und Immobilien AGs. Zu den öffentlichen Institutionen wurden auch Vereine/Verbände und Stiftungen/Kirchen gezählt. Der Rest enthält u. a. auch die Objektgesellschaften, die nicht zuzuordnen sind.

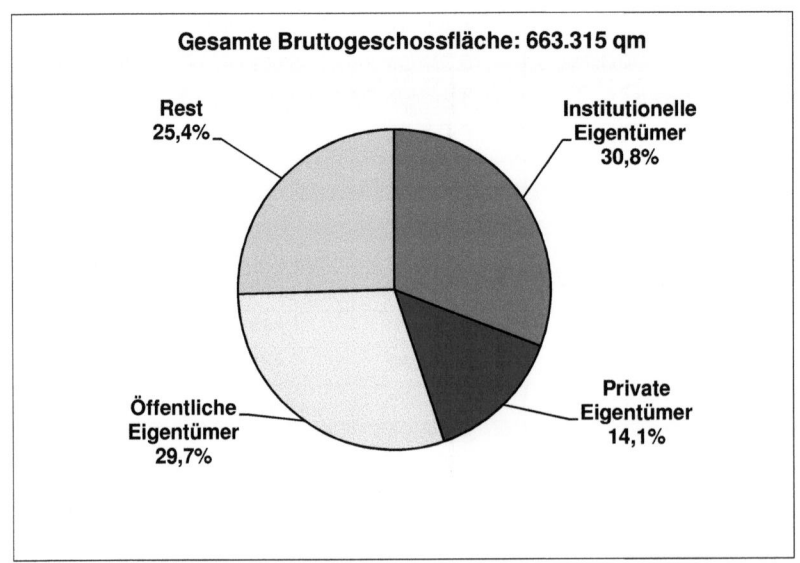

Die Immobilien der verschiedenen Investorentypen unterscheiden sich in Alter und Qualität. Während Versicherungen und Pensionskassen einen überproportionalen Anteil an älteren Immobilien mit einem einfachen Qualitätsstandard besitzen, sind die von den geschlossenen Immobilienfonds gehaltenen Gebäude jüngeren Datums (1980er/1990er Jahre) und werden größtenteils als gehoben klassifiziert (Tabelle 27 und Tabelle 28). Die öffentlichen Immobilien sind ebenfalls zu größeren Anteilen jüngeren Datums und qualitativ hochwertiger. Die Immobilien der privaten Eigentümer weisen in dieser Betrachtung durchschnittliche Ausprägungen auf.

Tabelle 27: Alter der Büroimmobilie nach Investorenart (% in Zeilen)

	N	Neubau	80er/90er Jahre	70er Jahre	50er/60er Jahre	älter	Gesamt
Versicherung/Pensionskasse	21	4,8	9,5	28.6	47,6	9,5	100
Bank/Kreditinstitut	20	15,0	20,0	10,0	35,0	20,0	100
Geschlossener Fonds	8	0	87,5	0	12,5	0	100
Immobilien AG	9	0	11,1	22,2	55,6	11,1	100
Öffentliche Eigentümer	26	15,4	34,6	7,7	34,6	7,7	100
Property-Unternehmen	13	7,7	15,4	30,8	7,7	38,5	100
Non-Property Unternehmen	12	8,3	25,0	16,7	41,7	8,3	100
Private	58	3,4	15,5	8,6	43,1	29,3	100
Verein/Verband	7	0	0	0	71,4	28,6	100
Stiftung/Kirche	5	0	40,0	40,0	20,0	0	100
Objektgesellschaft	25	12,0	8,0	12,0	64,0	4,0	100
ausländische Gesellschaft	1	0	0	0	100	0	100
Gesamt	**205**	**7,3**	**20,0**	**13,7**	**42,0**	**17,1**	**100**

Tabelle 28: Qualität der Büroimmobilie nach Investorenart (% in Zeilen)

	N	gehoben	mittel	einfach	sehr schlecht	Gesamt
Versicherung/Pensionskasse	21	9,5	28,6	61,9	0	100
Bank/Kreditinstitut	20	30,0	55,0	15,0	0	100
Geschlossener Fonds	8	62,5	37,5	0	0	100
Immobilien AG	9	11,1	66,7	22,2	0	100
Öffentliche Eigentümer	26	34,6	53,8	11,5	0	100
Property-Unternehmen	13	23,1	46,2	30,8	0	100
Non-Property Unternehmen	12	33,3	25,0	41,7	0	100
Private	58	20,7	48,3	25,9	5,2	100
Verein/Verband	7	14,3	85,7	0	0	100
Stiftung/Kirche	5	0	60,0	40,0	0	100
Objektgesellschaft	25	24,0	44,0	28,0	4,0	100
ausländische Gesellschaft	1	0	100,0	0	0	100
Gesamt	**205**	**23,9**	**47,8**	**26,3**	**2,0**	**100**

3.4.3 Eigentümerstruktur und Nutzung der Büroimmobilien

Für die öffentlichen Eigentümer spielt die Eigennutzung als Motiv eine große Rolle. Nach Aussage der Kieler Immobilienwirtschaft nutzt die Landeshauptstadt Kiel momentan 58.793 qm Bürofläche (Nettogeschossfläche, Stand Juli 2007). Davon wird ein Viertel in fremden Gebäuden angemietet, im Gegenzug werden allerdings auch Flächen in eigenen Gebäuden an Vereine und andere Dritte vermietet. Die Größenordnung der untervermieteten Flächen konnte von der Immobilienwirtschaft nicht benannt werden.

Der große Anteil der institutionellen Immobilieneigentümer überrascht zunächst, da davon ausgegangen wurde, dass ihnen in kleineren Städten weniger Bedeutung zukommt als den Privatinvestoren. Allerdings ist davon auszugehen, dass der weitaus größte Anteil der von Banken/Kreditinstituten und der von Versicherungen/Pensionskassen gehaltenen Immobilien der eigenen Nutzung dient. Es werden nämlich laut Immobiliendatenbank 70 % der im Bankenbesitz befindlichen Flächen von mindestens einer Bank genutzt bzw. 62 % der von den Versicherungen gehaltenen Gebäudebestände von mindestens einer Versicherung.

Eine Kartierung der von der HSH Nordbank genutzten Immobilien legt den Schluss nahe, dass es sich dabei fast ausschließlich um Immobilien handelt, die ursprünglich für die eigene Nutzung konzipiert worden waren. Es werden laut Immobiliendatenbank insgesamt neun Büroimmobilien mit knapp 40.000 qm BGF genutzt, sieben davon ausschließlich durch die HSH Nordbank. Nach Auswertung der Handelsregisterauszüge wird geschätzt, dass lediglich in drei fremden Immobilien kleinere Teilflächen angemietet werden. Da sich der Großteil der Immobilien, die ausschließlich durch die HSH Nordbank genutzt werden, im Eigentum von Objektgesellschaften befindet, kann zu den Eigentumsverhältnissen keine Aussage getroffen werden. Zumindest in einem Fall legen jedoch die Handelregisterauszüge nahe, dass es sich dabei um eine Sale-and-Lease-Back-Konstruktion handelt[48].

---

[48] Als Kommanditist ist eine Immobilienleasinggesellschaft aus München eingetragen.

Demgegenüber spielt für die 17 Immobilien der Immobilien AGs und der geschlossenen Fonds die Eigennutzung keine Rolle. Diese Immobilien sind ausschließlich fremd vermietet. Das betrifft allerdings lediglich 50.000 qm BGF und somit nicht einmal 10 % des gesamten Flächenbestandes des Samples. Offensichtlich geht die Fremdvermietung auch mit gehobenen Qualitätsstandards einher. Neben den geschlossenen Fonds besitzt auch die Immobilien AG nur geringe Anteile an Immobilien mit einfacher Qualität.

3.4.4 Regionale Herkunft der Eigentümer der Büroimmobilien

Im Folgenden wird die räumliche Herkunft der Immobilieneigentümer untersucht. Dazu wurde bei den Privatpersonen der im Liegenschaftskataster ausgewiesene Wohnort, bei den Gesellschaften der eingetragene Unternehmenssitz berücksichtigt. Da die Eigentümer der Gesellschaften oft nicht ermittelt werden konnten, könnte es grundsätzlich zu Verzerrungen kommen. Das betrifft allerdings primär die Objektgesellschaften und beeinträchtigt die Qualität der Aussagen in der Gesamtheit nicht.

Betrachtet man zunächst die Anzahl der Immobilien, so kommt der Großteil der Eigentümer aus der Stadtregion Kiel (betrifft 117 Immobilien bzw. 57,1 %). An zweiter Stelle rangieren Eigentümer aus den restlichen Teilen Deutschlands mit 24,9 %. Eigentümer aus Schleswig-Holstein und Hamburg haben weit weniger Gewicht. Legt man die Bruttogeschossfläche zugrunde, ändert sich das Bild kaum. Eigentümer aus der Stadtregion Kiel sowie aus Deutschland gewinnen dabei etwas an Gewicht (Tabelle 29).

Tabelle 29: Sitz der Gesellschaft/Wohnort des Eigentümers

Lage	N	in %	BGF	in %
Stadtregion Kiel	117	57,1	388.256 qm	58,5
Schleswig-Holstein	8	3,9	12.600 qm	1,9
Großraum Hamburg	16	7,8	48.324 qm	7,3
Deutschland	51	24,9	187.689 qm	28,3
Ausland	2	1,0	2.520 qm	0,4
Eigentümer mit unterschiedlichen Wohnorten[49]	11	5,4	23.926 qm	3,6
Gesamt	205	100	663.315 qm	100

---

[49] Von den 27 Personen kommen je acht aus der Stadtregion Kiel und Schleswig-Holstein, vier aus dem Großraum Hamburg.

Bei der ausschließlichen Betrachtung des Gesellschaftssitzes spielen ausländische Investoren keine Rolle. Unter Zugrundelegung der Informationen, die in den Expertengesprächen gewonnen wurden, konnten jedoch auch ausländische Investoren identifiziert werden. Es wurden 11 Immobilien mit einer Bruttogeschossfläche von 28.942 qm (4,4 %) identifiziert, die sich inzwischen im Besitz von ausländischen Investoren befinden (u. a. die Immobilien der Jacobsen AG und der „Sell-Speicher"). Es handelt sich dabei größtenteils um dänische Investoren. Die Transaktionen haben 2006 bzw. 2007 stattgefunden. Trotzdem ist der Anteil der Ausländer bezogen auf alle Immobilien relativ gering.

Die regionale Herkunft variiert zwischen den unterschiedlichen Investorentypen (Tabelle 30). So haben neben den öffentlichen Eigentümern (80,8 %) insbesondere auch Vereine/Verbände (100 %), Stiftungen/Kirchen (80,0 %), Non-Property Unternehmen (75,0 %) sowie die Privatpersonen (63,8 %) ihren Sitz primär in der Stadtregion Kiel. Die institutionellen Investoren haben dagegen den Sitz zum großen Teil außerhalb Kiels. Neben den geschlossenen Fonds mit 100 % kommen 52,4 % der Versicherungen/Pensionskassen aus den restlichen Teilen Deutschlands. Bei den Banken/Kreditinstituten beträgt dieser Anteil 35,0 %. Für die letzte Gruppe besitzt auch der Großraum Hamburg eine gewisse Bedeutung (20,0 %). Neben den institutionellen Investoren kommt ein Großteil der Property-Unternehmen (46 %) aus den restlichen Teilen Deutschlands.

Ein bedeutender Anteil der Immobilien, die sich im Besitz der Objektgesellschaften befinden, wird von der HSH Nordbank genutzt. Der Sitz der betreffenden Objektgesellschaften befindet sich zumeist in Wiesbaden bzw. in Pöcking. Es wird vermutet, dass sich der Großteil der Gesellschaften noch im Besitz der HSH Nordbank befindet, die ihren Sitz sowohl in Kiel als auch in Hamburg hat. Es ist aber auch denkbar, dass die HSH Nordbank Immobilien im Rahmen von Sale-and-Lease-Back-Transaktionen veräußert hat. Bereinigt man die Herkunft der Objektgesellschaft um die Objekte der HSH Nordbank, spielt das Herkunftsgebiet Deutschland für die Objektgesellschaften keine Rolle mehr.

Tabelle 30: Herkunft der verschiedenen Investorentypen (Gesellschaftssitz/Wohnort) (% in Zeilen)

	N	Stadtregion Kiel	Schleswig-Holstein	Großraum Hamburg	Deutschland	International	untersch. Wohnorte	Gesamt
Versicherung/ Pensionskasse	21	33,3	0	14,3	52,4	0	0	100
Bank/ Kreditinstitut	20	45,0	0	20,0	35,0	0	0	100
Geschlossener Fonds	8	0	0	0	100	0	0	100
Immobilien AG	9	100	0	0	0	0	0	100
Öffentliche Eigentümer	26	80,8	0	3,8	15,4	0	0	100
Property-Unternehmen	13	30,8	15,4	7,7	46,2	0	0	100
Non-Property Unternehmen	12	75,0	16,7	0	8,3	0	0	100
Private	58	63,8	5,2	6,9	3,4	1,7	19,0	100
Verein/Verband	7	100	0	0	0	0	0	100
Stiftung/Kirche	5	80,0	20,0	0	0	0	0	100
Objektgesellschaft	25	40,0	0	12,0	48,0	0	0	100
ausländische Gesellschaft	1	0	0	0	0	100	0	100
Gesamt	205	57,1	3,9	7,8	24,9	1,0	5,4	100

3.5 Der Investmentmarkt für Büroimmobilien in Kiel

Im Folgenden werden die Transaktionen von Büroimmobilien im Bestand dargestellt. Es werden dabei auch Verkäufe von Büroimmobilien nach vollendeter Projektentwicklung berücksichtigt. Die Projektentwicklungen im Einzelnen werden in Kapitel 3.6 betrachtet.

Je nach Marktphase, Immobilienlebenszyklus und der zugrunde gelegten Strategie werden die verschiedenen Investorentypen sowohl auf der Käufer- als auch als Verkäuferseite agieren. Im Folgenden wird das momentane Angebots- und Nachfrageverhalten analysiert. Es wird anhand der Ergebnisse der Expertengespräche unter Berücksichtigung anderweitiger Informationen deskriptiv untersucht. In diesem Zusammenhang sind die auf dem Kieler Markt agierenden Investoren und ihre Handlungsmuster von großem Interesse. Das Ziel des Kapitels besteht darin, die Struktur des regionalen Investmentmarktes und die Verhaltensweise der Akteure herauszuarbeiten.

3.5.1 Methodik

Zur Analyse des Investmentmarktes in Kiel wurden Expertengespräche durchgeführt (eine Übersicht der Gesprächspartner befindet sich im Anhang, Tabelle 48). Einen Schwerpunkt bildeten Befragungen der regional tätigen Gewerbeimmobilienmakler[50], die zwischen dem 10. März 2006 und dem 27. Juni 2006 stattfanden. Die Makler haben Insiderwissen und pflegen regelmäßige Kontakte zu Investoren innerhalb und außerhalb der Region. Da die Makler auf der einen Seite zur Verschwiegenheit verpflichtet sind und anderseits von einer positiven Außendarstellung des Marktes profitieren, mussten die gewonnen Informationen durch weitere Expertengespräche und Auswertungen überprüft werden. Es sind in diesem Zusammenhang Immobilieneigentümer, Projektentwickler und

---

[50] Es wurden u. a. die fünf bedeutendsten Gewerbeimmobilienmakler (GVI, TLI Toplage, Otto Stöben, Hans Schütt und Kersig & Co.) befragt. Es handelt sich dabei um Büros, die ihren Hauptsitz in Kiel haben und im Wesentlichen einen regionalen Aktionsradius aufweisen.

auch Investoren befragt worden. Da die Investitionen in keiner amtlichen Statistik geführt werden, wurden Daten des Gutachterausschusses hinzugezogen.

Die Expertengespräche waren in erster Linie explorativ angelegt und dienten dazu, einen ersten Überblick über den Markt zu bekommen sowie Transaktionen und Investoren zu identifizieren. Auf diese Weise konnten die Probleme konkretisiert und weitere Hypothesen generiert werden. Einzelmeinungen wurden mit den Meinungen der anderen Experten abgeglichen und anhand der Datenbanken (Immobiliendatenbank, Transaktionen laut Gutachterausschuss, Projektentwicklungen usw.) und weitere Informationen (z. B. gutachterliche Stellungnahmen und Presseberichte) evaluiert. Auf diese Weise konnte ein realistisches Bild gezeichnet werden.

Eine postalische Versendung von schriftlichen Fragebögen wurde nach Vorabklärung mit den Maklern verworfen, da ein adäquater Rücklauf nicht zu erwarten war. Die Expertenbefragung bot demgegenüber die Möglichkeit, das Vertrauen des Experten im persönlichen Gespräch zu gewinnen. Die Gespräche wurden mittels eines Gesprächsleitfadens geführt. Auf diese Weise konnte der Interviewer auf unterschiedliche Gesprächssituationen reagieren, Schwerpunkte zu setzen und auch Themenkomplexe auszulassen. Einige Befragte wollten z. B. auch nach mehrmaligem Nachfragen keine konkreten Angaben zu ihren Objekten machen, stattdessen lieber über allgemeine Themen mit Schnittpunkten zur Immobilie diskutieren. Diesen Wünschen wurde i. d. R. entsprochen, da ansonsten das Gespräch abgebrochen worden wäre.

Die Befragungen wurden vom Autor persönlich durchgeführt. Die Interviews dauerten zwischen 30 und 120 Minuten und fanden in der Regel in den Geschäftsräumen der Befragten statt. Einige Befragungen wurden auch telefonisch durchgeführt. Während der Gespräche wurden handschriftliche Notizen angefertigt, die später in ein schriftliches Gesprächsprotokoll überführt wurden.

Themenschwerpunkte der Befragungen waren:

- das Unternehmen des Befragten (Aktionsraum, Unternehmensstruktur, Netzwerke und Kerngeschäftsfelder),
- Büroimmobilien (eigener Bestand, welche Käufe und Verkäufe wurden in der Vergangenheit begleitet),
- Marktcharakteristika wie z. B. Größe und Dynamik,
- Identifikation von Investoren in Kiel und
- Stärken und Schwächen der Region.

Waren Gesprächspartner dem Autor in seiner Funktion als Mitarbeiter der Kieler Wirtschaftsförderung noch nicht bekannt, lehnten sie oftmals ein Gespräch ab oder machten nur allgemeine und oberflächliche Aussagen. Das betrifft insbesondere Zeiträume, in denen Kauf- bzw. Verkaufsverhandlungen geführt wurden (z. B. „Fördetower", Jacobsen AG). Offenbar besteht die Sorge, dass Informationen an die Öffentlichkeit gelangen und dadurch die Verhandlungen gestört werden.

3.5.2 Größe und Dynamik des Investmentmarktes für Büroimmobilien

Die Aussagen der Makler zum Volumen und zur Dynamik des Investmentmarktes differieren. Es überwog die Aussage, dass nur wenige Verkäufe in der Vergangenheit stattfanden. Die Makler wurden gebeten, die Dynamik des Marktes zu beschreiben. Während zwei den Markt als „wenig dynamisch" beschreiben bzw. mit „C" benoten, bewertet einer der Gesprächspartner die Dynamik als momentan „gut". Er geht allerdings davon aus, dass sich die Situation bis zum Ende des Jahres 2006 ändern wird, weil ein Anstieg der Zinsen und somit Mehrkosten für Fremdkapital erwartet werden[51].

Das Umsatzvolumen 2005 wurde von einem Makler auf 20 Mio. geschätzt[52]. Die anderen Makler wollten mit Hinweis auf die fehlende Transparenz keinen

---

[51] Herr Jürß (Stöben) am 15.05.2006
[52] Herr Jürß (Stöben) am 15.05.2006

Wert nennen. Für 2006 wurden keine Werte erfragt, weil die Interviews Mitte des Jahres 2006 durchgeführt wurden. Zur Evaluation wurden vom Gutachterausschuss der Landeshauptstadt Kiel die Summen der Kaufpreissammlungen der Jahre 2005 und 2006 angefordert. Die Sammlungen beinhalten nur Verkaufsfälle im administrativen Kieler Stadtgebiet, deren Kaufpreis im gewöhnlichen Geschäftsverkehr erzielt wurde. Das bedeutet, dass nur Preise von Einzelobjekten in der Sammlung Berücksichtigung finden, Paketverkäufe werden ausgespart. Es wurde für die folgenden Schätzungen ausschließlich die Kategorie „Büro- und Geschäftshäuser" herangezogen. „Wohn- und Geschäftshäuser" werden ausgespart, weil bei diesen Objekten die Büronutzung nachrangig ist. In der Summe weist die Sammlung für das Jahr 2006 acht Transaktionen mit einem Wert von insgesamt 15,6 Mio. Euro aus (2005: 14,6 Mio. Euro).

Auf Nachfrage wurde vom Gutachterausschuss mitgeteilt, dass die Verkäufe des „Sell-Speichers" und die Veräußerung der Jacobsen AG in der Kaufpreissammlung nicht enthalten sind, da die Preise nicht im gewöhnlichen Geschäftsverkehr erzielt wurden. Der „Sell-Speicher" wurde vom Projektentwickler an ein Konsortium bestehend aus sieben dänischen Privatinvestoren veräußert. Der Wert des „Sell-Speichers" wird auf etwa 15 Mio. Euro taxiert. Die Anteile an der Jacobsen AG wurden im Jahr 2006 von der HSH Nordbank an eine Hamburger Versicherung veräußert. In ihrem Besitz befinden sich neben Büroimmobilien auch innerstädtische Einzelhandelsimmobilien mit Büronutzungen in den oberen Stockwerken. Unter Zugrundelegung konservativer Annahmen[53] wird der Wert der Immobilien mit Büroflächen im Portfolio auf einen Wert von ungefähr 14 Mio. Euro geschätzt. In der Summe besitzen beide Transaktionen einen Wert von geschätzten 30 Mio. Euro.

---

[53] Der Geschäftsbericht der Gesellschaft weist für das Jahr 2006 eine Bilanzsumme von 33,4 Mio. Euro aus. Die Werte der Immobilien werden vermutlich deutlich darüber liegen. Die Immobiliendatenbank beinhaltet acht Büroimmobilien der Jacobsen AG mit einer Bruttogeschossfläche von 19.000 qm. 80 % der Bruttogeschossfläche ist vermietbar. Folgende Annahmen wurden getroffen: ein Anteil von 80 % Mietfläche an der Bruttogeschossfläche, 80 % Vermietungsquote über alle Immobilien, 9 Euro/qm Miete, Vervielfältiger von 12, Paketabschlag von 10 %.

Ein weiteres Beispiel mit Einfluss auf Kiel, das somit in der Kaufpreissammlung nicht berücksichtigt wurde, ist ein Paketverkauf der Deutschen Bank, die ihre Geschäftsimmobilien an eine angelsächsische Investorengruppe (Fortress) veräußert hat. Das betrifft mindestens eine Immobilie in Kiel. Die betreffende Immobilie wurde nach Makleraussagen regional nicht zum Kauf angeboten. Es könnte sich dabei um eine Form von „Sale-And-Lease-Back" handeln, da die Deutsche Bank die Immobilie weiterhin nutzt.

Addiert man die aus der Kaufpreissammlung bekannten Transaktionen zu den Preisen des „Sell-Speichers" und der Jacobsen AG, erhält man für 2006 einen Umsatz von etwa 45 Mio. Euro. Da es vorkommt, dass Notare einen Kaufvertrag trotz gesetzlicher Verpflichtung nicht zum Gutachterausschuss schicken, handelt es sich bei diesem Wert um eine Untergrenze. Der Gutachterausschuss nimmt jedoch an, dass die Kaufpreissammlung bzgl. der Büro- und Geschäftshäuser ein relativ vollständiges Bild zeichnet und dass auch große Immobilien in der Kaufpreissammlung nicht systematisch unterrepräsentiert sind. In der Konsequenz wird für das Jahr 2006 ein Umsatz zwischen etwa 50 und 60 Mio. Euro geschätzt. Der Wert liegt somit deutlich über dem Vergleichswert des Jahres 2005, der mit etwa 20 Mio. Euro angegeben wurde.

Über alle Segmente betrachtet betragen die Immobilienumsätze nach Aussage des Gutachterausschusses für das Jahr 2006 insgesamt 770 Mio. Euro (2005: 1,1 Mrd. Euro). In diesen Zahlen sind neben Paketverkäufen auch Veräußerungen von Wohn, Gewerbe- und Sonderimmobilien sowie unbebauten Liegenschaften enthalten. Insbesondere Verkäufe großer Wohnungsportfolios dürften für derart hohe Umsätze verantwortlich zeichnen. Ein Makler gab an, dass in der Vergangenheit weit über 1.000 Wohnungen in Kiel privatisiert wurden. In diesem Zusammenhang sind ausländische Investoren (Opportunity-Funds) als Käufer zu nennen.

3.5.3 Beschreibung des Büroimmobilienangebots

Im Folgenden wird das Kaufangebot an Büroimmobilien charakterisiert. Das gesamte Angebotsvolumen kann aufgrund der fehlenden Transparenz nicht beziffert werden. Zum Zeitpunkt der Befragungen begleiten die Makler mehrere Büroimmobilien im Wert zwischen 1,5 Mio. Euro und 11 Mio. Euro. Die Makler charakterisieren den Großteil der in Kiel zum Kauf angebotenen Immobilien als Bürohäuser, die weder neuzeitlich ausgestattet noch ansprechend gestaltet sind. Diese Objekte haben früher Mieterträge abgeworfen, stehen heute z. T. leer und sind ohne grundlegende Modernisierung nicht ohne weiteres vermietbar. Häufig bieten die Eigentümer die Immobilie nach Ausfall eines Ankermieters zum Kauf an[54]. Derartige problembehaftete Immobilien dürften nach Einschätzung der Makler für institutionelle Käufer nicht von Interesse sein.

Um die Aussagen der Experten zu evaluieren, wurden die aktuellen Immobilienangebote im Internet recherchiert und mit den Informationen aus den Expertengesprächen in einer Datenbank zusammengefasst. Zu den besonders lukrativen Objekten, die im Rahmen eines Alleinvermarktungsvertrages angeboten werden, wurden nur sehr allgemeine Informationen gegeben. Es besteht die Sorge, dass Konkurrenten auf die Objekte aufmerksam werden und das Geschäft streitig machen könnten. Lukrative Objekte werden in der Konsequenz auch nicht im Internet angeboten. Oft werden Verkäufe auch nach Vollzug nicht der Öffentlichkeit mitgeteilt, weil die Investoren unter Ausschluss der Öffentlichkeit agieren wollen. Insofern ist davon auszugehen, dass im Internet eher problembehaftete Objekte angeboten werden, während die lukrativen Objekte, die auch für institutionelle Investoren interessant sind, unter Ausschluss der Öffentlichkeit veräußert werden.

Die Angebotsdatenbank enthält insgesamt 11 Immobilien, von denen sieben auf den Seiten der Makler im Internet angeboten werden. Während bei sechs Immobilien die Büronutzung im Vordergrund steht, werden vier auch noch ander-

---

[54] Frau Behrens (TLI Toplage) am 10.04.2006

weitig genutzt. Fünf Immobilien liegen zentral bzw. zentrennah, die verbleibenden fünf in der Peripherie. In den zentralen bzw. zentrennahen Lagen handelt es sich meist um reine Verwaltungsgebäude (z. B. das BBV-Haus oder die ehemalige IBM-Immobilie am Rondeel), während die Immobilien in der Peripherie oft zu größeren Firmenkomplexen gehören und im Rahmen des Deindustrialisierungsprozzesses leer gezogen worden sind (z. B. Büroflächen auf dem Gelände der Thyssen Krupp Real Estate in Friedrichsort).

Es handelt sich fast ausschließlich um ehemals eigen genutzte Immobilien. Da in der Vergangenheit bei der Entwicklung von eigen genutzten Immobilien die Drittverwendungsfähigkeit oft vernachlässigt wurde, gestaltet sich die Wiedervermietung im Falle des Auszugs wichtiger Mieter kompliziert. Die Immobilien sind z. T. von Leerständen geprägt, bzw. gerade im Begriff, einen Ankermieter zu verlieren (z. B. ehemalige IBM-Immobilie am Rondeel). Derartige Immobilien sind ohne grundlegende Modernisierung nach Makleraussagen auch zu einem niedrigen Zins momentan kaum zu vermieten und werden deshalb zum Sockelleerstand gezählt. Es wird festgehalten, dass der Großteil des aktuellen Angebots als problembehaftet bewertet wird[55].

Zur weiteren Charakterisierung des Transaktionsgeschehens wurden die Verkäufe der Vergangenheit untersucht. Die Mehrheit der Makler vertrat die Meinung, dass insbesondere institutionelle Investoren aus der Region einzelne Objekte an regionale Investoren veräußert haben. Die Gebäude befinden sich hauptsächlich in zentralen Lagen. Vereinzelt fanden auch Verkäufe von Betriebsimmobilien statt. Dabei handelt es sich um Firmengrundstücke, die neben Büros auch Hallen und Werkstattflächen enthalten können.

Auch Eigennutzer erwarben in der Vergangenheit Büroimmobilien. Als Beispiel des Kaufs einer kleineren Büroimmobilie durch einen Eigennutzer wird ein Gebäude im Jägersberg (in der Nähe vom Dreiecksplatz) angeführt, das sich vormals im Eigentum des Medizinischen Dienstes (MDK Nord, Körperschaft des

---

[55] Sechs Immobilien der Datenbank werden als problematisch bewertet. Zu drei von 11 Immobilien konnten keine Aussagen gemacht werden.

öffentlichen Rechts) befunden hat. Neben Arztpraxen gab es in der Immobilie auch Büroflächen und einige Wohnungen. Da die Räumlichkeiten dem Medizinischen Dienst nicht mehr ausreichten, wurde ein regionaler Projektentwickler mit der Verwertung der Altimmobilie betraut. Die Immobilie erwarb schließlich der Geschäftsführer einer bekannten Kieler Marketingagentur. Renditeaspekte spielten bei der Investition keine Rolle. Die Agentur nutzte vorher ein Mietobjekt in der Innenstadt, das aufgrund der Expansion des Betriebes nicht mehr ausreichend Platz bot. Es fehlten dort insbesondere Parkplätze und Lagerflächen. Der Mietmarkt bot offensichtlich kein adäquates Angebot, dass den Ansprüchen des Unternehmens genügte. Der neue Immobilieneigentümer vermietet nunmehr die Immobilie an seine Agentur, die einen Großteil der Flächen nutzt und den Rest an ein anderes Unternehmen, das vielfältige Schnittstellen zur Marketingagentur unterhält.

Um das Transaktionsgeschehen hinsichtlich Lage und Gebäudeart näher zu charakterisieren, wurden die Experten gebeten, die ihnen bekannten Transaktionen zu benennen. Die Objekte wurden in einer Tabelle aufbereitet. Die Aufzählung ist nicht repräsentativ, bietet jedoch einen Überblick. Die Datenbank enthält insgesamt 17 Immobilien, wobei acht Immobilien im Rahmen eines Gesellschaftsverkaufs (Jacobsen AG) veräußert wurden. Während der „Sell-Speicher" in der Datenbank berücksichtigt wurde, wurde der Verkauf des sog. „Schmid-Baus" nicht aufgenommen. Es handelte sich dabei um eine Zwangsversteigerung, in dem eine Gesellschaft, die in einem engen Zusammenhang zum ursprünglichen Eigentümer steht, den Zuschlag erhielt.

Die Immobilien befinden sich vorrangig in zentralen Lagen. 13 Immobilien befinden sich im Zentrum, drei weitere am Zentrenrand und lediglich eine Immobilie in der Peripherie. Der Großteil der verkauften Objekte (neun) wird als Büro- und Geschäftshaus klassifiziert (dabei handelt es sich insbesondere um Immobilien der Jacobsen AG). Hier befinden sich zumindest im Erdgeschoss Einzelhandelsnutzungen. Drei Objekte sind reine Bürogebäude. In den zwei restlichen Immobilien befinden sich neben Büros auch Wohnungen sowie eine Hotelnutzung. Der Großteil der Immobilien ist relativ klein: Zehn Objekte haben eine

Bruttogeschossfläche von weniger als 2.000 qm, die restlichen sechs liegen zwischen 5.000 und knapp 10.000 qm. Mittelgroße Objekte zwischen 2.000 und 5.000 qm sowie sehr große Objekte über 10.000 qm sind in der Datenbank nicht enthalten.

Die Kaufpreissammlung des Gutachterausschusses gibt einen detaillierteren Überblick über das Transaktionsgeschehen, allerdings nur für die Jahre 2005 und 2006 (Tabelle 31). Es sind für die Jahre 2005 und 2006 insgesamt 19 Transaktionen enthalten. Der Großteil der Transaktionen weist einen Wert von weniger als 5 Mio. Euro auf, kein Preis lag über 10 Mio. Euro. Der über alle Immobilien berechnete Kaufpreis liegt bei rund 1,6 Mio. Euro und damit in einer Größenordnung, die für institutionelle Investoren nicht von Interesse ist.

Tabelle 31: Kaufpreissummen der Büro- und Geschäftshäuser in Kiel 2005 und 2006

Kaufpreis	Anzahl der Verkäufe	in %	Kaufpreissumme (Mio. Euro)	durchschn. Preis (Mio. Euro)
bis 1 Mio. Euro	10	52,6	4,3	0,4
> 1 Mio. Euro bis 5 Mio. Euro	8	42,1	19,9	2,5
> 5 Mio. Euro	1	5,3	6,0	6,0
Gesamt	**19**	**100**	**30,2**	**1,6**

Nach Aussage der Experten, finden sich gerade für große Büroimmobilien in Kiel kaum Käufer. Als Grund wird der niedrige Mietflächenumsatz angegeben. Eine Ausnahme bilden jedoch große Verwaltungsgebäude, die langfristig an öffentlichen Nutzer vermietet sind. Als Beispiel wurde der ehemalige Kieler Firmensitz der Deutschen Telekom AG angeführt, der sich momentan im Verkauf befindet. Das Katasteramt Schleswig-Holstein hat dort einen über 13 Jahre laufenden Mietvertrag abgeschlossen. Die Immobilie befindet sich im Besitz der Sireo Real Estate GmbH[56], einer ehemaligen Tochtergesellschaft der Telekom AG.

In den Expertengesprächen wurde die Meinung geäußert, dass sich in Kiel kaum Investoren an Büroimmobilien wagen, die Werte über 10 Mio. Euro aufweisen. Trotzdem fanden 2006 in diesem Preissegment zwei Transaktionen statt:

- Der Verkauf der Jacobsen AG von der HSH Nordbank an eine Versicherungsholding mit Sitz in Hamburg. Die Jacobsen AG hält ein gemischtes Portfolio mit norddeutschen Bestandsimmobilien: Neben Büro- und Geschäftshäusern auch Wohnungen und Einzelhandelsimmobilien. Die Bilanz weist für 2006 mehr als 30 Mio. Euro Kapital aus. Die Gesellschaft wurde umgehend an einen dänischen Investor weiterveräußert. Offensichtlich bot der Portfolioverkauf dem Zwischenerwerber die Möglichkeit, kurzfristig eine Rendite zu erzielen.
- Der Verkauf des „Sell-Speichers" im Jahr 2006 von einem kleinen Hamburger Projektentwicklungsunternehmen an ein Investorenkonsortium dänischer Privatinvestoren (siehe auch Kapitel 3.6.4). Der Wert der Immobilie wird zwischen 10 und 15 Mio. Euro geschätzt.

Da das Jahr 2006 zu den Boomjahren zu zählen ist, kann keine Aussage darüber getroffen werden, inwiefern derartige Transaktionen auch in Zukunft möglich sind. In der Vergangenheit kamen sie nach Aussage der Gewerbeimmobilienmakler kaum vor.

---

[56] Sireo wurde gegründet, um die Immobilien der Telekom AG zu verwerten. Die Gesellschaft wurde inzwischen von der Corpus Immobiliengruppe aus Köln mehrheitlich übernommen und das Tätigkeitsspektrum in der Folge ausgeweitet. Sireo bietet nunmehr vielfältige Dienstleistungen im Zusammenhang mit der Immobilieninvestition an.

3.5.4 Beschreibung der Käufer von Büroimmobilien in Kiel

Die Experten äußerten die Meinung, dass auf dem Kieler Büroimmobilienmarkt momentan zwei Investorengruppen Büroimmobilien nachfragen: Zum einen sind das private Investoren mit einem regionalen Aktionsradius, zum anderen ausländische Investoren. Dabei handelt es sich vornehmlich um Privatpersonen aus Skandinavien, aber auch aus England, den Niederlanden und Israel. In Ausnahmefällen traten in der Vergangenheit aber auch institutionelle Investoren aus der Region als Käufer auf. Diese Gruppen werden im Folgenden weiter beschrieben.

Bei den hiesigen Privatpersonen handelt es sich nach Expertenangaben insbesondere um einige wenige Investoren (vier wurden genannt, allerdings nicht namentlich), die kleinere Büroimmobilien und Geschäftshäuser in der Region erwerben. Die Investoren gelten als Marktinsider und kaufen nicht überteuert ein. Aufgrund der relativ geringen Rendite wird auch der Leverage-Effekt ausgenutzt. Die Käufer modernisieren und restrukturieren die Immobilien mit dem Ziel, eine höhere Mieterzufriedenheit zu erreichen[57]. Besonders wichtig für derartige Investoren ist der regionale Bezug: Es handelt sich nicht um reine Kapitalanleger, die ausschließlich renditeorientiert handeln. Für die Investitionsentscheidung spielen neben dem regionalen Bezug auch emotionale Faktoren eine Rolle: Die Käufer haben ein „Herz für Kiel"[58].

Bei den ausländischen Investoren handelt es sich vorrangig um Privatpersonen aus Skandinavien. Oft sind es Einzelpersonen, die in Kiel geeignete Anlageimmobilien suchen, um dann in ihrer Heimat Mitinvestoren zu gewinnen. Diese Investoren werden von den Experten als sehr professionell eingeschätzt. Nach Aussage eines Experten suchen sie Büroimmobilien in 1a-Lagen[59]. Langfristige Mietverträge, die Bonität der Mieter und die Drittverwendungsfähigkeit der Immobilie sind wichtige Faktoren. Für dänische Investoren spielt die räumliche

---

[57] Herr Jürß (Stöben) am 15.05.2006
[58] Frau Behrens (TLI Toplage) am 10.04.2006
[59] Herr Hollstein (Hans Schütt Immobilien) am 03.04.2006

Nähe zu Kiel eine Rolle, weil dadurch die Bewirtschaftung der Immobilien erleichtert wird. Daneben werden aber auch steuerliche Vorteile ausgenutzt[60]. Die Experten schränkten jedoch ein, dass die dänischen Investoren primär nicht an Büroimmobilien interessiert sind, sondern insbesondere an Wohnimmobilien, voll vermieteten Einkaufszentren und an Geschäftshäusern (wie z. B. C&A).

Drei Verkäufe an ausländische Investoren konnten identifiziert werden:

- Ein skandinavischer Investor, der im Raum Kiel beruflich tätig ist, verkauft ein Ärztehaus im Königsweg an eine kirchliche Organisation, die in der Nachbarschaft bereits eine Immobilie besitzt. Der Verkauf findet zu einem Zeitpunkt statt, als die Vervielfältiger und damit die Immobilienpreise in Kiel gerade ein Maximum erreichten.
- Der „Sell-Speicher" (siehe Kapitel 3.6.4)
- Eine Versicherungsholding aus Hamburg, die die Jacobsen AG von der HSH Nordbank erwirbt. Die AG wird im Anschluss an ein dänisches Immobilienunternehmen weiter veräußert.

Büroimmobilienkäufe von ausländischen Opportunity Funds sind in Kiel bis auf die Geschäftsimmobilie der Deutschen Bank nicht bekannt. Die Immobilie gehört allerdings zu einem bundesweiten Immobilienportfolio. Große ausländische Investitionsgesellschaften haben jedoch in der Vergangenheit umfangreiche Wohnungsportfolios in Kiel erworben. Exemplarisch werden einige Portfolioverkäufe genannt, die neben anderen auch Kieler Wohnimmobilien betreffen:

- der Verkauf der ehemaligen Preussag-Werkswohnungen von der Preussag Immobilien GmbH an Babcock & Brown,
- WCM an Blackstone,
- die BIG Heimbau AG, die sich im Mehrheitsbesitz der HSH Nordbank befand, wurde an die Deutsche Annington veräußert und

---

[60] Frau Behrens (TLI Toplage) am 10.04.2006

- die Beteiligunggesellschaft der Gewerkschaften (BGAG) verkauft die BauBeCon (ehemals deutsche Heimat) an Cerberus.

Zur Untermauerung der Befragungsergebnisse wurden wiederum die Daten des Gutachterausschusses herangezogen. Die Transaktionen wurden allerdings erst im Laufe des Jahres 2005 mit Informationen zur räumlichen Herkunft des Käufers unterlegt, so dass für die Jahre 2005 und 2006 lediglich 15 Verkaufsfälle vorlagen. Der Gutachterausschuss unterscheidet bei der Investorenart nur zwischen „Privatpersonen" und „Gesellschaften", wobei die Gesellschaften alle Formen außer dem direkten Immobilienerwerb durch eine Privatperson einschließen. Auch GbRs werden beispielsweise zu den Gesellschaften gezählt. Einsicht in die Grundakten hat ergeben, dass es sich bei den GbRs in Kiel z. T. um Erbengemeinschaften handelt.

Lediglich ein Käufer zählt in den Jahren 2005 und 2006 zu der Kategorie der Privatpersonen. Bei den verbleibenden 14 Käufern handelt es sich um Gesellschaften, vermutlich größtenteils Immobilienunternehmen. Der direkte Erwerb einer Büroimmobilie durch einen Privatinvestor war in Kiel im Untersuchungszeitraum also eher die Ausnahme. Unter den Verkäufern waren neben sechs Gesellschaften dagegen neun Privatpersonen.

Zur räumlichen Zuordnung der Investoren standen die ersten beiden Ziffern der Postleitzahl des Wohnortes bzw. des Gesellschaftssitzes zur Verfügung (Tabelle 32). Der Großteil der Käufer kommt aus Kiel/Flensburg (53,3 %) und Dänemark (20,0 %). Lediglich ein Hamburger Investor hat in dem Untersuchungszeitraum eine Büroimmobilie in Kiel erworben. Insgesamt weist fast die Hälfte der Investoren einen überregionalen Tätigkeitsradius auf. Während regionale Gesellschaften vorrangig kleine Immobilien erwerben (Wert unter 1 Mio. Euro), liegen die Immobilienwerte der überregional agierenden Käufer etwas höher, nämlich in der Klasse zwischen 1 Mio. und 5 Mio. Euro.

Tabelle 32: Herkunft der Käufer von Büro- und Geschäftshäusern in Kiel 2005 und 2006

Postleitzahlenbereich	Anzahl der Käufe	in %	Typ 1 (unter 1 Mio. Euro)	Typ 2 (1 Mio. bis unter 5 Mio. Euro)
Flensburg/Kiel	8	53,3	6	2
Hamburg	1	6,7	1	0
Potsdam/Brandenburg	1	6,7	0	1
Düsseldorf	1	6,7	0	1
Frankfurt am Main	1	6,7	0	1
Dänemark	3	20,0	0	3
Gesamt	**15**	**100**	**7**	**8**

3.5.5 Das Investitionsverhalten institutioneller Investoren aus der Region

Das Investitionsverhalten inländischer institutioneller Investoren wurde in den Expertengesprächen thematisiert und die Ergebnisse durch gezielte Befragungen einzelner Investoren untermauert. Es überwog die Einschätzung, dass institutionelle Investoren in der Vergangenheit vereinzelt Büroimmobilien an regionale Käufer veräußert haben. Insbesondere Pensionskassen haben früher häufiger in Büroimmobilien investiert, wobei die Eigennutzung im Vordergrund stand. Auch im Moment bieten institutionelle Investoren vermehrt Immobilien zum Kauf an[61]. In diesem Zusammenhang wurden insbesondere Versicherungen und Kreditinstitute genannt.

Institutionelle Investoren wollen sich demnach tendenziell vom Kieler Büroimmobilienmarkt zurück ziehen. Vereinzelt haben jedoch auch Käufe durch derar-

---

[61] Frau Behrens (TLI Toplage) am 10.04.2006

tige Investoren stattgefunden (z. B. Kauf der Jacobsen AG von einer Hamburger Versicherung). Unter den Bietern für den „Sell-Speicher" sowie den „Förde-Tower" waren auch institutionelle Investoren. Dabei handelt es sich jedoch um Ausnahmefälle. Betrachtet man die letzten Jahre, so verharrten Anfragen institutioneller Investoren bezüglich Kieler Büroimmobilien auf einem niedrigen Niveau bzw. nahmen ab. Das Bürosegment wird in Kiel als vergleichsweise schwierig charakterisiert, so dass sich institutionelle Investoren eher für Einzelhandels- und Wohnimmobilien interessieren.

Zur Untermauerung der Ergebnisse wurden institutionelle Investoren, die in Kiel einen Sitz haben, im Rahmen von Expertengesprächen befragt. Es erklärten sich Verantwortliche eines bedeutenden ansässigen Lebens- und Schadensversicherers[62], eines kleineren Versorgungswerkes[63] sowie Vertreter der Sparkasse Kiel[64] zu Gesprächen bereit. Die Ergebnisse werden im Einzelnen vorgestellt:

Fallbeispiel 1: Ein regional ansässiger Lebens- und Schadensversicherer

Befragt wurde in diesem Zusammenhang der Leiter der Immobilienabteilung der Niederlassung in Kiel. Der Gesprächspartner gab an, dass die Niederlassung in der Vergangenheit insbesondere regionale Immobilien zum Zwecke der Kapitalanlage direkt erworben hat. Insgesamt befinden sich im Portfolio 700 Wohnungen und 100 Gewerbeeinheiten, von denen sich 95 % in Schleswig-Holstein und der Großteil in Kiel befinden. In Hamburg werden dagegen nur zwei Gewerbeobjekte gehalten. In der Immobiliendatenbank sind acht Büroimmobilien dieses Investors mit einer Fläche von etwa 55.000 qm BGF enthalten. Sechs Immobilien sind teilweise bzw. komplett eigen genutzt, zwei dagegen komplett fremd vermietet. Ein Teil der Immobilien befindet sich im Besitz verschiedener Objektgesellschaften.

---

[62] Herr Rönnau (Provinzial) am 18.05.2006
[63] Herr Geiger (Zahärztekammer) am 29.05.2007
[64] Herr Mollenhauer (Sparkasse) am 04.07.2006

Die Niederlassung in Kiel war ursprünglich einmal eigenständig, gehört nunmehr zu einem Konzern, der durch eine Steuerungsholding mit Sitz in Münster geführt wird. Dem Geschäftsbericht lässt sich entnehmen, dass der Hintergrund der Zusammenlegung das sog. „Plattformmodell" ist, das darauf abzielt, Querschnittsfunktionen zu bündeln und dadurch effizienter zu arbeiten. Die Vorteile der Regionalversicherer wie Kundennähe und die Präsenz vor Ort bleiben dabei erhalten, die wirtschaftlichen Nachteile kleinerer Betriebsgrößen öffentlicher Versicherer werden aufgehoben (Kapitel 3.5.6). In diesem Zusammenhang wurden die Aktivitäten am Kapitalmarkt der Versicherer der Holding in einer Assetmanagementgesellschaft mit Sitz in Münster gebündelt. Der Gesprächspartner vertrat die Auffassung, dass die Niederlassung in Kiel einer der kleineren Partner in der Holding ist und dass die Anlageentscheidungen somit nicht mehr in Kiel getroffen werden. Die Gesellschaft verwaltet Kapitalanlagen im Wert von 38 Mrd. Euro und verfolgt dabei eine Portfoliostrategie, die laufend an die momentanen Gegebenheiten angepasst wird.

Nach Aussage des Gesprächspartners wurden in den letzten Jahren keine Kieler Büroimmobilien verkauft. Auch in der nahen Zukunft sollen keine Büroimmobilien des Portfolios verkauft werden. Da in der Vergangenheit insbesondere durch den Einbruch am Neuen Markt schlechte Erfahrungen mit Kieler Büroimmobilieninvestments gemacht wurden, liegt der Fokus momentan jedoch auf Investments in deutschen und ausländischen Metropolen. In diesem Zusammenhang sind Büro- und Wohnimmobilien von Bedeutung. Dabei soll zunehmend indirekt über Immobilienfonds investiert werden. Direkte Investments in Kieler Büroimmobilien sind in absehbarer Zeit nicht geplant.

Der Büroimmobilienmarkt in Kiel wird als problematisch bewertet. Das betrifft insbesondere den Gebäudebestand, der als veraltet charakterisiert wird. Auch ein jüngeres Bürogebäude der Versicherung steht momentan teilweise leer. Im Rahmen der Fusion mit den anderen Versicherungen der Holding wurden auch in Kiel Arbeitsplätze abgebaut. Die Arbeitsplätze der Versicherung wurden daraufhin in dem Hauptgebäude zusammen gezogen. Das zog weiteren Leerstand in den fremd vermieteten Gebäuden nach sich.

Fallbeispiel 2: Ein kleineres Versorgungswerk mit Zweigstelle in Kiel

Befragt wurde der Geschäftsführer des Versorgungswerkes, das in Kiel eine Zweigstelle unterhält. Das Versorgungswerk legt die Beiträge seiner Mitglieder an. Der Gesprächspartner gab an, dass Immobilien dem Portfolio zur Risikostreuung beigemischt werden. Die Immobilienquote beträgt zum Zeitpunkt der Befragung 7 – 8 %. Eine vorgegebene Immobilienquote existiert allerdings nicht. Es handelt sich dabei ausschließlich um direkte Investments. In der Immobiliendatenbank konnten drei Immobilien diesem Versorgungswerk zugeordnet werden, die ausschließlich fremd vermietet werden. Daneben wurde vor Kurzem ein neues Verwaltungs- und Schulungszentrum gebaut, das neben dem Versorgungswerk auch die übergeordnete Kammer nutzt. Insgesamt konzentriert sich der Immobilienbesitz auf Schleswig-Holstein, Hamburg und Kiel, wobei in Hamburg nur Wohnimmobilien und in Kiel nur Büroimmobilien gehalten werden.

Der Gesprächspartner gab an, dass Büroimmobilien in der Vergangenheit auch opportunistisch ausgewählt wurden: Eine kleinere, vormals eigen genutzte Immobilie wurde Ende der 1990er Jahre beispielsweise aus der Konkursmasse eines Kieler Unternehmens erworben. Die Immobilie wurde über einen regionalen Makler angeboten. Ein anderes Bürogebäude diente vormals der Niederlassung eines internationalen Technologiekonzerns und wurde in Verbindung mit einem langfristigen Mietvertrag über 15 Jahre erworben. Die Immobilie wird momentan zum Kauf angeboten.

Direkte Büroimmobilieninvestments in Kiel sind in naher Zukunft allerdings nicht geplant, es sei denn, die Immobilie ist langfristig vermietet. Der Büroimmobilienmarkt in Kiel wird als schwierig bewertet, insbesondere wegen der Leerstände und damit korrespondierend sinkender Mieten sowie der Vermarktungszeiträume.

Fallbeispiel 3: Die Sparkasse Kiel

Die Gesprächspartner gaben an, dass der Immobilienbestand der Sparkasse Kiel historisch gewachsen ist. Es handelt sich dabei oftmals um gemischt genutzte Immobilien. Wohnnutzungen sind auch oft in den Immobilien enthalten. Die Immobilien wurden erworben, um Geschäftsstellen in den Wohnvierteln zu eröffnen.

Hinter dem Aufbau des Geschäftsstellennetzes steht eine Filialstellenstrategie. Heute geht der Trend eher dahin, Flächen anzumieten. Infolgedessen wurde der Filialbestand in den letzten Jahren tendenziell abgebaut. Bei den Käufern handelte es sich zumeist um Privatinvestoren aus der Region. Zukäufe sind in absehbarer Zeit nicht geplant. Sale-and-Lease-Back spielt jedoch für die Sparkasse Kiel ebenfalls keine Rolle. Im Falle einer Änderung der Filialenstrategie ist auch ein Wiederaufbau des Geschäftsstellennetzes nicht auszuschließen.

3.5.6 Verlagerung von Entscheidungsfunktionen im institutionellen Bereich

In diesem Zusammenhang werden die Privatisierung der Landesbank Schleswig-Holstein und die Fusion der norddeutschen Provinzial Versicherung mit ihrer westfälischen Schwestergesellschaft diskutiert. Neben Stellenabbau und einhergehender Flächenfreisetzung werden in beiden Fällen auch Entscheidungskompetenzen aus der Region verlagert. Beide Player traten in der Vergangenheit als Investoren auf, die tief in der Region verwurzelt waren. Investitionsentscheidungen, die ursprünglich in Kiel getroffen wurden, werden nun außerhalb der Region gefällt. Da die neuen Entscheidungsträger die Verhältnisse in Kiel oft nicht im Detail kennen, können Investitionen vor Ort erschwert und auch verhindert werden.

Die Privatisierung der Landesbank ist vor dem Hintergrund eines fortschreitenden Konsolidierungsprozesses der deutschen Landesbanken zu sehen. Das Ziel besteht darin, durch Fusion von einzelnen Landesbanken international wettbewerbsfähige Großbanken zu schaffen, die auch auf globalen Märkten erfolgreich konkurrieren können. Die Landesbank Schleswig-Holstein fusionierte mit der Hamburgischen Landesbank offiziell am 2. Juni 2003 zur HSH Nordbank. Die neue Gesellschaft ist zwar zunächst weiterhin mehrheitlich im öffentlichen Besitz, die Eigentümer aus Schleswig-Holstein halten zusammen jedoch nur eine knappe Mehrheit. So halten das Land und der Sparkassen- und Giroverband Schleswig-Holstein zusammen lediglich 38 % der Anteile, während die Freie und Hansestadt Hamburg 35 % ihr Eigentum nennen. Der Rest der Anteile wird momentan von Trusts gehalten.

Die HSH Nordbank hat inzwischen einen Doppelsitz in Hamburg und in Kiel. Wichtige strategische Entscheidungen, die auch Kiel und Schleswig-Holstein generell betreffen, werden in Hamburg getroffen: Neben der Konzernentwicklung und -steuerung betrifft das auch sämtliche Immobilienaktivitäten. Dazu wurde die HSH Nordbank Real Estate AG mit Sitz in Hamburg gegründet. Diese koordiniert und steuert Beteiligungen, Projektentwicklungen, das Fondsgeschäft sowie Dienstleistungen rund um das Immobiliengeschäft zukünftig zentral in Hamburg.

Die Fusion hatte aber auch einen direkten Einfluss auf den Kieler Büroimmobilienmarkt. Die HSH Nordbank ist ein bedeutender Player auf dem Büroimmobilienmarkt und besitzt entsprechend der vorliegenden Informationen rund um den Kleinen Kiel vermutlich insgesamt neun Immobilien mit einer geschätzten Bruttogeschossfläche von knapp 40.000 qm. Die Immobilien werden fast ausschließlich selbst genutzt. Daneben werden noch in vier weiteren zentral gelegenen Büroimmobilien Flächen angemietet. Durch die Fusion entstand nach damaligen Aussagen der Bank gegenüber der Wirtschaftsförderung ein Minderbedarf an Flächen von etwa 6.500 qm BGF, der vermutlich seine Ursache in Stellenstreichungen in Kiel hat. Inwiefern dieser Minderbedarf noch heute besteht, kann nicht beurteilt werden[65]. Die vor der Fusion durch die HSH Nordbank genutzten Gebäude werden auch heute noch zu großen Teilen ausschließlich durch die Bank genutzt. Die Gebäude befinden sich im Eigentum von Objektgesellschaften, deren Gesellschafterstruktur aus den Handelsregisterauszügen nicht hervorgeht. Entweder befinden sich diese Gesellschaften im Eigentum der HSH Nordbank bzw. der HSH Nordbank Real Estate AG, oder sie wurden mittels Sale-and-Lease-Back veräußert und zurück gemietet.

Darüber hinaus hat sich die HSH Nordbank nach der Fusion von Aktivitäten mit strategischer Bedeutung für das Land Schleswig-Holstein getrennt. In diesem Zusammenhang ist insbesondere die Veräußerung ihrer Beteiligung an der Deutschen Grundvermögen AG (DGAG) an die Pirelli Real Estate, einem großen italienischen Immobilienunternehmen, zu nennen. Das Land Schleswig-Holstein hatte die Anteile an der LEG, die bis dahin für das Land Projektentwicklungen durchgeführt hatte und auch im Besitz eines großen regionalen Wohnungsportfolios ist, im Vorwege an die HSH Nordbank verkauft. Darüber hinaus wurden weitere Immobilienbestände veräußert: Im Jahre 2006 hat die HSH Nordbank[66] ihre Anteile an der W. Jacobsen AG an eine Hamburger Versicherungsholding veräußert.

Auch im Versicherungssegment wurden Entscheidungskompetenzen aus der Region verlagert. 2005 wurden die Provinzial Nord mit dem Sitz in Kiel und ihre westfälische Schwestergesellschaft zur Provinzial Nord-West Holding AG verschmolzen. Es entstand dabei der zweitgrößte öffentliche Versicherer in Deutschland. Der Sparkassen- und Giroverband Schleswig-Holstein ist mit nunmehr 18 % der Anteile an der Holding einer der kleineren Partner. Die Mehrheit mit je 40 % an der neu gegründeten Holding besitzen der Westfälisch-

---

[65] Dem Autor liegt ein Lageplan der ehemaligen Landesbank Schleswig-Holstein Girozentrale aus dem Jahre 2003 vor (für den Verwaltungsrat bestimmt), aus dem die in Kiel genutzten Flächen der Landes- sowie der Investitionsbank hervor gehen. Diese Informationen wurden mit den Eigentümerangaben in der Immobiliendatenbank abgeglichen.
[66] Gemäß Verkaufsprospekt für die Zulassung einer Inhaber-Teilschuldverschreibung vom 26. Mai 2003 besaß die Bank zu diesem Zeitpunkt 92,51 % der Anteile am Kapital der Jacobsen AG.

Lippische Sparkassen- und Giroverband sowie der Landschaftsverband Westfalen-Lippe.

Hintergrund der Verschmelzung ist das sog. „Plattformmodell". Das zielt darauf ab, unter Beibehaltung der regionalen Marktverantwortung die wirtschaftliche Effizienz durch die Bündelung von Querschnittsfunktionen zu steigern (Geschäftsbericht der Provinzial 2006, S. 16-18). So werden z. B. die Aktivitäten am Kapitalmarkt zentralisiert. Dazu wird in Kooperation mit der süddeutschen SV SparkassenVersicherung Holding AG eine gemeinsame Assetmanagementgesellschaft mit Sitz in Münster gebündelt. Die VersAM Versicherungs-Assetmanagement GmbH verwaltet seit dem 1. Januar 2007 Kapitalanlagen im Wert von 38 Mrd. Euro, darunter auch Immobilienanlagen (Geschäftsbericht der Provinzial 2006, S. 18).

Nach Aussage der Kieler Immobilienabteilung der Provinzial werden Entscheidungen über den Kauf und Verkauf von regionalen Immobilien momentan in erster Instanz in Münster getroffen[67]. Die Entscheidungsträger in Münster kennen die Marktverhältnisse in Kiel nicht im Detail, so dass Käufe von Büroimmobilien in der jüngeren Vergangenheit zurück gestellt wurden. Auch ein zum Zeitpunkt der Befragung verkaufsbereiter Immobilieneigentümer deutete im Expertengespräch an, mit der Provinzial Nord über den Verkauf seiner Büroimmobilie bereits Einigung erzielt zu haben. Die Entscheidungsträger in Münster intervenierten jedoch, so dass der Verkauf an die Provinzial noch verhindert wurde. Die Zentralisierung der Entscheidungsstruktur führte also bereits dazu, dass Investitionen in Kieler Büroimmobilien nicht durchgeführt wurden.

3.5.7 Institutionelle Investoren mit einem überregionalen Aktionsradius

Überregional agierende Investoren aus dem institutionellen Bereich sind in Kiel in der Vergangenheit nur in Ausnahmefällen aktiv geworden. Vereinzelt haben

---

[67] Herr Rönnau (Provinzial) am 18.05.2006

geschlossene Immobilienfonds Büroimmobilien in Kiel erworben. Bei den geschlossenen Immobilienfonds handelt es sich durchweg um ältere Produkte. Ein Makler erläutert, dass im Moment auf die Einführung der G-REITs gewartet wird und deshalb geschlossene Fonds temporär zurück gestellt werden[68]. Die BIG-Unternehmensgruppe mit Sitz in der Region hat in der Vergangenheit vermehrt geschlossene Immobilienfonds aufgelegt. Nach Aussage der BIG betrifft das allerdings andere Immobilientypen. So befindet sich lediglich ein Büro- und Geschäftshaus im Besitz eines derartigen Fonds.

Engagements von offenen Immobilienfonds im Büroimmobiliensegment in Kiel sind nicht bekannt. Allerdings hält ein offener Immobilienfonds (Grundwertfonds der DEGI) das innerstädtische Shopping-Center „Sophienhof". Ebenso wenig sind überregional agierende Immobilien AGs in Erscheinung getreten. Bei der Jacobsen-AG handelt es sich um einen regional verwurzelten Bestandshalter eines gemischten Portfolios, der aus einem alteingesessenen Einzelhandelsunternehmen hervor gegangen ist. Beispiele für Sale-and-Lease-Back-Transaktionen konnten in den Expertengesprächen ebenfalls nicht identifiziert werden, abgesehen von einem Paketverkauf der Deutschen Bank, in dem sich auch eine Kieler Geschäftsimmobilie befand. In anderen Segmenten haben derartige Transaktionen vereinzelt stattgefunden: In diesem Zusammenhang wurde Conti Hansa (ehemals Steigenberger Hotel) genannt[69]. Des Weiteren wurde der neu errichtete Hornbach-Baumarkt an einen Investor im Rahmen von Sale-and-Lease-Back veräußert. Die Auswertung von Handelsregisterauszügen hatte bereits ergeben, dass es im institutionellen Bereich vereinzelt Sale-and-Lease-Back-Transaktionen im Zusammenhang mit Büroimmobilien gegeben haben könnte (Immobilien der HSH Nordbank).

Die Experten wurden auch nach den Gründen für das geringe institutionelle Engagement befragt. Es bestand Einigkeit darüber, dass der Großteil der Kieler Büroimmobilien nicht für institutionelle Investoren geeignet ist. Die Mehrzahl der

---

[68] Herr Jürß (Stöben) am 15.05.2006
[69] Herr Hollstein (Hans Schütt Immobilien) am 03.04.2006

Gebäude ist alt und entspricht bezüglich des Standortes, der Qualität und der Ausstattung nicht den heutigen Ansprüchen der Nutzer. Auch die kleinteilige Vermietung wird in diesem Zusammenhang als problematisch bewertet: Ein institutioneller Gesprächspartner gab an, dass der zu betreibende Aufwand eine zu geringe Rendite abwirft[70]. Es wurden aber auch wenige Büroimmobilien genannt, die auch für institutionelle Investoren geeignet sind. Es handelt sich dabei insbesondere um jüngere Gebäude mit Wasserbezug: Z. B. der „Sell-Speicher", der „Hörn-Campus" und der „Förde-Tower". Zwei dieser Objekte befanden sich zum Zeitpunkt der Untersuchung im Verkauf. Auch institutionelle Investoren aus der Region gehörten zu den Interessenten.

Des Weiteren wird die Zurückhaltung institutioneller Investoren mit fehlenden Headquarter-Funktionen in Kiel erklärt: Investitions- und Standortentscheidungen werden in den Konzernzentralen getroffen, die sich nicht in Kiel befinden (z. B. Provinzial). Dort hat man kaum Kenntnis vom lokalen Markt. Es wird aber auch die Meinung vertreten, dass deutsche institutionelle Investoren im Vergleich zu den Ausländern zu träge agieren. Die deutschen institutionellen Investoren würden erst Interesse zeigen, sobald der Preis der Immobilie bereits gestiegen ist[71]. Ausländische Investoren sind offensichtlich in der aktuellen Marktphase bereit, höhere Preise zu bezahlen. Diese Entwicklung lässt sich in Kiel anhand der jüngsten Käufe durch dänische Investoren nachzeichnen.

Deutsche institutionelle Investoren konzentrieren ihre Investments nach Meinung der Experten momentan in deutschen und ausländischen Metropolen. Ein Gesprächspartner erläutert, dass sich dahinter auch eine Strategie der Risikominimierung verbirgt: Der einzelne folgt der Masse und kann im Falle des Scheiterns darauf verweisen, dass die breite Mehrheit dort investiert hat[72]. Um geeignete Objekte und Zielmärkte auszuwählen, ziehen institutionelle Investoren Kennzahlen der einschlägigen Marktbeobachtungssysteme (z. B. RIWIS) sowie Standortrankings renommierter Agenturen (z. B. Feri Research) hinzu.

---

[70] Herr Geiger (Zahärztekammer) am 29.05.2007
[71] Herr Jürß (Stöben) am 15.05.2006
[72] Herr Plambeck (GVI) am 5.4.2006

Da diese von Kiel ein negatives Bild zeichnen, kommt der Standort für Investoren, die die Verhältnisse vor Ort nicht kennen, von vornherein nicht in Betracht[73].

Ein Experte berichtet von seinen persönlichen Erfahrungen mit institutionellen Investoren aus Köln und Frankfurt, die zu seinem persönlichen Netzwerk gehören. Diese Investoren ließen sich zwar zu Vor-Ort-Terminen bewegen. Als sehr problematisch wird jedoch der geringe Mietflächenumsatz bewertet. Großflächige Vermietungen (über 3.000 qm) sind die Ausnahme, da die größeren, regional ansässigen Dienstleistungsunternehmen in der Mehrheit eigene Immobilien nutzen[74]. Ein anderer Gesprächspartner, der Kontakte zu Managern offener Immobilienfonds unterhält, äußerte die Einschätzung, dass diese Fonds in Kiel investieren würden, wenn „die Kriterien" stimmen[75]. Allerdings haben Investitionen durch offene Fonds in der Vergangenheit nicht stattgefunden.

---

[73] Herr Plambeck (GVI) am 5.4.2006
[74] Herr Plambeck (GVI) am 5.4.2006
[75] Herr Jürß (Stöben) am 15.05.2006

3.6 Projektentwicklungen in Kiel

3.6.1 Quantitative Betrachtung der Projektentwicklungen in Kiel

Im Rahmen der Büromarktstudie Kiel 2006 wurden anhand der amtlichen Statistik die Bürofertigstellungen der letzten Jahre erhoben. Zu Beginn der 1990er Jahre gab es eine besonders starke Entwicklungstätigkeit, als allein zwischen 1992 und 1995 insgesamt 27 Objekte mit fast 90.000 qm Nutzfläche entstanden sind. Seither lag die Anzahl der Fertigstellungen jedoch deutlich darunter. Im Zeitraum von 1996 bis 2004 sind insgesamt knapp 75.000 qm Nutzfläche (entspricht in etwa 110.000 qm BGF) in Büro- und Verwaltungsgebäuden entstanden (Abbildung 13). Bei dem Großteil der Flächen handelt es sich um Neubauten. Insgesamt wurden in dieser Periode 30 neue Büro- und Verwaltungsgebäude mit einer Nutzfläche von 56.000 qm (75 % der gesamten neuen Nutzfläche) fertig gestellt. Das entspricht durchschnittlich gut drei Immobilien und einem mittlerem Flächenzuwachs von etwa 6.200 qm Nutzfläche pro Jahr. Die jährlichen Werte schwanken dabei zwischen gut 2.000 qm (1996 und 2004) und 11.000 qm im Jahr 2003 (Aring, 2006, S. 17).

Abbildung 13: Bürofertigstellungen 1996-2004 – Neue Nutzfläche Neubauten/Bestand

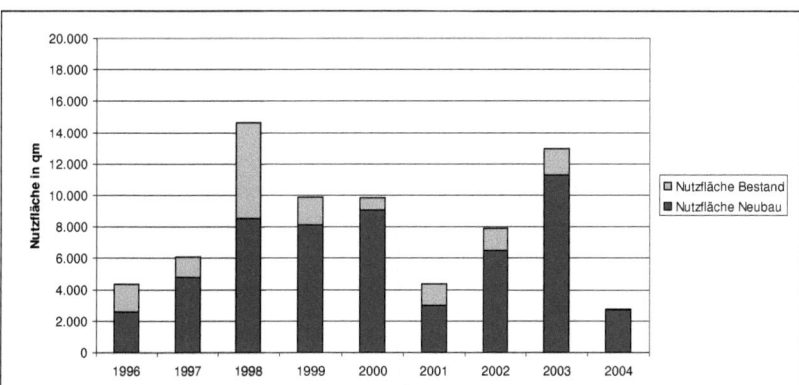

Anmerkung: Beim Abgleich der Daten mit eigenen Erfahrungen ist zu berücksichtigen, dass die Fertigstellungen eines Jahres gelegentlich erst im Folgejahr in der Statistik auftauchen. Insofern kann ein Teil der Schwankungen auch durch die Erfassungssystematik begründet sein.
Quelle: Statistisches Landesamt Nord, Baufertigstellungsstatistik sowie eigene Berechnungen BFAG

Aring, 2006, S. 17

Zur weiteren Untersuchung des Projektentwicklungsgeschehens in Kiel wurden die jüngeren Projektentwicklungen in einer Datenbank zusammengefasst und entsprechend der Größe, des Standorts sowie des aktuellen und der früheren Eigentümer klassifiziert. In der Datenbank sind insgesamt 18 Immobilien enthalten. Fertigstellungen im Bestand wurden nicht berücksichtigt. Die Datenbank ist somit nicht repräsentativ, aber aufgrund der großen Fallzahl aussagekräftig. Die älteste Immobilie wurde 1998 fertig gestellt, zwei Immobilien befinden sich zum Zeitpunkt der Untersuchung noch im Bau.

In der Datenbank sind 15 Neubauvorhaben und drei Kernsanierungen enthalten. Die kernsanierten Gebäude befinden sich allesamt an attraktiven Standorten: Das „Neufeldt-Haus" im Wissenschaftspark, der „Sell-Speicher" und das HafenHaus in direkter Wasserlage an der Kieler Förde. 17 Immobilien konnten mit Größenangaben[76] unterlegt werden. Die gesamte Bruttogeschossfläche beträgt 96.000 qm. Die Werte differieren zwischen 1.350 qm und 10.160 qm, der Mittelwert beträgt 5.670 qm (BGF). Damit sind die Immobilien der Datenbank im Schnitt größer als die Projektentwicklungen der Jahre 1996 bis 2004 (siehe oben). Das kann dadurch erklärt werden, dass Entwicklungen im Bestand im Untersuchungssample nicht enthalten sind.

Tabelle 33 veranschaulicht die Größenverteilung der Immobilien. Keine Immobilie ist kleiner als 1.000 qm Bruttogeschossfläche. Dabei handelt es sich offensichtlich auch für Eigennutzer um eine unrentable Größenordnung. Der Großteil der Büroimmobilien ist größer als 5.000 qm und lediglich zwei Immobilien messen 10.000 qm (die eigen genutzte Immobilie der AOK im Gewerbegebiet Wellsee und das komplett fremd vermietete „Neufeldt-Haus" im Wissenschaftspark) (Tabelle 34).

---

[76] Es handelt sich dabei auch um Schätzwerte, da nicht mit allen Immobilieneigentümern gesprochen werden konnte. Der sog. „Schmid-Bau" ist zweimal in der Datenbank enthalten, da die Projektentwicklung zwei Gebäude umfasst, die zu unterschiedlichen Zeitpunkten fertig gestellt werden.

Tabelle 33: Bürofläche (BGF) der Projektentwicklungen

Größenklasse	Anzahl	in %
unter 1.000 qm	0	0
1.000 bis unter 2.500 qm	3	17,6
2.500 bis unter 5.000 qm	4	23,5
5.000 bis unter 10.000 qm	8	47,1
10.000 qm u. m.	2	11,8
Gesamt	17	100

Tabelle 34: Bürofläche (BGF) und ursprüngliche Nutzung der Immobilien (% in Zeilen)

Größenklasse	N	primär Fremdvermietung	Eigennutzung (Hinzunahme von Mietern)	Primär Eigennutzung	Gesamt
1.000 bis unter 2.500 qm	3	33,3	0	66,7	100
2.500 bis unter 5.000 qm	4	0	75,0	25,0	100
5.000 bis unter 10.000 qm	7	14,3	42,9	42,9	100
10.000 qm u. m.	2	50,0	50,0	50,0	100
Gesamt	17	18,8	37,5	43,8	100

Die räumlichen Schwerpunkte der Entwicklungstätigkeit liegen an der Innenförde (überwiegend Kai-City Kiel) sowie in Streulagen (Abbildung 14): An der Innenförde entstanden im Untersuchungszeitraum sechs Büroimmobilien mit einer Fläche von etwa 35.000 qm BGF. Es handelt sich um die dynamischste Bürolage der letzten Jahre in Kiel. Innerstädtische Büroflächen mit Wasserbezug werden in Kiel im Moment besonders stark nachgefragt. Nur in den Streulagen entstanden mehr Immobilien, allerdings mit einer geringeren Gesamtfläche (Tabelle 35). Zu den Streulagen werden in dieser Untersuchung neben integrierten Standorten abseits der Hauptlagen auch Gewerbegebietsstandorte gezählt. Auch in der „Südlichen City" sind vereinzelt größere Büroimmobilien entstanden. Keine Entwicklungen haben in dem Untersuchungszeitraum in der „Altstadt/City", am „Kleinen Kiel" sowie am „Schwedendamm" stattgefunden. Bei den ersten beiden Lagen handelt es sich um bebaute Standorte ohne nennenswerte Freiflächenpotenziale.

Tabelle 35: Verteilung der Projektentwicklungen auf die unterschiedlichen Lagen

Lage	N	in %	BGF	in %
Innenförde	6	33,3	35.050 qm	36,4
Südliche City	3	16,7	18.838 qm	19,5
Dreiecksplatz/Knooper Weg	1	5,6	7.100 qm	7,4
Universität/Westring	1	5,6	10.000 qm	10,4
Streulagen	7	38,9	25.413 qm	26,4
Gesamt	**18**	**100**	**96.401 qm**	**100**

Besonders große Objekte sind in den Streulagen (das Verwaltungsgebäude der AOK im Gewerbegebiet Wellsee) und an der „Universität/Westring" („Neufeldt-Haus" im Wissenschaftspark) entstanden. Das „Neufeldt-Haus" befindet sich auf dem Gelände des Wissenschaftsparks, einem Sondergebiet in Nachbarschaft zur Christian-Albrechts-Universität. Da es sich um die Kernsanierung eines vormals industriell genutzten Gebäudes handelt, war die Immobiliengröße nicht frei wählbar. Trotzdem weisen die Immobilien an den Streulagen den geringsten Mittelwert der Bruttogeschossfläche auf, weil in den Streulagen neben sehr großen auch zahlreiche kleinere Büroimmobilien entstanden sind (Tabelle 36).

Trotz der großen Objekte, die in der Vergangenheit auch in den Streulagen entstanden sind, wurde von den Experten die Ansicht geäußert, dass die Nutzer zunehmend zentrale Standorte bevorzugen. Ein Makler erläutert, dass das Arbeiten in der Stadt die Vernetzung verschiedener Nutzungen erleichtert. So haben Teilzeitkräfte kürzere Anfahrtszeiten. Kindergarten, Schule, Arzt und Einzelhandel sind in der Nähe und lassen sich damit schneller erreichen, so dass insbesondere Familien von zentralen Standorten profitieren. Auf ein Auto kann dann oft verzichtet werden.

Tabelle 36: Gebäudekennziffern (BGF) in den unterschiedlichen Lagen

Lage	N	Minimum	Maximum	Mittelwert
Innenförde	6	2.750 qm	8.000 qm	5.842 qm
Südliche City	3	3.200 qm	8.015 qm	6.279 qm
Dreiecksplatz/Knooper Weg	1	7.100 qm	7.100 qm	7.100 qm
Universität/Westring	1	10.000 qm	10.000 qm	10.000 qm
Streulagen	7	1.350 qm	10.163 qm	4236 qm
Gesamt	**18**	**1.350 qm**	**10.163 qm**	**5.670 qm**

Abbildung 14: Standorte der Projektentwicklungen

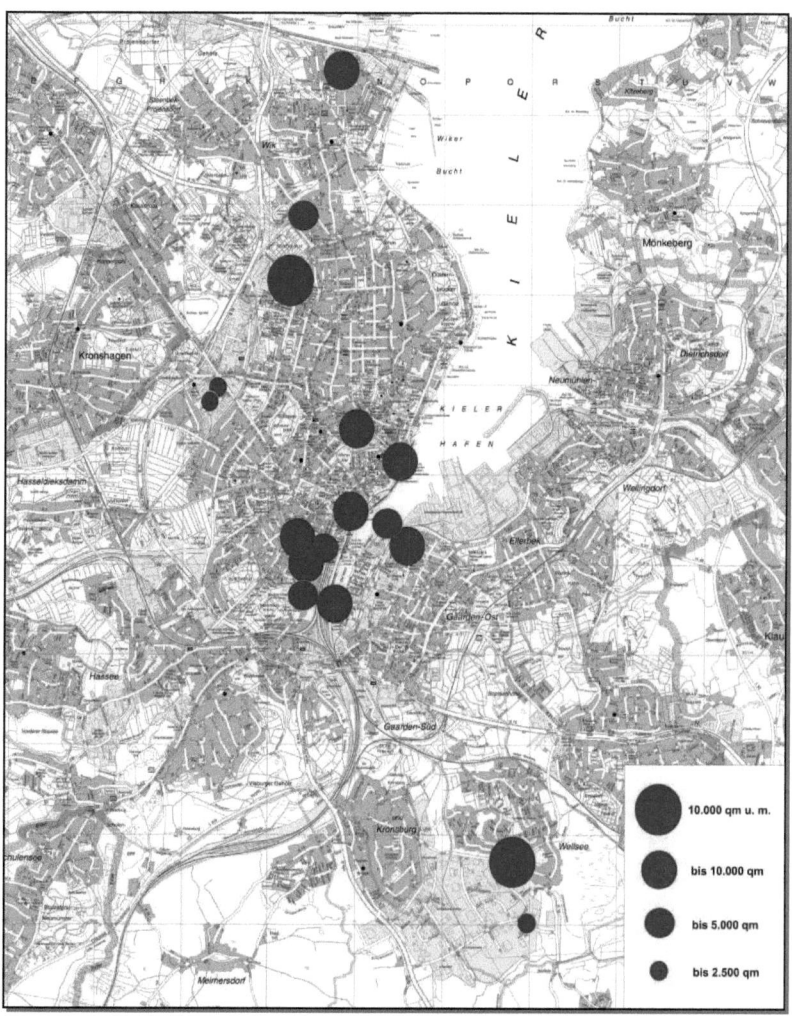

Eigene Darstellung

3.6.2 Eigentümerstruktur der neuen Büroimmobilien

Der Großteil der neuen Gebäude befindet sich momentan im Besitz von öffentlichen Eigentümern, den nicht klassifizierbaren Objektgesellschaften sowie von Privatpersonen (Tabelle 37). Institutionelle Investoren besitzen relativ wenig Gewicht. Nach Durchsicht der Handelsregisterauszüge wird davon ausgegangen, dass die Objektgesellschaften keinen gewerblichen, sondern eher einen privatwirtschaftlichen Hintergrund haben[77]. Betrachtet man dagegen die entstandene Fläche, so ändert sich das Bild leicht. Weil die Immobilien der privaten Eigentümer relativ klein sind (Tabelle 38), verliert dieser Investorentyp an Bedeutung. Die Property-Unternehmen (PSI GmbH und Sell Speicher II GmbH) besitzen relativ große Immobilien, deren Fläche mit der der Objektgesellschaften vergleichbar ist.

---

[77] Die beiden Komplexe des „Schmid-Baus" an der Hörn wurden im Zwangsversteigerungsverfahren von der Waterkant Immobilienfond GmbH erworben. Kommanditist ist Frau Sibylle Schmid-Sindram, die Ehefrau von Gerhard Schmid. Herr Schmid war Geschäftsführer und Gründer der Mobilcom AG. Obgleich der Gesellschaftsname auf eine Fondsgesellschaft hindeutet (Waterkant Immobiliefond GmbH & Co KG), wird vermutet, dass hinter dem Projekt vermutlich primär ein privatwirtschaftliches Engagement der Familie Schmid steht. Der Hörn Campus ist im Besitz der Kap Hörn GmbH & Co. KG. Als Kommanditisten sind Familienmitglieder der Familie Claussen eingetragen (Firma Ohl aus Itzehoe).

Tabelle 37: Eigentümerstruktur der jüngeren Büroimmobilienentwicklungen in Kiel

	N	in %	BGF	in %
Versicherung/Pensionskasse	1	5,6	8.015 qm	8,3
Fondsgesellschaften	1	5,6	7.623 qm	7,9
Öffentlicher Eigentümer	7	38,9	35.163 qm	36,5
Property-Unternehmen	2	11,1	17.350 qm	18,0
Privatpersonen	3	16,7	6.800 qm	7,1
Verein/Verband	1	5,6	3.200 qm	3,3
Objektgesellschaft – nicht klassifizierbar	3	16,7	18.250 qm	18,9
Gesamt	**18**	**100**	**96.401 qm**	**100**

Tabelle 38: Kennziffern der jüngeren Büroentwicklungen in Kiel nach dem Eigentümer

	N	Minimum	Maximum	Mittelwert
Versicherung/Pensionskasse	1	8.015 qm	8.015 qm	8.015 qm
Fondsgesellschaften	1	7.623 qm	7.623 qm	7.623 qm
Öffentlicher Eigentümer	7	2.400 qm	10.163 qm	5.860 qm
Property-Unternehmen	2	7.350 qm	10.000 qm	8.675 qm
Privatpersonen	3	1.350 qm	3.200 qm	2.267 qm
Verein/Verband	1	3.200 qm	3.200 qm	3.200 qm
Objektgesellschaft – nicht klassifizierbar	3	2.750 qm	8.000 qm	6.083 qm
Gesamt	**18**	**1.350 qm**	**10.163 qm**	**5.670 qm**

Die aktuellen Immobilieneigentümer kommen zum großen Teil aus der Region. Zwei Drittel der Immobilien befinden sich im Besitz von Investoren, die aus der Stadtregion Kiel stammen (Tabelle 39), gut 90 % kommen insgesamt aus Norddeutschland (einschließlich Hamburg). Lediglich zwei Eigentümer haben ihren Sitz nicht in Norddeutschland: Eine Fondsgesellschaft aus München und ein Property-Unternehmen aus Salzgitter (Tabelle 40). Die Fondsgesellschaft besitzt mindestens noch eine weitere Büroimmobilie in Kiel. Bei dem Unternehmen aus Salzgitter handelt es sich um die PSI GmbH, die den Immobilienbesitz der Preussag AG verwertet („Neufeldt-Haus"). Die Immobilie, die ursprünglich industriell genutzt wurde, ist seit längerem im Besitz der PSI GmbH. Nach Ausfall eines Ankermieters Mitte der 1990er Jahre entstand die Idee, an diesem Standort einen Wissenschaftspark zu entwickeln.

Der Gesellschaftssitz des zweiten Property-Unternehmens, der Sell Speicher II GmbH, befindet sich in Hamburg. Bei den Gesellschaftern handelt es sich nach Aussage des Hamburger Entwicklers inzwischen um Privatinvestoren aus Dänemark. Die Immobilie wurde 2006 nach erfolgreicher Vermietung an die ausländischen Investoren veräußert. In der Summe haben lediglich zwei Eigentümer (die dänischen Investoren sowie die Fondsgesellschaft) einen überregionalen Aktionsradius und vermutlich noch keine Anknüpfungspunkte in Kiel gehabt. Es handelt sich um vergleichsweise große Büroimmobilien. Das Projektentwicklungsgeschehen wird trotzdem vorrangig durch Investoren aus der Region bestimmt.

Tabelle 39: Herkunft des aktuellen Eigentümers/Gesellschaftssitz

Sitz des Investors	Anzahl	Prozent
Stadtregion Kiel	12	66,7 %
Schleswig-Holstein	2	11,1 %
Großraum Hamburg	2	11,1 %
Restliches Deutschland	2	11,1 %
Gesamt	18	100 %

Tabelle 40: Herkunft der Immobilieneigentümer (% in Zeilen)

	N	Stadtregion Kiel	S-H	Großraum Hamburg	restl. Deutschland	Gesamt
Versicherung/Pensionskasse	1	100	0	0	0	100
Fondsgesellschaften	1	0	0	0	100	100
Öffentlicher Eigentümer	7	100	0	0	0	100
Property-Unternehmen	2	0	0	50,0	50,0	100
Privatpersonen	3	100	0	0	0	100
Verein/Verband	1	100	0	0	0	100
Objektgesellschaft – nicht klassifizierbar	3	0	66,7	33,3	0	100
Gesamt	18	66,7	11,1	11,1	11,1	100

3.6.3 Probleme bei der Entwicklung von Kieler Büroimmobilien

Um Probleme bei der Entwicklung von Kieler Büroimmobilien zu identifizieren, wurden Eigentümerwechsel untersucht. Zum Zeitpunkt der Erhebung wird die Hälfte der entwickelten Büroimmobilien fremd vermietet, für die andere Hälfte hat die Eigennutzung Relevanz (Tabelle 41). In den Expertengesprächen stellte sich jedoch heraus, dass ursprünglich nur drei Immobilien für eine Fremdvermietung konzipiert waren. Bei einigen Projektentwicklungen, die heute fremd vermietet werden, brach noch im Bau der Hauptnutzer weg, so dass neue Nutzer gesucht werden mussten. Das betrifft insbesondere Immobilien, die für IT-Firmen im Zuge der boomenden New Economy konzipiert wurden (z. B. Mobilcom AG, ISION Internet AG, Tiptel, ComDirect und Relock). Da die Drittverwendungsfähigkeit bei Immobilien, die für eine Eigennutzung konzipiert wurden, oft nicht konsequent berücksichtigt wurde, verlief die Vermietung nicht immer reibungslos.

Tabelle 41: Ursprüngliche und aktuelle Nutzung der Büroimmobilien

Nutzung	ursprüngliche Nutzung		momentane Nutzung	
	Anzahl	in %	Anzahl	in %
primär Eigennutzung	8	44,4	5	27,8
Eigennutzung unter Hinzunahme von Mietern	6	33,3	4	22,2
primär Fremdvermietung	3	16,7	9	50,0
Keine Angabe	1	5,6	0	0
Gesamt	**18**	**100**	**18**	**100**

Die Immobilie der Fondsgesellschaft, die Immobilien der Objektgesellschaften sowie zwei Immobilien eines öffentlichen Eigentümers sind momentan fremd vermietet. Es handelt sich bei dem letzten um das Versorgungswerk der Zahnärztekammer, das in der Untersuchung der Kammer zugeordnet wurde und somit nicht als Pensionskasse, sondern als öffentliche Institution behandelt wurde. Für die restlichen Immobilieneigentümer, insbesondere auch für die anderen öffentlichen Institutionen, spielt die Eigennutzung dagegen eine sehr bedeutende Rolle.

Tabelle 42: Strategie der momentanen Immobilieneigentümer

	N	primär Eigennutzung	Eigennutzung unter Hinzunahme von Mietern	primär Fremdvermietung
Versicherung/ Pensionskasse	1	0	1	0
Fondsgesellschaften	1	0	0	1
Öffentlicher Eigentümer	7	4	1	2
Property-Unternehmen	2	0	0	2
Privatpersonen	3	1	1	1
Verein/Verband	1	0	1	0
Objektgesellschaft - nicht klassifizierbar	3	0	0	3
Gesamt	**18**	**5**	**4**	**9**

Nach Aussage in den Expertengesprächen können in Kiel in der Vergangenheit zwei Arten von Büroimmobilienentwicklungen unterschieden werden:

Typ 1: Die Entwicklung für den Mietmarkt. Flexibilität und Drittverwendungsfähigkeit werden bereits bei der Konzeption berücksichtigt.

Typ 2: Die Entwicklung für einen Eigennutzer. Flexibilität und Drittverwendungsfähigkeit spielen bei der Konzeption nur eine untergeordnete Rolle.

Im ersten Fall, der Entwicklung für den Mietmarkt, wird im Allgemeinen die Drittverwendungsfähigkeit im Vorfeld berücksichtigt. Das bedeutet insbesondere, dass die Immobilie für den Fall, dass größere Nutzer ausfallen, nachvermietbar ist. Die Immobilie wird geplant und parallel vermietet. Sobald die vom Kreditgeber geforderte Vorvermietungsquote erreicht ist, wird gebaut und nach erfolgreicher Vermarktung schließlich verkauft. Das ist der Idealtyp einer Immobilienprojektentwicklung. In Kiel kam dieser Typ in der Vergangenheit nach Aussage der Experten sehr selten vor. Der größte Teil der fremd vermieteten

Immobilien wird vom Immobilieneigentümer langfristig im Bestand gehalten. Auf diese Weise kann der Investor in der Phase der Bestandshaltung von den Mieteinnahmen profitieren.

Der zweite Fall, die Entwicklung einer Büroimmobilie für einen Eigennutzer, war in der Vergangenheit in Kiel die Regel: Für 14 Objekte der Datenbank war die Eigennutzung bei der Konzeption der Immobilie ausschlaggebend (Tabelle 42). Da diese Immobilien primär den Anforderungen des Eigennutzers entsprechen müssen, wird die Drittverwendungsfähigkeit der Immobilie bei der Konzeption nicht konsequent berücksichtigt. Fällt der ursprüngliche Mieter aus, muss die Immobilie einer anderweitigen Nutzung zugeführt werden. In einigen Fällen fiel der Nutzer bereits während des Baus aus: Fünf Objekte sind in diesem Zusammenhang zu nennen. Das entspricht einem Drittel der in der Datenbank enthaltenen Immobilien (Tabelle 43). Das lässt auf massive Marktprobleme in dieser Phase schließen. Als Beispiele dafür sind insbesondere die Projektentwicklungen an der Kai-City Kiel zu nennen (Kapitel 3.7).

Tabelle 43: Eigentümerwechsel der Büroimmobilien

Eigentümerwechsel	Anzahl	in %
Wechsel nicht bekannt	9	60,0
ja, ungeplant	5	33,3
ja, geplant	1	6,7
Gesamt	**15**	**100**

3.6.4 Fallbeispiel einer renditeorientierten Projektentwicklung: Der „Sell-Speicher"

Im Rahmen eines Expertengesprächs gab der Geschäftsführer der „R+S Gesellschaft für Schlüsselfertiges Bauen mbH" (R+S) im April 2006 Auskunft. Der „Sell-Speicher" ist aus der Kernsanierung eines alten Speichergebäudes entstanden. Die Bürofläche wird mit 7.350 qm angegeben und reicht über insgesamt acht Etagen. Der Sitz des Projektentwicklers befindet sich in Hamburg. Zusammen mit der „Bauträger-, Projektentwicklungs- und Bauerschließungsgesellschaft mbH" (BPB) bildet R+S einen Unternehmensverband. R+S projektiert als Generalübernehmer ausschließlich für BPB, die die zu bebauenden Grundstücke über Tochtergesellschaften erwirbt und die Immobilien nach der Fertigstellung veräußert. Das Kerngeschäftsfeld dieser kleinen Unternehmung besteht in der Entwicklung von Büro- und Wohnimmobilien in der Form eines Trader-Developers.

Der Aktionsraum der Gesellschaft beschränkt sich momentan auf Schleswig-Holstein, Niedersachsen und Hamburg. Bis auf wenige Ausnahmen werden südlich von Hamburg jedoch keine Projekte durchgeführt. Vor der Entwicklung des „Sell-Speichers" wurden bereits zehn Büroimmobilien entwickelt, die allesamt größer als der „Sell-Speicher" waren. Der Projektentwickler verfügt also über ausgiebige Erfahrungen in der Entwicklung von Büroimmobilien.

Ein wichtiger Punkt für die Standortwahl war das vorhandene Speichergebäude in Kiel. In Hamburg wurde Mitte der 1990er Jahre ein vergleichbares Gebäude saniert (der „Elbspeicher"), so dass bereits Erfahrungen mit einer Kernsanierung diese Gebäudetyps vorhanden waren. Zu dieser Zeit wurde auch der Kontakt mit der Kieler Wirtschaftsförderung hergestellt, die bei der Schaffung des Baurechts unterstützend tätig wurde. Es bestanden auch schon vor der Entwicklung des „Sell-Speichers" Anknüpfungspunkte in Kiel: So agierte das Unternehmen bis 1988 noch unter dänischer Führung und unterhielt zu dieser Zeit auch eine Niederlassung in Kiel. 1998 wurde R+S im Rahmen eines Management Buy Outs ausgegründet und die Kieler Geschäftsstelle dabei geschlossen.

Der Geschäftsführer von R+S gab zudem an, in Flensburg geboren und in Rendsburg aufgewachsen zu sein. In der Jugend war er auch regelmäßig in Kiel und kennt die Stadt deshalb sehr gut.

R+S ist als Trader-Developer einzustufen, da der Verkauf der Immobilie von Beginn an Ziel der Entwicklung war. Da zu diesem frühen Zeitpunkt jedoch nicht klar war, ob das Objekt veräußert werden kann, handelte man wie ein Investor-Developer: Ein längerer Verbleib der Immobilie im eigenen Bestand wurde einkalkuliert. Besonderer Wert wurde auf die Möglichkeit einer flexiblen Raumaufteilung gelegt, um sowohl groß- als auch kleinflächige Vermietungen durchführen zu können. Durch eine kleinteilige Mieterstruktur wird das Nachvermietungsrisiko infolge des geringen Mietflächenumsatzes gesenkt: Der größte Mieter belegt zum Zeitpunkt der Befragung ungefähr 10 % der Gesamtfläche. Darüber hinaus wurden hochwertige Materialien verbaut, um auf diese Weise „Werte zu schaffen". Die Miete bewegt sich mit 12,50 Euro im oberen Preissegment. Als Zielgruppe wurden u. a. Banken, Versicherungen und unternehmensorientierte Dienstleister (z. B. Wirtschaftsprüfer) im Vorwege festgelegt.

Nachdem die Vorvermietungsquote von 40 % erreicht war, begann im November 2000 die Baumaßnahme. Im Juni 2002 wurde die Immobilie an eine Tochtergesellschaft der BPB schlüsselfertig übergeben. Zum Zeitpunkt des Gesprächs waren sowohl die Büroflächen als auch die Parkplätze vollständig vermietet. Im Jahr 2006 wurde die Immobilie daraufhin an ein Konsortium dänischer Privatinvestoren veräußert, so dass vom Baubeginn bis zur Veräußerung insgesamt knapp sechs Jahre vergangen sind. Der Kontakt zu den Investoren wurde über einen Kieler Gewerbeimmobilienmakler hergestellt. Unter den Interessenten waren aber auch institutionelle Investoren: Zwei größere Versicherungen wurden in diesem Zusammenhang genannt. Die Entscheidungen gegen das Investment wurden in beiden Fällen nicht in Kiel getroffen. Kieler Banken waren nicht interessiert, wohl aber Häuser mit Sitz in Hamburg. Auch von offenen Immobilienfonds kamen Anfragen, die allerdings nicht als ernsthaft eingestuft wurden. Diese Fonds investieren nach Aussage des Befragten normalerweise nur in den Metropolen in Großobjekte ab 50 Mio. Euro. Auch in Zukunft erwartet der Gesprächspartner kein Umdenken der institutionellen Investoren hinsichtlich Büroimmobilieninvestments in Städten wie z. B. Kiel.

Abbildung 15: Foto des „Sell-Speichers"

3.7 Die Kai-City Kiel als Beispiel eines Großvorhabens

Bei der Kai-City Kiel handelt es sich um ein in der Innenstadt gelegenes, ehemaliges Hafenareal mit einer Fläche von ungefähr 25 ha. Bis in die 1970er Jahre wurden die Flächen von Unternehmen aus den Bereichen Schiffbau und Agrarwissenschaft genutzt und standen somit für eine Bebauung nicht zur Verfügung. Nachdem sich die Werft HDW im Zuge der globalen Rationalisierungstendenzen im Schiffbau auf ihr Stammgelände zurück gezogen hatte, bot sich der Stadt Kiel die Chance, diese Flächen für eine Innenstadterweiterung zu nutzen. Die Kai-City verfügt über eine ausgeprägte Waterfront und grenzt an die Kieler Einkaufscity. Das Projekt eignet sich deshalb in besonderer Weise, Chancen und Probleme der Umsetzung von „Property-Led-Development"-Strategien in einem kleinen Markt zu diskutieren.

Seit Beginn der 1990er Jahre wurde ein Planungskonzept verfolgt, das unter dem Leitmotiv „Arbeiten und Wohnen am Wasser" firmiert. Das Bebauungskonzept sieht vor, 82 % der Flächen gewerblich und 18 % durch Wohnungen zu nutzen. Bei der Zielgruppe handelt es sich der Standortqualität entsprechend primär um Dienstleistungsunternehmen sowie um besser gestellte Haushalte. Sozialer Wohnungsbau spielt in dem Konzept keine Rolle (Claus et al., 2005, S. 59ff.). Da die Maßnahme mit öffentlichen Geldern gefördert wird und die Entwicklung des Gesamtstandorts zumindest kostenneutral erfolgen soll, bleibt nur wenig Spielraum für Kompensationsmaßnahmen im benachbarten Problemstadtteil Gaarden. Zwar wurde vom Fördergeber die Bedingung gestellt, die fußläufige Wegeverbindung nach Gaarden zu optimieren. Da nach Fertigstellung der Maßnahme trotz allem keine direkte Wegeverbindung zum Gaardener Zentrum bestehen wird, sind wegen der großen Distanz sowie der begrenzenden Wirkung der Werftstraße kaum spürbare Effekte der Kai-City auf den benachbarten Stadtteil zu erwarten.

Da der Standort früher industriell genutzt wurde, mussten zur Herrichtung zunächst die Altlasten aufwendig saniert werden. Die Fläche wurde über die ordnungsrechtlichen Anforderungen hinaus zum größten Teil dekontaminiert, um eine spätere Vermarktung nicht zu behindern. Die Kosten dafür belaufen sich auf etwa 157 Mio. Euro. Da die Stadt die Summe nicht aus eigener Kraft aufbringen konnte, wurden Fördermittel aus unterschiedlichen Töpfen hinzugezogen (u. A. Landesmittel aus dem Städtebauförderungsprogramm und Ziel 2/EFRE-Fördermittel; Claus et al., 2005, S. 62). Gefördert wurde allerdings lediglich der Fehlbedarf, der sich aus der Differenz aller Einnahmen aus den Grundstücksverkäufen und der resultierenden Gesamtkosten nach Durchführung der Maßnahmen voraussichtlich ergeben wird. Zu diesem Zweck wurde vor Bewilligung der Förderung ein Gutachten angefertigt, in dem die Endwerte der Grundstücke nach Durchführung der Sanierung ermittelt wurden. Dem Gutachten liegt der oben genannte Nutzungsmix von 82 % gewerblicher und 18 % Wohnnutzung zugrunde. Abweichungen von den zugrundegelegten Grundstückswerten oder dem Nutzungsmix können zu Rückforderungsansprüchen des Fördermittelgebers führen, deren Höhe zum momentanen Zeitpunkt unbestimmt ist.

Nach der Aufbereitung der Flächen standen etwa 50.000 qm Grundstücksfläche zum Verkauf zur Verfügung, auf denen etwa 200.000 qm (BGF) Nutzfläche entwickelt werden können. Die erste Phase der Vermarktung war durch einen zügigen Abverkauf der Flächen geprägt: Zwischen 1998 und 2000 wurden bereits 50 % der Grundstücksflächen veräußert. Die New Economy fungierte als zentraler Motor für diese dynamische Entwicklung. Schlagwörter wie „MobilCom, UMTS, freenet, comdirect, Online-Banking, Call-Center, Multi-Media-Campus, Web Campus, ISION, ComCity, ..." prägten das Planungsgeschehen an der Kai-City Kiel (Aring, 2002, S. 2f). Nachdem im Sommer 2000 die Kurse am Neuen Markt jedoch abrupt einbrachen, geriet auch die Entwicklung der Kai-City ins Stocken.

Infolge der resultierenden Vermarktungsprobleme wurden im Jahre 2002 die bis dahin unternommenen Maßnahmen durch einen externen Gutachter evaluiert. Die Ergebnisse geben Aufschluss über die Interessenten, die für die Maßnahme gewonnen werden konnten. Ernsthafte Kontakte mit Investoren und Projektentwicklern, mit denen Gespräche über Grundstücksverkäufe an der Kai-City geführt wurden, wurden in einer Datenbank aufbereitet[78]. Es gab sechs Kontakte, die in Abschlüssen mündeten. Die Käufer gehörten allesamt bereits im Vorfeld der Maßnahme zum Netzwerk der vermarktenden Akteure und waren auch bereits in der Region in Erscheinung getreten. Es handelt sich dabei primär um Selbstnutzer bzw. Anleger für das eigene Portfolio sowie Bauträger bzw. Developer, die für einen bereits feststehenden Hauptnutzer entwickelten

---

[78] Es wurden sechs erfolgreiche Kontakte, die in einem oder mehreren Grundstücksverkäufen mündeten, sowie 26 gescheiterte Kontakte berücksichtigt. Die Investoren wurden entsprechend der Kontaktanbahnung, des räumlichen Aktionskreises sowie der Gründe des Scheiterns kategorisiert.

(z. B. BEAC für die ComDirect Bank). Eigennutzer aus dem Bereich der New Economy spielten insgesamt die ausschlaggebende Rolle. Weitere ernsthafte Kontakte kamen im Großen und Ganzen mit Interessenten zustande, die aus der Region kamen oder zu denen bereits Kontakte bestanden. Darüber hinaus konnten kaum ernsthafte Interessenten für den Standort gewonnen werden.

Bei den fehlgeschlagenen Kontakten handelt es sich um elf Projektentwickler, acht Selbstnutzer und fünf Bauträger. Es bestanden auch bei den fehl geschlagenen Kontakten zu großen Teilen schon vorher Anknüpfungspunkte in der Region Kiel: 85 % entstammen entweder dem persönlichen Netzwerk der Vermarkter oder sind bereits lokal oder regional in Erscheinung getreten. Mehr als die Hälfte kommt aus dem Großraum Norddeutschland (einschl. Hamburg), der Rest aus den übrigen Teilen Deutschlands und lediglich zwei aus dem Ausland. Die Projektentwickler sind zum Großteil in ganz Deutschland aktiv. Aber auch diese Akteure hatten zum großen Teil bereits Anknüpfungspunkte in der Region. Sie melden sich regelmäßig bei interessanten Standorten und treten mit einem eher grundsätzlichen Interesse auf: Der Zeitplan und auch die Finanzierung waren bei der Mehrzahl ungeklärt. Größtenteils scheiterte das Engagement bereits im Anfangsstadium, so dass die Planung nicht konkret wurde. Auch spielte insbesondere der Einzelhandel (ungeachtet der Vorgaben der Planung) in den Planungskonzepten eine große Bedeutung (Aring, 2002, S. 6f).

Neben den genannten Faktoren wird aber auch das Planungskonzept der Kai-City, das auf fehlerbehafteten Annahmen beruht, vom Gutachter als Ursache für die Entwicklungsprobleme angeführt. Die planungsvorbereitende Prognose eines externen Gutachters ging nämlich von einem deutlich zu starken Wachstum des Mietflächenumsatzes aus. Infolgedessen wurden städtebauliche Lösungen und begleitende Festsetzungen entwickelt, die deutlich überdimensioniert ausfallen und somit den Kieler Verhältnissen nicht entsprechen. Da die kalkulierten Bodenpreise die Investoren zur Ausnutzung der gesamten Nutzfläche zwingen, resultieren Büroimmobilien mit Bruttogeschossflächen von mehr als 10.000 qm, oft sogar mehr als 15.000 qm. Derartige Immobiliengrößen im Bürosegment sind aber für eine Fremdvermietung in Kiel nicht geeignet (Aring, 2006a, S. 10).

Von den ursprünglich angesetzten 190.000 qm Bruttogeschossfläche Büronutzung waren 2006 somit erst 16 % entwickelt. Der Gutachter schlug daraufhin eine Anpassung der Planungsgrundlagen vor: Eine kleinteiligere und offenere Bebauung, die auch mit einer Senkung der Grundstückspreise einhergehen müsste. Auch eine Überprüfung der Reduktion des Büroflächenanteils zugunsten anderer Nutzungen (z. B. Wohnen) wurde empfohlen. Insgesamt ist auch von deutlich längeren Vermarktungszeiträumen im Vergleich zu den ursprünglichen Annahmen auszugehen (Aring, 2006a, S. 4 und 14-17). Die Empfehlungen wurden in der Zwischenzeit aufgegriffen, der Nutzungsmix wurde bisher allerdings noch nicht angepasst. Die große Unsicherheit hinsichtlich eventuell anfallender Rückforderungsansprüche durch die Europäische Union verhindert bisher eine marktgerechte Justierung des Nutzungsmixes. Die öffentliche Hand versucht die Entwicklung der Kai-City durch die Ansiedlung weiterer Funktionen weiter zu stützen (im Freizeitbereich das Science-Center).

Vier Projektentwicklungen werden in diesem Zusammenhang vorgestellt:

- Der „Schmid-Bau",
- der „Hörn-Campus",
- die Ansiedlung der ComDirect Bank und
- die „Germania-Arkaden".

Der „Schmid-Bau":

Die ersten vier Baublöcke wurden 1998 an Gerhard Schmid, dem damaligen Vorstandschef der Mobilcom AG, verkauft. Es handelte sich dabei um Schlüsselgrundstücke der Kai-City Kiel rund um den Germania-Hafen, die der Innenstadt am nächsten gelegen sind. Gerhard Schmid, der damalige Vorstandschef der MobilCom AG, plante hier ursprünglich ein Immobilienprojekt mit einer Investitionssumme von etwa 100 Mio. Euro: Nach Zeitungsangaben sollten dort neben 13.000 qm Büroflächen auch Wohnungen, Geschäfte und ein medizinisches Zentrum entstehen. Gerhard Schmid investierte zwar als Privatperson, hatte aber die Option der Vermietung großer Teile der Büroflächen an Sparten der Mobilcom AG. In den Expertengesprächen wurde daher die Meinung vertreten, dass Herr Schmid zumindest den Bürobereich betreffend als Selbstnutzer einzuordnen ist: Es wurden v. A. Großraumbüros entwickelt, die auf die Belange einer Call-Center Nutzung (der Mobilcom AG) ausgerichtet sind. Es wurde von verschiedenen Experten bemängelt, dass die Drittverwendungsfähigkeit der Immobilie erheblich eingeschränkt ist.

Die Stadt Kiel musste bzgl. der Gestaltung der Immobilie Kompromisse in Kauf nehmen: So ließ sich der Investor nicht zu einem offenen Architektenwettbewerb bewegen, sondern lobte lediglich einen beschränkten Wettbewerb aus. Den Zuschlag bekam das Büro Millenium des Schwiegersohns des Investors, Paul Sindram. Der Entwurf dieses jungen und unerfahrenen Büros erntete in der Öffentlichkeit massive Kritik, u. a. auch vom Bund Deutscher Architekten (Kieler Nachrichten vom 15.12.1999). Auch in den Expertengesprächen wurde die Immobilie als viel zu massiv und inadäquat für diesen exponierten Standort bewertet. Darüber hinaus wurde eine unzureichende interne Trennung der Funktionen Büro und Wohnen in Teilbereichen des Gebäudes kritisiert.

Die auftretenden Probleme bei der Durchführung des Bauvorhabens liefern Belege, wie sich der Einbruch des Neuen Markts auf das Projekt der Kai-City Kiel auswirkte: Nachdem die Bauarbeiten Ende 2000 begonnen hatten, vermeldeten am 26. Februar 2002 die Kieler Nachrichten, dass die Arbeiten nunmehr ruhen, weil der Investor Zahlungsverpflichtungen nicht nachgekommen sei. Der Hintergrund ist der, dass die Kredite über Aktien des Investors an der Mobilcom AG abgesichert waren (Lombard-Kredit). Infolge des Zusammenbruchs am Neuen Markt sank auch der Kurs dieser Aktien rapide, so dass die hinterlegten Sicherheiten massiv an Wert verloren. Da der Beleihungswert des Rohbaus zu niedrig war, stellten die Banken kein frisches Kapital mehr zur Verfügung. In der Folge übernahm ein Gläubiger (die Sachsen LB) Ende 2002 die Immobilien in die Zwangsverwaltung. Im Februar 2003 stellte Gerhard Schmid Antrag auf Insolvenz am Amtsgericht in Flensburg (Kieler Nachrichten vom 18.02.2003)[79].

Die Bauarbeiten wurden bis zur Zwangsversteigerung nicht wieder aufgenommen, das Gebäude wurde lediglich in Teilen winterfest gemacht. Auch andere Investitionsvorhaben an der Kai-City wurden infolgedessen zunächst nicht weiter verfolgt. Die zukünftige Nutzung des „Schmid-Baus" stellte für andere (Büro-)Projekte ein nicht zu kalkulierendes Risiko dar. Im anberaumten Zwangsversteigerungsverfahren erhält im April 2005 die Waterkant Immobilienfonds GmbH & Co KG den Zuschlag für die sich im Rohbau befindenden Immobilien und gelangt auf diese Weise wieder in den Einflussbereich des ursprünglichen Investors[80]. Der Rohbau wird in der Folge fertig gestellt und die Vermarktung der Immobilie begonnen. Während die Wohnungen in relativ kurzer Zeit vermietet werden, gestaltet sich die Vermarktung der Büroflächen als relativ schwierig. Zu Beginn der Maßnahme konnten nur für kleine Flächen Mietverträge abgeschlossen werden. Am 8. März 2007 vermelden die Kieler Nachrichten, dass die neue Freenet AG, die aus der Fusion von MobilCom und der alten Freenet hervorgegangen ist, mit 1.400 Mitarbeitern in den „Schmid-Bau" ziehen. Das Unternehmen belegt dort etwa 8.500 qm Bürofläche, hauptsächlich in Großraumbüros. Über Umwege wurde die Immobilie somit doch noch der ursprünglich anvisierten Nutzung zugeführt.

---

[79] Seitdem wurden verschiedene Klagen gegen Gerhard Schmid seitens der Staatsanwaltschaft erhoben und sind z. T. auch noch anhängig: U. a. soll er Teile seines Vermögens widerrechtlich ins Ausland geschafft haben.
[80] Die Geschäftsführung der Gesellschaft hat Frau Schmid-Sindram, die Ehefrau von Gerhard Schmid, inne. Ihr Mann, mit dem sie in Gütertrennung lebt, hat seiner Ehefrau Teile seines Vermögens überschrieben.

Abbildung 16: Foto des sog. „Schmid-Baus"

Der „Hörn-Campus"

Der „Hörn-Campus" ist ein weiteres Beispiel für eine Büroimmobilienentwicklung durch einen Selbstnutzer, die ISION Internet AG. Auch dieser Nutzer ist dem Segment des Neuen Marktes zuzuordnen und war von der Entwicklung ebenfalls negativ betroffen. Das Gebäude ist architektonisch sehr ansprechend: Die Immobilie besitzt eine zum Wasser hin orientierte, in Form einer Spange geschwungene Glasfassade, die die Motive Wind, Wasser und Dynamik widerspiegeln soll. Die Nutzfläche beträgt etwa 6.000 qm. Von der Größenordnung her ist die Immobilie auch für eine Fremdvermietung in Kiel geeignet. In den Expertengesprächen bemängelte jedoch ein Vertreter die für eine kleinteilige Vermietung nicht ausreichende Anzahl an Erschließungskernen. Nach der Meinung des Experten resultiert dieser Mangel aus der ursprünglichen Konzeption der Immobilie für einen Eigennutzer. Die Immobilie ist nach Aussage des Eigentümers inzwischen trotzdem voll vermietet[81]. Die Mieten liegen im höchsten Kieler Preissegment. Eine Eigennutzung findet inzwischen nicht mehr statt.

Die Firma ISION[82] wurde 1998 mit verschiedenen IT-Firmen aus Schleswig-Holstein zur ISION Internet AG verschmolzen. Der Kieler Bereich der ISION Internet AG, einem Internet-Service mit Sitz in Hamburg, entstand im Wesentlichen durch die Übernahme der ohltec GmbH & Co KG (dahinter steht die Familie Claussen aus Hohenaspe), die 1999 bereits den Großteil ihrer 125 Mitarbeiter in Kiel beschäftigte. Im Jahr 2000 wurde die Gesellschaft am Neuen Markt platziert. Der Unternehmenssitz sollte in der Folge nach Kiel verlagert werden. Für Kiel sprachen das attraktive Grundstück, das Versprechen der Stadt für ein zügiges Baugenehmigungsverfahren, die vorhandenen Hochschulen als Technologiegeber und Arbeitskräftelieferant sowie die im Vergleich zu Hamburg niedrigeren Lebenshaltungskosten (KN vom 4. Februar 2000). Nachdem die Ision AG an die britische Energis veräußert wurde und in die Insolvenz ging, erstand die Kap Hörn GmbH & Co KG mit Sitz in Hamburg die Immobilie. Hinter der Kap Hörn GmbH & Co. KG steht wiederum die Familie Claussen aus Hohenapse, die Eigentümer der Ohl-Gruppe. Ein Mieter ist die Addix Internet Services GmbH, die 2002 als Management-Buy-Out aus der ISION Internet AG hervorgegangen ist. Neben Addix mieten inzwischen noch zahlreiche andere Firmen Flächen in dem Gebäude. Im Endeffekt war der Ansiedlungserfolg der ISION Internet AG insofern nur temporär, nachhaltige Beschäftigungseffekte sind nicht zu verzeichnen.

---

[81] www.hoern-campus.de Stand: 24. Januar 2008
[82] Die Distefora Holding, eine Aktiengesellschaft des Hamburger Geschäftsmannes Alexander Falk, hat ISION 1998 von Thyssen Krupp erworben.

Abbildung 17: Foto des „Hörn-Campus"

Die ComDirect Bank (lediglich Planung)

Die vorübergehende Ansiedlung der Comdirect-Bank liefert ein weiteres Beispiel für ein Immobilienprojekt an der Kai-City, das auf einen Nutzer aus dem Bereich der sog. New Economy zugeschnitten war. Comdirect trat jedoch nicht selbst als Investor auf, sondern ein Projektentwickler aus Hamburg, der das Grundstück erworben hat (die BEAC erwarb Ende 2000 drei Teilflächen). ComDirect, die ihren Hauptsitz in Quickborn hat, wollte an diesem Standort ein Call-Center betreiben Die Bank benötigte sofort Kapazitäten und nutzte deshalb den KiWi-Tower für zwei Jahre als Zwischenlösung (s. o.). Durch den Einbruch am Neuen Markt waren weitere Call-Center Kapazitäten jedoch nicht mehr nötig, so dass Kiel als zweites Standbein komplett verworfen wurde. Die Flächen befinden sich noch im Besitz des Projektentwicklers und liegen zurzeit brach.

Die „Germania-Arkaden" (Das Projekt befindet sich inzwischen im Bau)

Die „Germania-Arkaden" werden von dem Investor entwickelt, der den „Sell-Speicher" gebaut und veräußert hat: Der Entwickler agiert wiederum als Trader-Developer mit der Möglichkeit einer langfristigen Bestandshaltung. Mit 6.500 qm Bürofläche weist das Gebäude eine zum „Sell-Speicher" vergleichbare Größenordnung auf, das Gebäudekonzept ist ebenfalls mit dem des „Sell-Speichers" vergleichbar.

Das Projekt liefert einen guten Beleg für die extrem langen Vorvermietungszeiträume in einem kleinen Markt wie Kiel: Zwischen Projektstart und Baubeginn lagen im Fall der „Germania-Arkaden" etwa zehn Jahre. Der Investor gab im Gespräch an, dass im Laufe der Vorvermietung immer wieder große Ankermieter (u. A: auch öffentliche Nutzer) abgesprungen sind. So war z. B. auch Freenet als potenzieller Mieter in den „Germania-Arkaden" im Gespräch. Da Freenet sich letztendlich für den „Schmid-Bau" entschieden hat, wurde der Baubeginn wiederum verschoben, da die von den Banken geforderte Vorvermietungsquote von 50 % noch nicht erreicht war. Das Projekt befindet sich inzwischen trotz der anfänglichen Probleme im Bau.

3.8 Beantwortung der empirischen Forschungsfragen

Ausgangspunkt der Betrachtungen sind die entwicklungsstrategisch relevanten Metropolfunktionen. In Kiel fehlen insbesondere im privatwirtschaftlichen Bereich Headquarterfunktionen multinationaler Unternehmen. Bei den großen Produktionsunternehmen handelt es sich um Konzerntöchter. Standort- und Unternehmensentscheidungen werden in letzter Instanz nicht in Kiel, sondern außerhalb der Region getroffen. Derartige Produktionsbetriebe waren auch in der Vergangenheit von Stellenstreichungen und Werksschließungen betroffen. In der Konsequenz ist auch die Gruppe der unternehmensorientierten Dienstleister in Kiel nur schwach vertreten. Es überwiegen Beschäftigte im öffentlichen Dienstleistungsbereich. In diesem Zusammenhang ist die Funktion Kiels als Landeshauptstadt von Schleswig-Holstein und Oberzentrum positiv anzuführen.

Im Vergleich zu den Metropolen ist Kiel durch eine unterdurchschnittliche Marktdynamik geprägt. Das betrifft sowohl das Neubauvolumen als auch die Mietumsätze in Relation zum Büroflächenbestand. Die unterdurchschnittliche Entwicklungstätigkeit lässt auf eine nachfrageorientierte Angebotspolitik schließen, die sich in einer vergleichsweise niedrigen Leerstandsquote widerspiegelt. Spekulative Entwicklungen sind insofern die Ausnahme. Die Spitzenmiete liegt mit 11 Euro auf einem Niveau, das auch renditeorientierte Entwicklungen als möglich erscheinen lässt. Die Stabilität der Spitzenmiete in den letzten zehn Jahren lässt zudem auf ausgeglichene Marktverhältnisse schließen. Demgegenüber legen fallende Durchschnittsmieten ein Überangebot an Flächen im mittleren und einfachen Segment nahe. V. A. sehr hochwertige Entwicklungen in den Kieler Toplagen versprechen vor diesem Hintergrund Erfolg.

Die vergleichsweise geringen Mietumsätze werden durch hohe Quoten an Eigennutzern (es dominieren öffentliche Dienstleistungen) sowie die geringe Anzahl an Unternehmensansiedlungen erklärt. Flächentausch bestimmt in erster Linie das Geschehen am Kieler Mietmarkt. Im Vergleich zu Hamburg wurde Kiel in den Expertengesprächen als wenig prosperierend charakterisiert. Der wenig dynamische Mietmarkt erhöht für die Investoren das Vermietungsrisiko für den Fall, dass Mieter ausfallen. In der Folge werden in Kiel geringere Immobilienpreise gezahlt, was sich wiederum in einer höheren Nettoanfangsrendite für den Investor niederschlägt.

In den Expertengesprächen wurde die Qualität eines Großteils der vorhandenen Büroimmobilien bemängelt: Das Bild prägen insbesondere ältere Immobilien, die für Eigennutzer konzipiert wurden. Derartige Immobilien sind nicht effizient und bzgl. der Drittverwendungsfähigkeit eingeschränkt. Das konnte anhand der Untersuchung der Immobilienstruktur bestätigt werden: Lediglich gut ein Fünftel der Immobilien des Untersuchungssamples wurden von den Gutachtern als qualitativ gehoben bewertet. Der Rest ist von mittlerer und einfacher Qualität. Problematische Lagen in diesem Zusammenhang mit hohen Anteilen einer einfachen bzw. sehr schlechten Gebäudequalität sind neben den „Streulagen" die „Altstadt/City" sowie die „Südliche City". Auch bei den betrachteten Projektentwicklungen der vergangenen zehn Jahre war die Eigennutzung ein ausschlaggebendes Motiv. Seit kurzem wird aber auch zunehmend für den Mietmarkt entwickelt. Einige Experten äußerten die Ansicht, dass nur wenige Kieler Büroimmobilien als Anlageobjekt für institutionelle Investoren geeignet sind.

Zur Untersuchung der Eigentumsstruktur von Kieler Büroimmobilien stand ein Untersuchungssample zur Verfügung, dass im Rahmen der Büromarktstudie 2006 erhoben und um Eigentümerangaben ergänzt wurde. Es ist zwar nicht für den gesamten Bestand repräsentativ, zeichnet aber für die zentralen Lagen ein vollständiges Bild. Betrachtet man zunächst die einzelnen Investorentypen, so lässt sich feststellen, dass Privatinvestoren mit mehr als einem Viertel die meisten Büroimmobilien in Kiel besitzen. Unter Zugrundelegung der Bruttogeschossfläche ändert sich das Bild: Aufgrund der geringen durchschnittlichen Größe der Immobilien rangieren die Privatinvestoren nunmehr hinter den öffentlichen Eigentümern. Die Property-Unternehmen haben in dieser (vergangenheitsbezogenen) Betrachtung eine noch geringere Bedeutung als die Privatinvestoren: Sie besitzen lediglich 6,3 % der Immobilien bzw. 5,8 % der Fläche. Während fast zwei Drittel der Privatpersonen ihren Wohnsitz in Kiel haben, kommen Property-Unternehmen oft auch von außerhalb.

In den Expertengesprächen wurde überwiegend die Meinung vertreten, dass in der Vergangenheit regional ansässige Privatinvestoren als Käufer von Büroimmobilien tätig geworden sind. Es wurden einige wenige Privatinvestoren genannt, die in der Vergangenheit Büroimmobilien in Kiel erworben haben. Dabei betonten die Gesprächspartner, dass es sich dabei nicht um rein renditeorientierte Kapitalanleger handelt, sondern dass neben anderen auch emotionale Faktoren eine Rolle spielen. Property-Unternehmen wurden in diesem Zusammenhang nicht genannt. Die Auswertung der Daten des Gutachterausschusses der Jahre 2005 und 2006 führte jedoch zu dem Ergebnis, dass in beiden Jahren fast ausschließlich Gesellschaften zu den Käufern von Büroimmobilien zählten. Lediglich eine Privatperson erwarb eine Immobilie. Insgesamt wurde etwa die Hälfte der Immobilien von Käufern aus der erweiterten Region (Postleitzahlenbereich Kiel/Flensburg) gekauft. Es wird vermutet, dass es sich dabei insbesondere um Property-Unternehmen handelt. Privatinvestoren und Property-Unternehmen sind in der Realität aber nicht immer leicht zu unterscheiden, da hinter den Unternehmen oftmals Einzelpersonen stehen. Während die Käufer der kleinen Büroimmobilien mit einem Wert unter 1 Mio. Euro aus der (erweiterten) Region stammen, wiesen die Käufer größerer Immobilien mit Werten bis zu 5 Mio. Euro einen überregionalen Tätigkeitsradius auf. Dabei handelt es sich auch um ausländische Investoren.

Die Projektentwicklungen wurden anhand der aktuellen Eigentümerstruktur untersucht. Da tlw. Eigentümer gewechselt haben, handelt es sich nicht immer um den ursprünglichen Endinvestor. Zu den Projektentwicklern lagen dagegen keine Informationen vor. Privatpersonen sind in dieser Betrachtung ohne große Bedeutung: Sie halten zum Untersuchungszeitpunkt lediglich drei von 18 Projekten (11,1 %) bzw. 7 % der entstandenen Fläche im Bestand. Property-Unternehmen kommt mit ebenfalls drei Immobilien, aber immerhin fast einem Fünftel der entstandenen Fläche, eine größere Bedeutung zu. Es handelt sich dabei um vergleichsweise große Projekte. Besonders hervorzuheben ist in diesem Zusammenhang ein Projektentwickler aus Hamburg, der in der Form eines Trader-Developers den „Sell-Speicher" entwickelt hat und diesen nach erfolgreicher Vermietung an ein Konsortium ausländischer Investoren veräußern konnte. Property-Unternehmen aus Hamburg und Salzgitter hatten bereits im Vorfeld Anknüpfungspunkte in Kiel.

In der Konsequenz kann die **Hypothese I** für Kiel nur in Teilen aufrecht gehalten werden. Privatinvestoren kommt als Bestandshalter und Käufer von sehr kleinen Büroimmobilien eine besondere Bedeutung zu. Als Endinvestoren für die betrachteten Projektentwicklungen spielen sie dagegen nur eine untergeordnete Rolle. Property-Unternehmen halten dagegen vergleichsweise wenige Immobilien in Kiel. Ihnen kommt aber momentan als Käufer von Bestandsimmobilien und auch als Projektentwickler eine große Bedeutung zu. Während die Privatinvestoren eher einen regionalen Radius aufweisen, handelt es sich bei den Property-Unternehmen um einen vergleichsweise mobilen Investorentyp.

Eigentümer mit einem institutionellen Hintergrund besitzen mit über einem Viertel der zentralen Büroflächen in Kiel einen großen Bestand. Der hohe Anteil der institutionellen Eigentümer hat seinen Ursprung in der Zentralität Kiels. Zusammen mit den öffentlichen Eigentümern halten institutionelle Eigentümer die meisten Büroflächen in Kiel. Dabei spielt wiederum das Motiv der Eigennutzung eine große Rolle. Das konnte exemplarisch anhand der HSH Nordbank sowie eines großen, regional ansässigen Versicherungskonzerns gezeigt werden. Darüber hinaus sind in Kiel aber auch vereinzelt institutionelle Investoren aktiv, die primär Flächen auf dem Mietmarkt anbieten: Eine Immobilien AG (Jacobsen AG) sowie wenige geschlossene Immobilienfonds.

Offene Immobilienfonds konnten entsprechend der ursprünglich getroffenen Annahmen in Kiel nicht lokalisiert werden. Das betrifft insbesondere auch die Kai-City Kiel. Die Wasserlage bietet potenziellen Investoren die Chance, Monopolrenten zu erzielen. Aufgrund der Ausrichtung auf hochwertige Büroimmobilien sowie der Größe der geplanten Baukörper wäre das Projekt auch für offene Immobilienfonds von Interesse gewesen. Das Kieler Büroimmobiliensegment ist für derartige Investoren aber offenbar nicht attraktiv. Da der Kieler Sophienhof im Besitz eines offenen Immobilienfonds ist, kann jedoch davon ausgegangen werden, dass Kiel als Investitionsstandort nicht grundsätzlich gemieden wird. In der Konsequenz kann **Hypothese IIa** anhand der Ergebnisse in Kiel nicht widerlegt werden. In den Expertengesprächen wurde überwiegend die Meinung vertreten, dass institutionelle Investoren in Kiel momentan nicht zu den Käufern von Büroimmobilien gehören. Regionale institutionelle Büroimmobilieneigentümer bieten in der aktuellen Marktphase dagegen überwiegend Büroimmobilien an.

Versicherungen und Pensionskassen gehören zu den bedeutenden Eigentümern von Büroimmobilien in Kiel: Sie besitzen etwa je ein Zehntel der Immobilien sowie der Flächen im Sample. Es handelt sich dabei überwiegend um eigen genutzte Immobilien mit einem einfachen Qualitätsstandard. Viele Immobilien entstanden bereits in den 1970er-Jahren und befinden sich somit am Ende ihres Lebenszyklus. Am Sophienblatt („Südliche City") treten städtebauliche Missstände zu Tage und spiegeln sich in Leerständen wider. Bei mehr als der Hälfte der von Versicherungen und Pensionskassen gehaltenen Objekte kommt der Eigentümer aus den restlichen Teilen Deutschlands. Es handelt sich bei diesen Objekten zumeist um regionale Niederlassungen, die eigene Gebäude nutzen. Im Rahmen von Projektentwicklungen ist dieser Investorentyp in den letzten zehn Jahren kaum in Erscheinung getreten.

Regional ansässige Versicherungen und Pensionskassen halten auch Kieler Büroimmobilien zur Kapitalanlage im Bestand. In diesem Zusammenhang wurden ein ansässiger Versicherungskonzern sowie die Zweigstelle eines Versorgungswerks befragt. Der Versicherer gab an, neben 700 Wohnimmobilien auch 100 Gewerbeimmobilien zu besitzen, die sich zu 95% in Schleswig-Holstein befinden. Demgegenüber werden lediglich zwei Hamburger Gewerbeimmobilien im Bestand gehalten. Bei den Büroimmobilien in Kiel spielt die Eigennutzung trotzdem eine bedeutende Rolle: Sechs von acht Immobilien im Sample werden ganz oder teilweise eigen genutzt. Die drei Immobilien in der Datenbank, die dem Versorgungswerk zugeordnet werden konnten, waren dagegen ausschließlich fremd vermietet. Daneben hält das Versorgungswerk Immobilien in Schleswig-Holstein und Hamburg, wobei es sich in Hamburg ausschließlich um Wohnimmobilien handelt. Eine Metropolenorientierung war für beide Investoren bzgl. Büroimmobilieninvestments in der Vergangenheit nicht festzustellen.

In den Expertengesprächen gaben sowohl der Vertreter der Versicherung als auch der des Versorgungswerks an, in der nahen Zukunft keine weiteren Büroimmobilien in Kiel direkt erwerben zu wollen. Der Büroimmobilienmarkt wurde von beiden Gesprächspartnern als schwieriges Segment bezeichnet: Der Versicherer gab an, durch den Einbruch am Neuen Markt Einbußen erlitten zu haben, die sich immer noch in Leerständen widerspiegeln. Das Versorgungswerk bietet gerade eine Immobilie zum Kauf an, die im Begriff ist, einen Ankermieter zu verlieren. Vom Versorgungswerk werden insbesondere lange Vermarktungszeiträume und hohe Leerstände in Kiel, die sich in sinkenden Mieten niederschlagen, als problematisch bewertet. Der Anlagefokus des Versicherers wird in Zukunft auf Wohn- und Büroimmobilien in deutschen und ausländischen Metropolen gelegt. Die indirekte Immobilienanlage spielt dabei eine bedeutende Rolle: Neben der Beteiligung ist auch die Neuauflage von Immobilienfonds mit z. T. internationalen Standorten geplant.

Anhand der vorliegenden Ergebnisse kann **Hypothese IIb** nicht widerlegt werden. Es wird jedoch eingeschränkt, dass die regional ansässigen Versicherungen und Pensionskassen in der Vergangenheit primär Büroimmobilien in der Region ihres Geschäftssitzes erworben haben, also in Kiel. In absehbarer Zukunft sind allerdings aufgrund schwieriger Marktbedingungen keine direkten Investments in Kieler Büroimmobilien geplant. Vielmehr wird zumindest bei dem Versicherer der Fokus auf Metropolen in Deutschland sowie im Ausland in Form von offenen Immobilienfonds gelegt. Diese Entwicklung korrespondiert mit dem Branchentrend in Richtung zur indirekten Immobilienanlage.

In der Untersuchung der Eigentümerstruktur konnten vereinzelt Immobilien geschlossenen Fonds zugeordnet werden. Es handelt sich dabei allerdings nur um acht Immobilien mit einer Bruttogeschossfläche von knapp 20.000 qm. Die durchschnittliche Bürofläche beträgt 2.400 qm. In der Regel handelt es sich um Büro- und Geschäftshäuser, die im Gegensatz zu reinen Büroimmobilien aufgrund des Nutzungsmix ein etwas geringeres Risiko aufweisen. Die Immobilien befinden sich im Besitz von drei verschiedenen Eigentümern, die aus den restlichen Teilen Deutschlands kommen und somit als sehr mobil eingeschätzt werden können. Eine der betrachteten Projektentwicklungen befindet sich heute im Besitz eines geschlossenen Immobilienfonds: Es handelt sich dabei um ein relativ großes Büro- und Geschäftshaus (etwa 8.000 qm BGF) am Cityrand („Südliche City"), das von den Gutachtern als qualitativ gehoben bewertet wird.

Der Großteil der geschlossenen Fonds wurde in den 1980/1990er Jahren aufgelegt. Jüngere Produkte konnten in den Expertengesprächen sowie in der Datenbank nicht identifiziert werden. Eine in der Region ansässige Unternehmensgruppe, die auch geschlossene Immobilienfonds auflegt, engagiert sich momentan primär in Hamburg. Die hauseigenen Fonds enthalten dagegen lediglich ein Büro- und Geschäftshaus in der Kieler Innenstadt. Ein Makler gab im Expertengespräch an, dass die Marktteilnehmer im Moment die Einführung der G-REITs abwarten. In Zukunft können aber auch wieder geschlossene Immobilienfonds aufgelegt werden. Anhand der vorliegenden Ergebnisse kann **Hypothese IIc** nicht widerlegt werden. Betrachtet man den Gesamtmarkt, so spielen geschlossene Immobilienfonds in Kiel allerdings nur eine untergeordnete Rolle.

Es konnte in der Bestandsuntersuchung eine Immobilien AG identifiziert werden (Jacobsen AG), die aus einem alten Handelsbetrieb hervorgegangen und somit tief in der Region verwurzelt ist. Neben Wohnimmobilien hält die Gesellschaft auch Büro- und Geschäftshäuser. Die Haltung und Verwertung des Immobilienbestands steht im Vordergrund des Geschäftsinteresses. Als Käufer oder Projektentwickler ist die Immobilien AG in den letzten Jahren nicht in Erscheinung getreten. Die **Hypothese IId** ist also zu modifizieren: Eine lokal verwurzelte Immobilien AG agiert als Bestandhalter und hält neben Büroimmobilien auch noch andere Immobilientypen. Als Käufer oder Projektentwickler spielte diese Immobilien AG in den letzten Jahren dagegen keine Rolle. Überregional agierende Immobilien AGs haben sich im Büroimmobiliensegment in Kiel nicht engagiert.

In den Expertengesprächen wurde die Meinung vertreten, dass die Mehrzahl der Kieler Büroimmobilien für institutionelle Investoren nicht geeignet ist, da es sich um ältere, überwiegend kleinteilig vermietete Büroimmobilen handelt. Dementsprechend haben sich kapitalkräftige, überregional aktive Investoren in Kiel in der Vergangenheit nicht engagiert. Das betrifft insbesondere offene Immobilienfonds. Dagegen konnten vereinzelt Investitionen von geschlossenen Immobilienfonds ausgemacht werden. Regional verwurzelte, institutionelle Investoren haben in der Vergangenheit auch Büroimmobilien zur Kapitalanlage erworben und entwickelt. Nach Angabe der Experten bieten diese Investoren in der momentanen Marktphase jedoch Kieler Büroimmobilien zum Kauf an. Zukäufe von Büroimmobilien sind nach Aussage der Investoren in absehbarer Zukunft nach eigener Aussage aber nicht geplant. Die indirekte Immobilienanlage und damit auch Immobilienanlagen in den Metropolen spielen zunehmend eine größere Rolle. **Hypothese II** kann anhand der Ergebnisse in Kiel somit nicht verworfen werden. Insbesondere große, kapitalkräftige Investoren meiden Kieler Büroimmobilien.

In den Expertengesprächen wurden zur Erklärung des geringen Engagements institutioneller Investoren in Kiel die geringe Prosperität sowie der größtenteils ungeeignete Immobilienbestand angeführt. Darüber hinaus werden aufgrund der Zentralisierungstendenzen im institutionellen Bereich Entscheidungsfunktionen aus Kiel verlagert. Die Provinzial Versicherung hat zum Management ihrer gesamten Kapitalanlagen beispielsweise eine Assetmanagement gegründet. Dadurch wurden Investitionsentscheidungen in letzter Konsequenz zentralisiert und nicht mehr vor Ort getroffen. In den Expertengesprächen konnte bereits ein Fall identifiziert werden, in dem durch die Zentralisierung der Kauf einer Kieler Büroimmobilie verhindert wurde.

Des Weiteren wird im Zusammenhang mit der Verlagerung von Entscheidungsfunktionen die Privatisierung der schleswig-holsteinischen Landesbank genannt. Die Bank unterhält inzwischen einen Doppelsitz in Kiel und Hamburg. In der Folge trennte sie sich von strategischen Beteiligungen und veräußerte zumindest ein großes Immobilienpaket (ihre Anteile an der Jacobsen AG). Wichtiger ist jedoch die Tatsache, dass strategische sowie immobilienbezogene Entscheidungen nicht mehr in Kiel, sondern in Hamburg getroffen werden. Da die HSH Nordbank AG einer der wichtigen Immobilienfinanzierer der Region ist, können Investitionen in der Region dadurch erschwert oder verhindert werden. In der Konsequenz ist zu befürchten, dass institutionelle Investoren in Zukunft als Endinvestoren nicht mehr zur Verfügung stehen.

Ausländische Investoren konnten in der aktuellen Marktphase die Lücke teilweise schließen. Anhand der Eigentümeruntersuchung konnte gezeigt werden, dass sie in der Vergangenheit als Käufer von Kieler Büroimmobilien offenbar keine Rolle spielten. Auch als Projektentwickler von Büroimmobilien sind sie nicht in Erscheinung getreten. Erst in den letzten drei Jahren traten parallel zu der übergeordneten Entwicklung auch in Kiel vermehrt ausländische Käufer auf. Als ausschlaggebende Motive gaben die befragten Experten steuerliche Gründe sowie das niedrige Zinsniveau in Deutschland an. Die räumliche Nähe zu Kiel erleichtert den Investoren eine aktive Begleitung des Investments. Nach Angaben der Experten sind diese Investoren allerdings primär auf Einzelhandels- und Wohnimmobilien fokussiert. Trotzdem wurden aber auch Büroimmobilien erworben. Es wurden ausschließlich Investoren aus Dänemark identifiziert, insbesondere Privatinvestoren mit einem langfristigen Anlagehorizont (Beispiel „Sell-Speicher").

Büroimmobilienkäufe durch ausländische Investoren fanden in zwei Fällen in einem Preissegment statt, dass auch für institutionelle Investoren aus Deutschland interessant ist: Beide Deals umfassten deutlich mehr als 10 Mio. Euro. Unter den Bietern befanden sich zwar auch institutionelle Investoren (aus der Region), die allerdings den Zuschlag nicht bekommen haben. Da nach Einschätzung der Makler nur wenige Investoren in Kiel bereit sind, in Immobilien mit einem Wert über 10 Mio. Euro zu investieren, können die Ausländer als relativ risikobewusst charakterisiert werden. Auch im Preissegment zwischen 1 und 5

Mio. Euro waren Käufe dänischer Investoren zu verzeichnen. Kleinere Investments unter 1 Mio. Euro, die einen Großteil der Transaktionen in Kiel ausmachen, blieben dagegen regionalen Akteuren vorbehalten.

Opportunity Funds sind in Kiel im Bürosegment entsprechend der Eingangsvermutung nicht aktiv. Allerdings hat dieser Investorentyp in der Vergangenheit große Wohnungspakete in Kiel erworben. Auch im Einzelhandelssegment sind derartige Investoren aktiv. Kiel wird als Markt somit nicht grundsätzlich gemieden, Größe und Qualität des Büroimmobilienbestandes scheinen allerdings für diese Investoren, die große Summen investieren müssen, nicht attraktiv zu sein. Auch der kurz- bis mittelfristige Anlagehorizont der Opportunity Funds eignet sich für kleine Märkte wie Kiel nicht. **Hypothese III** kann für sehr große, kapitalkräftige Investoren (wie z. B. den Opportunity Funds) nicht abgelehnt werden. Darüber hinaus waren in den letzten Jahren vermehrt ausländische Investoren auf dem Kieler Büroimmobilienmarkt aktiv.

Öffentliche Institutionen besitzen eine große Anzahl an Büroflächen. Mit 26 Immobilien halten sie zwar nur gut ein Zehntel der Immobilien im Untersuchungssample. Da es sich allerdings um sehr große Gebäude handelt, entspricht dies mehr als einem Viertel der Flächen. Die öffentlichen Eigentümer haben zum größten Teil ihren Hauptsitz in Kiel. Aggregiert man die Investorentypen zu Gruppen, rangieren sie allerdings hinter den institutionellen Eigentümern. Wie bei diesen steht auch bei den öffentlichen Eigentümern die Eigennutzung der Immobilien im Vordergrund.

In den Expertengesprächen konnten keine Käufe bzw. Verkäufe der öffentlichen Institutionen identifiziert werden. Öffentliche Institutionen sind in Kiel aufgrund der Hauptstadtfunktion jedoch bedeutende Entwickler von Büroflächen: Mehr als ein Drittel der untersuchten Projektentwicklungen als auch der Fläche sind der öffentlichen Hand zuzurechnen. Im Gegensatz zu den Bestandsimmobilien handelt es sich nicht um große Objekte. Eigennutzung steht auch bei diesen Entwicklungen im Vordergrund: Bei mehr als zwei Drittel der Objekte war sie von Bedeutung. Zwei der sieben Immobilien sind inzwischen jedoch ausschließlich fremd vermietet.

Erwähnenswert ist in diesem Zusammenhang die Rolle der kommunalen Wirtschaftsförderung. Sie wurde in der Vergangenheit insbesondere bei Immobilienentwicklungen im Zusammenhang mit Unternehmensansiedlungen tätig. Die Wirtschaftsförderung erwarb für die Landeshauptstadt Kiel beispielsweise den KiWi-Tower, um das Gebäude im Rahmen einer Übergangslösung an ComDirect zu vermieten. Allerdings überwogen Gewerbeimmobilien mit untergeordnetem Büroflächenanteil (z. B. für den Diesellokomotivenhersteller Voith). Zusammenfassend kann für Kiel die **Hypothese IV** nicht widerlegt werden. Über die Eigennutzung hinaus wird die Stadt Kiel über die kommunale Wirtschaftsförderung auch als Investor aktiv, um Unternehmensansiedlungen durchzuführen.

Die Abwesenheit finanzstarker Investoren spiegelt sich im Transaktionsgeschehen wider: Der Kieler Investmentmarkt für Büroimmobilien fällt von der Größenordnung her deutlich kleiner und weniger dynamisch als die Märkte der Metropolen aus. Die Immobilientransaktionen haben zum weitaus größten Teil (auch in den Boomjahren 2006 und 2007) einen Wert von unter 5 Mio. Euro. Ein bedeutender Anteil der identifizierten Verkäufe liegt sogar unter der 1 Mio. Euro-Grenze. Kaufpreise darüber sind die Ausnahme. Es konnten jedoch im Untersuchungszeitraum zwei Verkäufe über der 10 Mio. Euro-Marke identifiziert werden: Ein gemischtes Immobilienportfolio, in dem sich auch Büro- und Geschäftshäuser befanden (die Jacobsen AG) sowie der „Sell-Speicher". Bei beiden Transaktionen sind ausländische Käufer tätig geworden. Nach Aussagen eines Verkäufers haben dabei zumindest in einem Fall auch institutionelle Investoren (aus der Region) mitgeboten. Die ausländischen Investoren waren jedoch bereit, höhere Preise zu bezahlen.

Untersuchungen in Braunschweig haben ergeben, dass ein Investmentmarkt für Büroimmobilien mit einem Wert über 5 Mio. Euro dort ebenfalls nicht bestanden hat (Dobberstein, 2004). In Kiel konnten zwar einzelne Verkaufsfälle in dieser

Größenordnung ausgemacht werden, die allerdings ausschließlich von ausländischen Investoren getätigt wurden und somit im Zusammenhang mit dem Investmentboom der Jahre 2006 und 2007 stehen. Vorher spielten ausländische Investoren auf dem Kieler Büroimmobilienmarkt ebenfalls noch keine Rolle. Inwieweit auch in der Zukunft für Investments in dieser Größenordnung Nachfrage besteht, kann zu diesem Zeitpunkt daher nicht beantwortet werden, da diese Transaktionen in eine Boomphase fallen.

Es konnten in den Expertengesprächen lediglich zwei Transaktionen im Zusammenhang mit Kieler Büroimmobilien identifiziert werden, in denen ein Zwischeninvestor als Erwerber auftrat. Einmal handelte es sich um eine Privatperson aus der Region, die eine kleinere, zentral gelegene Immobilie von einer Körperschaft des öffentlichen Rechts erworben und in der Folge an eine Marketingagentur aus der Region veräußert hat. In dem anderen Fall erwirbt eine Versicherung mit Sitz in Hamburg die Jacobsen AG als Zwischeninvestor. Die regional verwurzelte Immobilien AG wird anschließend an ein dänisches Unternehmen weiter veräußert. Es wird zwar deutlich, dass sich auch in einem kleinen Markt wie Kiel vereinzelt kurzfristige Investmentchancen für Marktinsider ergeben. Im Großen und Ganzen werden jedoch aufgrund des großen Weiterveräußerungsrisikos langfristige Strategien verfolgt.

Hypothese V wird somit für das Fallbeispiel Kiel abgelehnt mit der Einschränkung, dass nur vereinzelt Investoren im Untersuchungszeitraum bereit waren, in Büroimmobilien mit einem Wert von über 5 Mio. Euro zu investieren. Inwieweit die Nachfrage durch ausländische Investoren auch in Zukunft bestehen bleibt, müssen zukünftige Untersuchungen zeigen.

Die Bestandsuntersuchung liefert Anhaltspunkte über renditeorientierte Aktivitäten in der Vergangenheit. In diesem Zusammenhang sind folgende Investorentypen zu nennen: Geschlossene Immobilienfonds, eine Immobilien AG, Immobilienunternehmen sowie Privatinvestoren. Es handelt sich dabei um insgesamt 88 Immobilien im Sample. Inwieweit diese Immobilien schon im Vorfeld für eine Fremdnutzung konzipiert wurden, kann anhand der vorliegenden Daten nicht beantwortet werden. Da die Immobilien dieser Investoren im Vergleich zu den Gebäuden der öffentlichen und institutionellen Eigennutzer vergleichsweise klein sind, machen sie nur etwa ein Viertel der Fläche der mit Eigentümerangaben unterlegten Immobilien im Sample aus. Die Immobiliengröße variiert zwischen den Investorentypen: In der Gruppe der rein renditeorientierten Eigentümer halten die Privatinvestoren die kleinsten und die Immobilien AG die größten Immobilien im Durchschnitt. Die Mittelwerte renditeorientierter Investorentypen schwanken zwischen etwa 1.600 qm und 3.400 qm.

Die subjektive Gebäudequalität variiert auch zwischen den Investorentypen. Die Ergebnisse differieren: Die Immobilien der renditeorientierten Investorentypen sind nicht grundsätzlich von besserer oder schlechterer Qualität als die der Eigennutzer. Hohe Anteile von qualitativ gehobenen Immobilien weisen insbesondere die öffentlichen Eigentümer und die Banken auf, aber auch die geschlossenen Immobilienfonds. Auch die Non-Property Unternehmen sind in diesem Zusammenhang zu nennen. Die Immobilien der anderen renditeorientierten Investorengruppen entsprechen in etwa dem Durchschnitt. Große Anteile einfacher Qualität weisen insbesondere die Immobilien der Versicherungen/Pensionskassen auf. Es handelt sich dabei oft um Eigennutzer, die in Kiel nicht ihren Hauptsitz haben. Die Immobilien sind größtenteils bereits in den 1970er Jahren entstanden und somit schon relativ alt.

Neue Büroimmobilien entstehen momentan entsprechend der Präferenzen der Nutzer häufig an 1a-Standorten in Wasserlage. Hier ist zum Zeitpunkt der Untersuchung das Angebot geringer als die Nachfrage: Das betrifft insbesondere das hochwertige Segment in Wasserlage. Daneben entstanden aber auch in Gewerbegebiets- bzw. Streulagen einige neue Objekte. In der Altstadt wurden im Untersuchungszeitraum keine neuen Immobilien identifiziert. Die Flächen sind mit überwiegend älteren Gebäuden belegt. In den Expertengesprächen wurden in diesem Zusammenhang die Ineffizienz der älteren Bestandsimmobilien (insbesondere bzgl. technischer Ausstattung, Nutzungsflexibilität und hoher Nebenkosten), die Kleinteiligkeit sowie das fehlende Parkplatzangebot in der Innenstadt bemängelt.

Die aktuellen Eigentümer der beobachteten Projektentwicklungen kommen größtenteils aus der Region: Zwei Drittel kommen aus Kiel und insgesamt fast 90 % aus Norddeutschland einschließlich Hamburg. Es handelt sich dabei in der Mehrheit um Privatpersonen, öffentliche Institutionen und Property-Unternehmen. Bei 14 von insgesamt 18 Immobilien wurde für bzw. durch einen Eigennutzer entwickelt. Renditeorientierte Entwicklungen sind somit die Ausnahme. Es konnte insgesamt auch nur ein Trader-Developer identifiziert werden. **Hypothese VI** kann für das Fallbeispiel Kiel also nicht widerlegt werden.

Trotzdem ist inzwischen fast die Hälfte der neuen Bürogebäude fremd vermietet, weil in ursprünglich eigen genutzten Immobilien der Hauptnutzer ausfiel und die Immobilie anderweitig verwertet werden musste. Insgesamt ein Drittel der neuen Immobilien ist davon betroffen. Der Einbruch des Neuen Marktes hatte einen großen Anteil an dieser Entwicklung. Aktuelle Büroprojekte werden jedoch inzwischen auch für den Mietmarkt entwickelt: Beispiele sind der „Sell-Speicher", das „Neufeldt-Haus" und die im Bau befindlichen „Germania-Arkaden" (Kai-City Kiel). Das spiegelt eine zunehmende Professionalisierung der Entwicklungstätigkeit wider. Bei den drei genannten Projekten, handelt es sich um Immobilien mit Alleinstellungsmerkmalen, die Monopolgewinne erwarten lassen: Das „Neufeldt-Haus" befindet sich auf dem Gelände des Wissenschaftsparks in unmittelbarer Nähe zur Christian-Albrechts-Universität. „Sell-Speicher" und die „Germania-Arkaden" haben dagegen Wasserbezug. Bei den Projekten handelt es sich um sehr ansprechende Immobilien in attraktiver Lage.

Der „Sell-Speicher" wurde als Beispiel einer Büroentwicklung durch einen Trader-Developer genauer betrachtet. Es handelt es sich bei dem Projekt um die Kernsanierung eines alten Speichergebäudes. Das Objekt ist mit einer Bürofläche von 7.350 qm für eine Fremdvermietung vergleichsweise groß. Als Projektentwickler trat ein kleines Property-Unternehmen aus Hamburg auf. Der Entwickler gab im Expertengespräch an, bereits im Vorfeld des Projektes Erfahrungen mit einem ähnlichen Gebäudetyp durch die Kernsanierung des Elbspeichers in Hamburg gesammelt zu haben. Der Investor startete zwar als Trader-

Developer, berücksichtigte allerdings im Vorfeld eine möglicherweise längere Haltephase in der Planung: Die Möglichkeit einer flexiblen, kleinteiligen Flächenaufteilung sichert die langfristige Drittverwendungsfähigkeit. Die Immobilie ist zum Zeitpunkt der Befragung kleinteilig vermietet: Der größte Mieter belegt nicht mehr als 10 % der gesamten Bürofläche. Das Bürogebäude konnte 2006 an dänische Privatinvestoren mit einem langfristigen Anlagehorizont veräußert werden. In den Expertengesprächen überwog die Ansicht, dass sich nur sehr wenige Investoren in Kiel an Büroobjekte mit einem Wert über 10 Mio. Euro wagen würden. Insofern handelt der Investor risikoorientiert und kann als ein „First-Mover" charakterisiert werden. Aufgrund der positiven Erfahrungen mit dem „Sell-Speicher" wurde inzwischen ein weiteres Projekt gestartet („Germania-Arkaden").

Betrachtet man die Verflechtung der Büroimmobilienmärkte Hamburgs und Kiels, so lässt sich zunächst feststellen, dass in Kiel im Büroimmobiliensegment relativ wenig Investoren und Projektentwickler aus Hamburg aktiv sind. Auf der anderen Seite sind viele Kieler Akteure in Hamburg aktiv: Am Beispiel der Gewerbeimmobilienmakler konnte gezeigt werden, dass diese auch Hamburg zu ihrem Kerngebiet zählen. Inwiefern Investoren aus Kiel in Hamburger Büroimmobilien investieren, konnte anhand der vorliegenden Untersuchung nicht untersucht werden. In den Expertengesprächen wurde hervorgehoben, dass Hamburg im Gegensatz zu Kiel prosperiert und dort eine Menge Kapital existiert, das nach einer Nutzung sucht. **Hypothese VII** muss insofern modifiziert werden, dass Käufer aus Hamburg momentan und in der Vergangenheit nur eine relativ geringe Bedeutung haben. Der Hamburger Büroimmobilienmarkt übt demgegenüber eine große Anziehungskraft auf Kieler Akteure aus.

Auf der Basis der bisher erzielten Ergebnisse werden im Folgenden die räumlichen Konsequenzen der Entwicklungen auf dem Büroimmobilienmarkt diskutiert. Der Deindustrialisierungsprozess hat die Entwicklung der Stadt in den letzten zwei Jahrzehnten entscheidend geprägt. Im Zuge der Deindustrialisierung ergaben sich aber auch Chancen für die Stadtentwicklung: Es wurden vormals industriell genutzte Flächen in der Innenstadt frei gezogen, die nunmehr einer neuen Nutzung zugeführt werden. Zu nennen ist in diesem Zusammenhang zunächst die Kai-City: Es handelt sich dabei um ein ehemaliges Hafenareal mit Wasserbezug am Rand des Kieler Einkaufszentrums, auf dem ein gemischt genutzter Standort mit Wohnungen und Büroflächen entwickelt wird („Wohnen und Arbeiten am Wasser"). Des Weiteren ist das ehemalige Hagenuk-Gelände in Nachbarschaft zum Campus der Christian-Albrechts-Universität zu nennen. Dort entsteht auf einer Fläche von knapp 20 ha der Wissenschaftspark Kiel, ein wichtiges Projekt zur Förderung des Wissens- und Technologietransfers. An beiden Standorten wurden bereits Büroimmobilien fertig gestellt und vermietet.

Die neuen Standorte bedeuten für die etablierten Kieler Bürolagen zusätzliche Konkurrenz. Da zum Zeitpunkt der Untersuchung nach Aussage der Makler das Angebot an Mietflächen die Nachfrage quantitativ übertraf, gerieten die Mieten an den etablierten innerstädtischen Lagen unter Druck. Das korrespondiert mit Wertverlusten an diesen Standorten. Mietflächen mit Wasserbezug sind besonders rar und stehen in der Mietergunst hoch im Kurs. Dort werden zurzeit auch die Kieler Spitzenmieten gezahlt. In der „Südlichen City", in der seit den 1970er Jahren Büroimmobilien entwickelt wurden, gaben die Mieten nach Auskunft der Experten dagegen nach. Diese Entwicklung korrespondiert mit den sinkenden Durchschnittsmieten der Kieler Büroflächen.

Anhand des geschätzten Gebäudealters der Büroimmobilien lassen sich Entwicklungszyklen der verschiedenen Kieler Bürolagen ableiten. Der Großteil der bis in die 1960er Jahre entstandenen Gebäude befindet sich in der Einkaufscity („Altstadt/City"), sowie am „Kleinen Kiel" und am „Dreiecksplatz/Knooper Weg". Während bereits in den 1970er Jahren neue Büromarktlagen abseits der City an Bedeutung gewonnenen haben, wurden seit den 1980er Jahren kaum noch neue Immobilien in der „Altstadt/City" gebaut. Büromarktlagen wie die „Südliche City" sowie der „Schwedendamm" profitierten von dieser Entwicklung: Sie liegen am Cityrand und boten offensichtlich ausreichend Platz, so dass vergleichsweise große Büroimmobilien entstehen konnten. Betrachtet man das gesamte Immobiliensample, so lässt sich die Aussage treffen, dass seit Beginn der 1980/90er Jahre sehr große Büroimmobilien in Kiel entstanden sind. In den

Expertengesprächen wurde die Meinung vertreten, dass die „Südliche City" damals die 1a-Lage für Büroimmobilien war. Nunmehr werden allerdings an zentralen Büromarktlagen mit Wasserbezug (Kai-City) die Spitzenmieten in Kiel bezahlt.

Mithilfe des Immobiliensamples lassen sich den Entwicklungszyklen unterschiedliche Investorentypen zuordnen. Ältere Büroimmobilien, die bis in die 1960er Jahre entstanden und vergleichsweise klein sind, befinden sich v. A. im Besitz von Privatpersonen. Das betrifft insbesondere Immobilien in der gewachsenen „Altstadt/City". Diese Immobilien sind aufgrund des vergleichsweise geringen Wertes für Privatinvestoren prädestiniert. In den 1970er Jahre traten „Versicherungen und Pensionskassen" als neuer Investorentyp auf. Die Eigennutzung ist dabei zunächst das ausschlaggebende Motiv. Diesen Gebäuden wird heute die schlechteste Gebäudequalität attestiert (das betrifft insbesondere das Sophienblatt in der „Südlichen City"). Auch Privatpersonen sind als Eigentümer der in den 1970er Jahren entstandenen Immobilien noch von Bedeutung.

In den 1980er Jahren ändert sich das Bild: Die meisten Immobilien dieser Entstehungsperiode befinden sich im öffentlichen Besitz. Es handelt sich dabei um relativ große Gebäude, für die wiederum Eigennutzung ausschlaggebend ist. Auch in Kiel werden in den 1980/90er Jahren mit geschlossenen Immobilienfonds vereinzelt renditeorientierte Anlageformen gewählt. Der Großteil dieser Immobilien befindet sich in der „Südlichen City", der damaligen 1a-Lage im Bürosektor und ist von gehobener Qualität. In der aktuellen Marktphase spielen geschlossene Immobilienfonds dagegen keine Rolle mehr. Das korrespondiert mit dem Bedeutungsverlust, den diese Anlageform im Vergleich zu den offenen Immobilienfonds erfahren hat.

Es lässt sich somit zusammenfassen, dass auch in Kiel (spätestens) mit Beginn der 1980er Jahre eine Dezentralisierung der Entwicklungstätigkeit stattgefunden hat. In der Altstadt/City wurden kaum noch neue Büroimmobilien gebaut. Neue Standorte am Cityrand, die die Entwicklung vergleichsweise großer Büroimmobilien zuließen, konnten profitieren. In dieser Phase erlangten auch indirekte Anlageformen mittels geschlossener Immobilienfonds eine gewisse Bedeutung. Daneben spielten in Kiel aber v. A. öffentliche und institutionelle Eigennutzer eine wichtige Rolle. Etablierte Lagen wie die „Altstadt/City" konnten seit Beginn der 1980er Jahre nur noch am Rande profitieren, so dass **Hypothese VIII** anhand der Ergebnisse in Kiel verifiziert werden muss.

Konkrete räumliche Auswirkungen der Struktur des Kieler Investmentmarktes werden im Folgenden anhand des Waterfront-Projekts der Kai-City Kiel diskutiert. Darüber hinaus dient das Projekt als Beispiel der Umsetzung einer PLD-Strategie in einem kleinen Markt. Bei der Kai-City handelt es sich um ein Waterfront-Projekt, das wie vergleichbare Projekte dieser Art primär auf die Belange gehobener Dienstleistungsunternehmen sowie besser gestellter Haushalte ausgerichtet und daher sozial exklusiv konzeptioniert ist. Sozialer Wohnungsbau spielt in der aktuellen Planung beispielsweise keine Rolle. Ebenso fallen Kompensationsmaßnahmen für benachteiligte Stadtteile (insbesondere Gaarden) unzureichend aus, so dass strukturelle Verbesserungen in der Nachbarschaft tendenziell nicht zu erwarten sind. Im Gegensatz zu vergleichbaren Projekten in den Metropolen handelt es sich in Kiel um eine angebotsorientierte Entwicklung, die ihren Ursprung primär in der Flächenverfügbarkeit hat. Nachfragedruck im Büroimmobiliensegment ist momentan nicht zu erkennen.

Die Entwicklung der Kai-City liefert ein gutes Beispiel für die Krisenfälligkeit einer primär auf Büronutzung ausgerichteten Stadtteilentwicklung in stagnierenden Markt. Es konnten für die Kai-City trotz der Größe des Vorhabens kaum überregional agierende Investoren gewonnen werden (insbesondere auch keine offenen Immobilienfonds). Vielmehr engagierten sich primär regionale Eigennutzer, auf deren Belange die Immobilien zugeschnitten wurden. Das betrifft insbesondere die erste Bauphase, in der der sog. „Schmid-Bau" (Nutzer: MobilCom AG) und der „Hörn-Campus" (Nutzer: ISION Internet AG) entstanden sind. Nutzer und Investoren kamen fast ausschließlich aus dem Segment der New Economy. Nachdem die Aktienkurse am Neuen Markt einbrachen, fiel ein Großteil der Investoren zunächst aus. Obwohl heute etwa 50 % der Grundstücksflächen veräußert sind, wurden insgesamt erst drei Immobilien mit einem nennenswerten Anteil an Büroflächen fertig gestellt.

Daneben gab es allerdings weitere Gründe für die Vermarktungsprobleme: So ging die Planung aufgrund des anhaltenden Booms der New Economy von zu hohen Mietflächenumsätzen aus. Infolgedessen bemängelte der hinzugezogene Gutachter, dass die Baukörper zu groß ausgelegt und auch Grundstückspreise zu hoch angesetzt sind. Die Investoren sind wegen der hohen Preise dazu gezwungen, den baulichen Spielraum komplett auszunutzen, um wirtschaftlich agieren zu können. Der Gewerbeflächenanteil ist vor dem Hintergrund des geringen Büromietflächenumsatzes in Kiel dabei zu hoch angesetzt (großflächiger Einzelhandel ist an diesem Standort politisch nicht gewollt). Der dem Konzept zugrunde liegende Nutzungsmix sowie die Höhe der Grundstückspreise lassen sich jedoch im Nachhinein nur marginal anpassen, ohne dass Rückforderungsansprüche des Fördergebers fällig werden. Das Risiko ist momentan monetär nicht zu bewerten und daher wird eine Justierung des Nutzungmixes unterlassen.

Auch der lange Stillstand des „Schmid-Baus" hat sich negativ auf die Entwicklung der Kai-City ausgewirkt. Die Insolvenz des Investors, dem damaligen Vorstandsvorsitzenden der MobilCom AG, fiel in einen Zeitraum, in dem sich der Kieler Büroimmobilienmarkt gerade in einer Rezession befand. Infolge der Zwangsversteigerung stand der Rohbau der Immobilie für mehrere Jahre still. Die Planung sah mit etwa 13.000 qm eine erhebliche Größenordnung an Büroflächen vor, die andere Entwickler als potenzielle Konkurrenz in ihren Planungen berücksichtigen mussten. Da sich ein Zwangsversteigerungsverfahren abzeichnete, mussten Konkurrenten befürchten, dass die Büroflächen zu einer relativ niedrigen Miete angeboten werden können.

In der Konsequenz dieser Entwicklung wurde nach der Stilllegung der Arbeiten am „Schmid-Bau" an der Kai-City mehrere Jahre kein neues Bauprojekt angeschoben. Das änderte sich erst 2008, nachdem die Büroflächen des „Schmid-Baus" größtenteils vermietet waren. Die Probleme haben sich allerdings primär auf dem Areal und nicht auf den gesamten Markt niedergeschlagen: So wurden an anderen Standorten in Kiel in der Zwischenzeit Büroimmobilien entwickelt (z. B. das „Neufeldt-Haus" im Wissenschaftspark und das „HafenHaus" an der Innenförde). Die Büroimmobilien an der Kai-City sind inzwischen trotz der ursprünglichen Fokussierung auf die Belange der ursprünglichen Eigennutzer fast vollständig vermietet.

Anhand der Entwicklung der Kai-City lassen sich auch die Auswirkungen des fehlenden Engagements kapitalkräftiger Investoren demonstrieren. Trotz der Größe und der Aufmerksamkeit, die das Projekt auch überregional erzeugte, konnten kaum neue Investoren für die Kai-City gewonnen werden (das betrifft insbesondere institutionelle Investoren, wie z. B. offene Immobilienfonds). Davon profitierten die lokalen Investoren, die über eine entsprechende Kapitalkraft verfügten (insbesondere Eigennutzer). Die Evaluation der Vermarktung der Kai-City legt den Schluss nahe, dass kaum ernsthafte Alternativen zu den Eigennutzern existierten. Der erste Privatinvestor („Schmid-Bau") konnte offensichtlich viele seiner Forderungen durchsetzen (z. B. Verzicht auf Architektenwettbewerb und Einschaltung eines günstigen, unerfahrenen Architektenbüros). In der Konsequenz entspricht die Qualität des Gebäudes nicht dem gehobenen Anspruch der Lage. Der Investor hat aufgrund der hohen Bodenpreise den städtebaulichen Rahmen umfänglich ausgenutzt und konnte auf diese Weise offensichtlich Skaleneffekte realisieren. Das Gebäude wirkt in der Konsequenz jedoch deutlich zu massiv. In den Expertengesprächen wurde zudem eine nicht konsequent berücksichtigte Drittverwendungsfähigkeit der Immobilie kritisiert, die aus der ursprünglichen Ausrichtung des Gebäudes auf die Belange des Hauptnutzers (Mobilcom AG: Call-Center) resultiert. Es wurden insbesondere Großraumbüros verbaut.

Das Zusammenspiel zwischen dem Mangel kapitalkräftiger Investoren sowie der vergleichsweise geringen Nachfrage am Büroimmobilienmarkt resultierte im Falle der Kai-City Kiel zu einem fragmentierten räumlichen Entwicklungsmuster. Nur die Schlüsselgrundstücke (an der Fußgängerbrücke sowie an der Stirnseite der Förde) wurden bisher entwickelt. Offensichtlich reichte der Nachfragedruck bisher nicht aus, eine umfängliche Entwicklung in Gang zu setzen. Von den bestehenden Gebäuden ausgehend ist in der Zukunft jedoch eine sukzessive Entwicklung zu erwarten, die sich noch über einen längeren Zeitraum hinziehen wird. Die öffentliche Hand versucht diesen Weg zu unterstützen, indem Nutzungen (wie z. B. das mit öffentlichen Mitteln geförderte „Science-Center") an die Kai-City Kiel gelegt wurden.

Hinsichtlich der Beurteilung der Wirksamkeit von PLD-Strategien in einem kleinen Markt wie Kiel kann nach etwa zehn Jahren Vermarktungszeitraum zunächst nur ein Zwischenfazit gezogen werden. Die Bewertung der (direkten) ökonomischen Effekte fällt nicht eindeutig aus. Da die Stadt zur Sanierung des Areals eine Förderung in Anspruch genommen hat, die lediglich den unrentablen Anteil der gesamten Maßnahme deckt, sind durch die Verkaufserlöse der Grundstücke keine nachhaltigen Gewinne zu erwarten. Grundsteuern fallen hierzulande im Vergleich zu den angelsächsischen Ländern weniger ins Gewicht und werden bei der Betrachtung deshalb ausgespart. Von Bedeutung für die Bewertung sind in erster Linie die Ansiedlungserfolge und damit korrespondierend zusätzliche Gewerbesteuereinnahmen.

Hier fällt das Fazit gemischt aus: Mit der Ansiedlung von Freenet konnte zwar Beschäftigung in der Stadt gehalten werden, darüber hinaus gehende Erfolge wurden jedoch nicht verzeichnet. Angesiedelte Unternehmen im Zusammenhang mit dem Boom der New Economy verließen die Stadt ebenso schnell wieder, wie sie sie betreten hatten (z. B. ComDirect). Da die Vermarktungsprobleme der Kai-City auch überregional wahr genommen wurden, ist ein Imagegewinn für die Stadt durch das Projekt momentan natürlich auch nicht gegeben. Es bleibt als Erfolg die Sanierung einer innerstädtischen Brachfläche, die in Zukunft einen bedeutenden Anteil der bereits ansässigen Nutzer auf sich vereinen wird. Inwieweit Entwicklungsimpulse auf die Umgebung überspringen können, müssen zukünftige Untersuchungen zeigen.

4 Diskussion

In einem ersten Schritt wird noch einmal auf die gewählte Methodik eingegangen und dabei auch über die Verlässlichkeit der Ergebnisse diskutiert. Da die Untersuchung explorativ angelegt war, wurde die Einzelfallanalyse als Methode gewählt. Sie bietet die Möglichkeit, durch die Kombination verschiedener Quellen („Triangulation") ein umfangreiches Bild eines Untersuchungsgegenstandes zu zeichnen und auf diese Weise ein tieferes Verständnis der Thematik zu generieren. Erst die Kombination der verschiedenen Quellen ermöglichte es, ein Verständnis für die Funktionsweise und Problemlagen des Kieler Büroimmobilienmarktes auszubilden. Das ist aber Voraussetzung, um überhaupt ein Problembewusstsein zu entwickeln.

Die gewählte Methodik stellte sich vor dem Hintergrund des explorativen Charakters der Untersuchung als problemadäquat heraus. Die Einzelfallanalyse ist gut geeignet, Hypothesen zu generieren, zu modifizieren und zu überprüfen. Das erwies sich im Laufe der Untersuchung als großer Vorteil, weil erst in den Expertengesprächen Wirkungszusammenhänge aufgedeckt wurden und Arbeitshypothesen deshalb fortwährend modifiziert werden mussten. Eine isolierte Befragung der Experten hätte nur ein sehr eingeschränktes Bild der Realität wider gegeben, da keiner der befragten Experten einen umfassenden Überblick über den Markt hat. Darüber hinaus verfolgen die befragten Akteure natürlich auch eigene Interessen, die sich in ihrem Antwortverhalten widerspiegeln. Unter Hinzuziehung weiterer Informationen, wie z. B. der Immobiliendatenbanken, der Zahlen des Gutachterausschusses sowie Stellungnahmen unabhängiger Gutachter konnten die Aussagen und Einschätzungen jedoch relativiert werden. Letztendlich konnte ein realistisches Gesamtbild gezeichnet werden.

Ergebnisse, die im Rahmen einer Einzelfallanalyse gewonnen werden, sind nur unter Einschränkungen auf andere Städte übertragbar. Trotzdem sind die Ergebnisse der vorliegenden Arbeit auch für andere Nicht-Metropolen von großer Relevanz, da auch sie den Trends an den Immobilienmärkten unterliegen und daher ähnliche Problemstellungen resultieren: So stellt z. B. der Sockelleerstand heute die Mehrzahl der deutschen Städte vor große Probleme. Ein wichtiges Ergebnis der Untersuchung ist das Fehlen kapitalkräftiger institutioneller Investoren in Kiel, obgleich mit der Herrichtung der Kai-City Kiel Investitionsanreize geschaffen wurden, die dem Anforderungsprofil dieser Akteure auf den ersten Blick entsprechen. Da sich derartige Investoren in der Vergangenheit in anderen Immobilienklassen in Kiel engagiert haben, liegen die Gründe nicht allein in der peripheren Lage der Stadt. Vielmehr sind die Struktur des lokalen Büroimmobiliensegments und die Attraktivität der Stadt als Investmentstandort für das Fernbleiben dieses Investorentyps maßgeblich ausschlaggebend. Fremdvermietete Objekte sind nur bis zu einer bestimmten Größe (in Kiel etwa 7.000 qm Bürofläche) kleinteilig mit einem adäquaten Risiko wieder vermietbar. Der korrespondierende Immobilienwert liegt trotzdem noch unter der Mindestanlagesumme vieler offener Immobilienfonds. Das Fernbleiben dieses Investorentyps hat offensichtlich primär strukturelle Gründe, so dass zu vermuten ist, dass dieses Ergebnis auf den Großteil der anderen deutschen Städte mit vergleichbaren Mietflächenumsätzen übertragbar ist.

Daneben konnten einige ansässige Investoren mit einem institutionellen Hintergrund identifiziert werden, die in der Vergangenheit verstärkt in Kieler Büroimmobilien investiert haben. Entsprechend der Eingangsvermutung engagieren sich diese Akteure in der aktuellen Marktphase ebenfalls nicht im Kieler Bürosegment. Die Befragung der Experten legt ebenfalls den Schluss nahe, dass strukturelle Gründe für ihr Verhalten ausschlaggebend sind. Entscheidend in diesem Zusammenhang sind die Verlagerung der Entscheidungen aus Kiel sowie der branchenübergreifende Trend zur indirekten Immobilieninvestition (in Kiel insbesondere innerhalb der Versicherungsbranche). Darüber hinaus ist allerdings auch von Bedeutung, dass diese Akteure nach eigener Aussage noch immer von den Konsequenzen des Einbruchs des Neuen Marktes betroffen sind. Trotz allem ist zu vermuten, dass sich ansässige institutionelle Investoren in anderen kleineren Städten zurzeit ein ähnliches Verhalten an den Tag legen.

Das Fallbeispiel Kiel legt den Schluss nahe, dass die ansässigen institutionellen Investoren auch kurz- bis mittelfristig nicht mehr als Endinvestoren in der Region zur Verfügung stehen. Die befragten institutionellen Investoren gaben nämlich im Gespräch an, in naher Zukunft nicht direkt in Kieler Büroimmobilien investieren zu wollen. Da derartige Entscheidungen natürlich nicht allein in der Verantwortung Einzelner liegen und Investmenttrends einem fortwährenden Wandel unterliegen, sind diese Aussagen mit Vorsicht zu bewerten. Eine geäußerte Meinung oder Einschätzung impliziert grundsätzlich nicht das zukünftige Handeln der befragten Person (Atteslander, 2000, S. 126). In diesem Zusammenhang stellt sich die Frage nach der Verbindlichkeit der Aussagen. Im Falle des Versicherers sind die Aussagen sicherlich zu hinterfragen, da dieser Investor im Untersuchungszeitraum für zwei Büroimmobilien in Kiel Kaufangebote abgegeben hat. Da geschlossen wird, dass dem momentanen Investmentverhalten der institutionellen Investoren primär strukturelle Gründe zugrunde liegen und in den Expertengesprächen Konsens bestand, dass sich diese Investoren in der Vergangenheit aus dem Markt zurück gezogen haben, kann das momentane Verhalten mit großer Wahrscheinlichkeit auch in die Zukunft fortgeschrieben werden.

Obgleich im Untersuchungszeitraum vermehrt ausländische Investoren den Kieler Markt entdeckten, kann die Lücke, die die institutionellen Investoren hinterlassen, auf lange Sicht nicht geschlossen werden. In der Konsequenz existieren für Büroimmobilien mit Werten über 5 Mio. Euro offensichtlich nur eingeschränkte Möglichkeiten eines Verkaufs nach erfolgreicher Projektentwicklung. Vergleichbare Ergebnisse wurden auch in Braunschweig erzielt (Dobberstein, 2004). Das ist einer der Gründe für die unterdurchschnittliche Baudynamik in Kiel. Größere, renditeorientierte Entwicklungen im hochwertigen Segment (z. B. an den Wasserlagen) werden dabei von zwei Seiten erschwert: das relativ geringe Vermietungsvolumen (bei gleichzeitig großem Flächenangebot – zumindest im mittleren und einfachen Segment) erschwert die Vorvermietung, so dass die von den Banken geforderte Vorvermietungsquote nur sehr schwer zu erreichen ist. Daraus resultieren sehr lange Vorvermietungszeiträume. Hinzu kommt, dass es nur vereinzelt Endinvestoren gibt, die das langfristige Vermietungsrisiko einer großen Büroimmobilie auf sich nehmen. Professionellen Entwicklern wird dadurch der Exit erschwert, so dass sie eine lange Bestandshaltung einkalkulieren müssen. Diese entspricht oft nicht den Interessen klassischer Projektentwickler.

Dementsprechend agieren kaum Trader-Developer in Kiel. Renditeorientierte Entwicklungen sind in der Konsequenz (noch) eine Ausnahme. Trotz allem muss anhand der in Kiel erzielten Ergebnisse die Folge der Zurückhaltung institutioneller Investoren relativiert werden: Auch in Kiel werden moderne Büroimmobilien entwickelt. Neben der öffentlichen Hand passen risikobereite Projektentwickler ihr Handeln an die widrigen Umstände an. Die empirische Untersuchung in Kiel liefert das Beispiel eines Trader-Developers, der auch in einem derartig schwierigen Marktumfeld erfolgreich agiert. Es handelt sich daher um eine Art „First-Mover". Diese Projektentwicklung stellt jedoch zurzeit eine Ausnahme dar. Investoren konzentrieren sich primär auf andere Segmente (insbesondere Einzelhandel und auch Wohnen), da hier bessere Rendite-/Risikoverhältnisse erwartet werden.

Das Fehlen langfristig orientierter, kapitalkräftiger Investoren ist bei der Konzeption städtebaulicher Großvorhaben zu berücksichtigen. Die vorliegenden Ergebnisse legen den Schluss nahe, dass bei derartigen Planungen neben der Struktur und Größe des lokalen Bürovermietungsmarktes auch das regionale Investorenpotenzial zu berücksichtigen ist. Das Fehlen geeigneter Investoren mit einem langfristigen Anlagehorizont erschwert die Entwicklung großer Baukörper. Zudem besteht die Gefahr, dass wenige verbleibende Investoren in eine Monopolstellung gelangen, die sich im ungünstigen Fall negativ auf die Gebäudequalität sowie die städtebauliche Einbindung der Projekte auswirken kann. Derartige Missstände sind normalerweise langlebig und nur mit erheblichem Mitteleinsatz wieder zu beheben. Überdimensionierte Flächenanteile einer Nutzung (z. B. Büroimmobilien) erhöhen zudem die Krisenanfälligkeit des Gesamtprojekts und auch die Entwicklungszeiten.

Die Betrachtung der Kai-City macht aber auch deutlich, dass sich ein derartiges Vorhaben auch auf den Gebäudebestand auswirkt. Bedeutungsverluste anderer Immobilien und Prozesse des Flächentausches können mit Mietrückgängen, Leerständen und sinkenden Immobilienwerten einhergehen. Sind ganze Lagen von dieser Entwicklung betroffen, besteht die Gefahr, dass sich derartige Prozesse kumulativ verstärken. Die Expertengespräche legen den Schluss nahe, dass Eigentümer in dieser Situation Investitionen zurück stellen und verstärkt mit einem Verkauf reagieren. Das ist v. a. für die Immobilien der Altstadt/City von Relevanz, da hier überwiegend Privatinvestoren zu den Immobilieneigentümern zählen. Dieser Investorentyp verfügt normalerweise über vergleichsweise wenig Kapital.

In diesem Zusammenhang stellt sich die Frage nach einer städtischen Baupolitik, die vor dem Hintergrund der Ergebnisse dieser Arbeit zielführend ist. Besteht das städtebauliche Ziel darin, neue Büroimmobilien an attraktiven Lagen zu errichten, so ist die Investitionslogik der immobilienwirtschaftlichen Akteure zu berücksichtigen. Es wird deutlich, dass in einem kleinen Markt nur wenige Standorte dieser Logik entsprechen: Größere, renditeorientierte Projektentwicklungen finden in Kiel ausschließlich an nicht (beliebig oft) duplizierbaren Lagen statt, die Monopolstellungen erwarten lassen. Dabei handelt es sich offensichtlich primär um untergenutzte Areale, insbesondere innerstädtische Brachflächen. Entwicklungen im Bestand sind im Untersuchungszeitraum eher eine Ausnahme. Ausgenommen sind Kernsanierungen an 1a-Bürolagen, wenn die Bausubstanz erhaltenswert ist und auf diese Weise Baukosten gesenkt werden können.

Die gewachsenen Innenstadtlagen („Altstadt/City"), die bereits durch eine dichte Bebauung geprägt sind, konnten im Untersuchungszeitraum nicht von neuen Bauprojekten profitieren. Die Ergebnisse der Untersuchungen in Braunschweig korrespondieren mit diesen Ergebnissen und legen die Vermutung nahe, dass es sich dabei um ein Phänomen handelt, das aus der Investitionslogik der immobilienwirtschaftlichen Akteure resultiert. In Braunschweig konnte für eine (abgegrenzte) Problemlage in der City anhand von Wirtschaftlichkeitsberechnungen nachgewiesen werden, dass sich Abriss und Neubau der Gebäude für einen Trader-Developer nicht rechnet. In der Konsequenz werden zwei Niedergangszenarien entworfen, die auch für Bereiche Kieler City realistisch sein könnten: Im ersten Szenario modernisieren die Immobilieneigentümer ihre Immobilien. Da der Bestand jedoch überaltert ist und die Probleme eher struktureller Natur (z. B. fehlende Parkplätze), fallen die Investitionen unzureichend aus, so dass der Niedergang lediglich verlangsamt wird. In dem zweiten Szenario unterbleiben diese Investitionen, so dass zu einem späteren Zeitpunkt aufgrund der sinkenden Mieten der Abriss und anschließende Neubau im Vergleich zur Bewirtschaftung der Bestandsgebäude rentabel wird. Zu diesem Zeitpunkt besteht erst wieder eine Chance auf eine neue Entwicklung. In beiden Fällen resultieren allerdings sehr lange Zeiträume, die durch Niedergang und Verfall geprägt sind und die lokale Politik vor große Probleme stellen dürften (Dobberstein, 2003, S. 101-105).

Um die skizzierte Abwärtsspirale zu durchbrechen, sind Maßnahmen der öffentlichen Hand erforderlich (Dobberstein, 2003, S. 103f):

- Persuasive Programme, wie Beratung der Immobilieneigentümer und Informationsaustausch.
- Finanzielle Anreize über Instandhaltungs-, Erhaltungs- und Sanierungssatzungen.
- Förderung von KMU mit dem Ziel, sie in die Innenstadt zu verlagern.
- Einrichtung eines bedarfsgerechten Stellplatzangebotes („Quartiersgaragen").
- Umnutzung der Bestandsgebäude (z. B. in Wohnungen).
- Sicherung der Innenstadt durch Bodenordnung nach §§ 45ff. und §80 BauGB.

Eine Übertragung dieser Maßnahmen auf das Beispiel Kiel ist zu überprüfen. Darüber hinaus bietet das neue PACT-Gesetz in Schleswig-Holstein Ansatzpunkte zur Quartiersaufwertung. Erste Projekte befinden sich bereits in der Umsetzung. Umnutzungen im Bestand liegen offensichtlich auch im Interesse der lokalen Entwickler: So wurde in einem Expertengespräch[83] angeregt, die Büro- und Geschäftshäuser in der Innenstadt mit Wohnungen (in den oberen Etagen) umzunutzen und auf diese Weise Potenzial für neue Büroimmobilien in Wasserlage zu schaffen. Die öffentliche Hand könnte diesen Prozess initiieren, indem sie eigene Bestände entsprechend umstrukturiert. Das hätte auch den Vorteil, dass die Innenstadt als Alternative für kleine Büronutzer erhalten bliebe (Dobberstein, 2003, S. 104).

Abschließend wird empfohlen, die Funktionsfähigkeit der City als oberstes Ziel der städtischen Baupolitik im Auge zu behalten und andere Entwicklungen diesem unterzuordnen. innerstädtische Brachflächen bieten zwar Chancen für eine Stadt, neue Wege einzuschlagen und ihr Erscheinungsbild zu verändern. Sie wirken sich aber auch auf den Immobilienbestand aus und müssen daher stets im gesamtstädtischen Zusammenhang gesehen werden. Eine Anpassung der Nutzungskonzeption der Kai-City erscheint deshalb als dringend erforderlich. Eine Erhöhung des Wohnanteils und eine Verkleinerung der Baukörper versprechen zurzeit den größten Erfolg, sind aber auch durch Machbarkeitsstudien zu untermauern. Für eine dienstleistungsorientierte Entwicklung wurden in den Expertengesprächen insbesondere im Bereich der Gesundheitswirtschaft noch Potenziale gesehen, die es zu heben gilt. Für die Kieler City sind parallel Perspektiven zu erarbeiten, um den Sockelleerstand zu verringern und weiterem Verfall Vorschub zu leisten.

---

[83] Peter Drieske (bpb) im April 2006

5 Ausblick

Die vorliegende Arbeit untersucht als eine der ersten im deutschsprachigen Raum den Investmentmarkt für Büroimmobilien in einer Nicht-Metropole. Es konnte dabei gezeigt werden, dass sich die Bedingungen zwischen den Metropolen und den übrigen Städten grundsätzlich unterscheiden. Daraus resultieren unterschiedliche Probleme: Während die Bautätigkeit in den Metropolen in der Vergangenheit durch spekulative Entwicklungen geprägt war und eine hohe Volatilität resultierte, herrscht in den übrigen Städten auch wegen des Investorenmangels eine unterdurchschnittliche Baudynamik. Vor dem Hintergrund der zunehmenden Bedeutung privatwirtschaftlichen und institutionellen Kapitals für den Städtebau sollten in Zukunft weitere Fallbeispiele untersucht werden. Dabei ist das Augenmerk nicht nur auf Büronutzungen zu legen. Soll externes Kapital im Sinne des Gemeinwohls in die städtischen Planungen eingebunden werden, ist ein umfangreiches Wissen über das Verhalten und die Präferenzen der Investoren hinsichtlich der verschiedenen Immobilienarten unabdingbar.

In der vorliegenden Arbeit wurde lediglich die Büronutzung über einen begrenzten Zeitraum intensiv untersucht. Zyklische Nachfrageveränderungen nach unterschiedlichen Immobilientypen wurden deshalb nicht thematisiert. Diese Schwankungen sind jedoch auch für die Einbindung der Immobilieninvestoren in städtische Planungen von großer Relevanz und sollten daher zukünftig auch thematisiert werden. In einem Expertengespräch wurde diesbezüglich die Meinung geäußert, dass der wichtigste Faktor für eine erfolgreiche Projektentwicklung nicht die Verfügbarkeit von Fördergeldern sein kann, sondern vielmehr das richtige Timing einer Projektentwicklung[84]. Vor diesem Hintergrund ist auch die Inflexibilität des bestehenden Fördersystems zu hinterfragen. Kommunen müssen Nachfragetrends in ihren städtebaulichen Planungen ebenfalls berücksichtigen.

---

[84] Jan-Christoph Kersig (Kersig & Co. Immobilienverwaltung) am 27.6.2006

Die Ergebnisse müssen vor dem Hintergrund der lokalen Verhältnisse in Kiel gesehen und dürfen nicht ohne weiteres auf andere Städte übertragen werden. Das war allerdings auch nicht das Ziel der Arbeit: Aufgrund des knappen Wissens war die Untersuchung explorativ angelegt. Es konnten jedoch anhand des Fallbeispiels Wirkungszusammenhänge und Probleme identifiziert werden, die auch für andere Städte von großer Relevanz sind. Darüber hinaus wurden große, auf eine Fremdvermietung basierende Projektentwicklungen identifiziert, die als „Best-Practice-Beispiele" herangezogen werden können. Untersuchungen von weiteren Fallbeispielen sind notwendig, um die erzielten Ergebnisse zu bestätigen. Insbesondere das Verhalten institutioneller Investoren auf kleinen Märkten ist von Interesse. Wie verhalten sich diese Akteure in kleineren Städten, die durch eine dynamische Entwicklung des Dienstleistungssektors geprägt sind? Erfolgreiche Vorhaben könnten wiederum als Best-Practice-Beispiele herangezogen und die Übertragbarkeit geprüft werden.

Investoren aus Dänemark haben in der Vergangenheit in Kiel große, auf fremdvermietungsorientierte Büroimmobilien erworben. Damit stellen diese Investoren auch ein Potenzial für zukünftige Projektentwicklungen dar. Das setzt jedoch voraus, dass sich die erworbenen Immobilien auch langfristig zu den anvisierten Preisen vermieten lassen. In den Expertengesprächen wurden diesbezüglich zumindest Zweifel geäußert. Die langfristige Rentabilität dieser großen, renditeorientierten Projektentwicklungen ist jedoch zum momentanen Zeitpunkt noch nicht erbracht, zumindest nicht aus der Sicht der Endinvestoren.

Weiterer Forschungsbedarf besteht auch noch bezüglich der regionalökonomischen sowie der fiskalischen Effekte städtebaulicher Großvorhaben. Die PLD-Strategie wurde in Kiel angewendet, ohne die Marktstrukturen und den Immobilienzyklus in ausreichendem Maße zu berücksichtigen. Vor dem Hintergrund der vergleichsweise schlechten Ansiedlungschancen in den Städten abseits der Metropolen ist das Instrument „Property-Led-Development" jedoch zu hinterfragen. Insbesondere die regionalökonomischen Effekte sollten ex-post anhand bestehender Großvorhaben ermittelt werden, um vor diesem Hintergrund den

Mitteleinsatz sowie die primäre Ausrichtung auf besser gestellte Haushalte und quartäre Dienstleistungen zu bewerten.

6 Empfehlungen für Kiel

Kleinen Büroimmobilienmärkten ist gemein, dass sie aufgrund der geringen Größe relativ niedrige Mietflächenumsätze aufweisen. Aus Sicht eines Investors geht das niedrige Volumen mit einem höheren Investitionsrisiko einher, weil sich Nachvermietungen schwieriger gestalten und einen längeren Zeitraum in Anspruch nehmen. Auch Vorvermietungszeiträume fallen deutlich länger aus. Das niedrige Vermietungsvolumen ist jedoch ein strukturelles Charakteristikum dieser Märkte, das kurzfristig nicht beeinflussbar ist und durch den hohen Anteil an Eigennutzern in Kiel noch verschärft wird.

Darüber hinaus werden kleine Märkte im Vergleich zu den Metropolen oft als intransparent und unreif bewertet. Es handelt sich dabei um Mängel, denen durch geeignete Maßnahmen begegnet werden kann. Kleine Städte befinden sich in einem intensiven Wettbewerb um Kapital und Arbeitsplätze, der an Intensität in Zukunft eher noch zunehmen wird. Um Investoren in die Region zu ziehen, ist es deshalb unabdingbar, die Markttransparenz zu erhöhen. Die Kieler Wirtschaftsförderung hat diesen Weg im Jahr 2006 bereits beschritten, indem zusammen mit den wichtigsten Gewerbeimmobilienmaklern ein Büromarktbericht aufgelegt wurde. Da inzwischen auch ein Großteil der Nicht-Metropolen über derartige Berichte verfügt, wird empfohlen, die Berichterstattung auch in Zukunft fortzusetzen.

Auf die Verteilung der Büromarktberichte sollte dabei großer Wert gelegt werden. In der Vergangenheit fungierten die Gewerbeimmobilienmakler als Multiplikatoren. In Zukunft sollten auch insbesondere Banken und Steuerberater in den Verteiler einbezogenen werden, da sie engen Kontakt zu Privatinvestoren und damit zu einer wichtigen Käufergruppe unterhalten. Darüber hinaus werden zur Erhöhung der Transparenz in der Literatur regelmäßige Treffen der Marktakteure empfohlen, z. B. in einem institutionalisierten Immobilien-Frühstück (Dobberstein, 2004, S. 41f). Es existieren in Kiel bereits verschiedene Treffen dieser Art, die von zentraler Stelle aus koordiniert werden sollten.

Vor dem Hintergrund der veränderten Rahmenbedingungen müssen Standorte und Qualität neuer Büroimmobilien entsprechend der Anforderungen der Nutzer gewählt werden. Marktorientierte Konzeptionen sind unabdingbar, möchte man auf externes Kapital zurück greifen. Nachfrage besteht momentan v. A. nach hochwertigen Büroimmobilien in Wasserlage. Neue Immobilien müssen eine ansprechende und funktionale Architektur aufweisen und bzgl. Effizienz, Flächenflexibilität und Drittverwendungsfähigkeit modernen Ansprüchen genügen. Es wurde in einem Expertengespräch empfohlen, im Einzelfall zu prüfen, Grundstückspreise zugunsten einer herausragenden Architektur anzupassen. Derartige Projekte können eine Leuchtturmfunktion ausüben und überregional agierende Investoren auf den Kieler Markt aufmerksam machen. In Kiel sind solche Gebäude rar[85].

Die Wasserlage wurde i. A. in den Expertengesprächen als bedeutendstes Potenzial für Immobilienentwicklungen identifiziert. Es wurde bemängelt, dass der Bezug der Innenstadt zum Wasser in der Vergangenheit zu wenig berücksichtigt wurde. Umzäunung und Abgrenzung der Hafenflächen wurden z. B. als Problemkreise identifiziert, des Weiteren die Konzeption der Kai-City. Die unzureichende Orientierung der Einkaufscity zum Wasser wurde ebenfalls angesprochen. Zwar wurde mit dem Ausbau des Bootshafens ein erster Schritt in die richtige Richtung gemach. Es wurde angemerkt, dass ein großes Shopping-Center wie das LEIK (noch) nicht konsequent Richtung Wasser und Bootshafen geöffnet ist, sondern hier seine Rückseite hat.

Die Untersuchung hat gezeigt, dass insbesondere für großvolumige Büroimmobilieninvestments nur eine geringe Investitionsnachfrage besteht. Dieses Segment sollte gestärkt werden. Die regional ansässigen, institutionellen Investoren haben zwar in der Vergangenheit in Büroimmobilien investiert, fallen jedoch in der Zukunft voraussichtlich aus. Trotzdem handelt es sich bei diesen Akteuren

---

[85] In den Expertengesprächen wurden in diesem Zusammenhang als positive Beispiele z. B. Objekte vom Architekten Teherani oder das Gebäude der DGAG an der Elbchaussee in Hamburg genannt (Peter Drieske, April 2006).

um kapitalkräftige Investoren, die auch in Zukunft bei Büroimmobilienentwicklungen und Transaktionen angesprochen werden sollten. Institutionelle Investoren aus Hamburg sollten aufgrund der geringen räumlichen Entfernung ebenfalls berücksichtigt werden.

Als Zielgruppe für eine überregionale Ansprache eignen sich insbesondere Property-Unternehmen, da diese Investorengruppe bereits in der Vergangenheit Büroimmobilien in Kiel erworben hat. Daneben stellen Investoren aus dem skandinavischen Raum eine sehr wichtige Zielgruppe dar. Die Kontakte können über die regionalen Gewerbeimmobilienmakler hergestellt werden. Des Weiteren bieten sich skandinavische Banken an, die ihren Sitz in Kiel haben. Auch bei der Verteilung der Büromarktberichte ist diese Zielgruppe besonders zu berücksichtigen. Es sollte deshalb geprüft werden, Büromarktberichte auch in englischer Sprache zu veröffentlichen.

7 Anhang

7.1 Exkurs: Indikatoren zur Performancemessung einer Immobilieninvestition

Ein weit verbreiteter Indikator zur Messung der Performance einer Immobilieninvestition ist die Nettoanfangsrendite. Unter der Nettoanfangsrendite wird der Anteil der Nettomieteinnahmen[86] des ersten Jahres am Objektpreis einschließlich der Erwerbsnebenkosten verstanden (Grabener Verlag, 18.10.2006). Es handelt sich dabei annähernd um den Kehrwert des Vervielfältigers zur Ermittlung des Immobilienwertes (abgesehen von der Berücksichtigung der Erwerbsnebenkosten). In anderen Definitionen werden die Nettomieteinnahmen bspw. zuvor von Verwaltungs- und Instandsetzungskosten bereinigt.

$$Nettoanfangsrendite = \frac{Nettomieteinnahmen\ des\ ersten\ Jahres}{Objektpreis\ einschl.\ Erwerbsnebenkosten}$$

Ein international gebräuchlicher Indikator, der im Gegensatz zur Netto-Anfangsrendite sämtliche Renditebestandteile einer Investition berücksichtigt, ist der Total Return (auch Gesamtrendite oder Performance). Der Total Return setzt sich aus der Netto-Cash-Flow-Rendite (NCF-Rendite) und der Wertänderungsrendite zusammen.

Unter der vereinfachten Annahme, dass keine Mittelzu- bzw. -abflüsse in einer Periode stattfinden, errechnet sich der Total Return nach folgender Formel:

$$Total\ Return = \frac{V_t}{V_{t-1}} - 1$$

---

[86] Unter Nettomieteinnahmen versteht man die Brutto-Mieteinnahmen abzüglich nicht umgelegter Bewirtschaftungskosten. Brutto-Mieteinnahmen setzen sich aus dem eigentlichen Mietzins sowie den anfallenden Betriebskosten zusammen (Bone-Winkel, 2005, 824).

V stellt den Verkehrswert einer Immobilie bzw. eines Immobilienportfolios zu verschiedenen Zeitpunkten dar. Beträgt der Verkehrswert einer Büroimmobilie bspw. zu Beginn eines Jahres 100 Mio. Euro und zum Ende des Jahres 105 Mio. Euro, errechnet sich eine Rendite von 5%.

Mittelzu- bzw. -abflüsse sind neben dem Eingang von Mietzahlungen auch die Veränderung des eingesetzten Kapitals durch Käufe, Verkäufe oder Wert beeinflussende Umbaumaßnahmen. Unter der Prämisse, dass sämtliche Zahlungen jeweils am Ende der Betrachtungsperiode angefallen sind, errechnet sich der Total Return nach folgender Formel:

$$Total\ Return = \frac{V_t + NM_t}{V_{t-1}} - 1$$

NM ist der Saldo des Mittelflusses aus Netto-Mieteinahmen, d.h. Mieteinnahmen abzüglich der nicht umgelegten Bewirtschaftungskosten.

Die NCF-Rendite setzt sich aus den tatsächlich erhaltenen Mieteinnahmen abzüglich der nicht umgelegten Bewirtschaftungskosten zusammen. Es handelt sich dabei um einen Renditebestandteil, der dem Investor liquiditätsmäßig zufließt. Die Wertänderungsrendite gibt dagegen die marktinduzierte Wertänderung der Immobilie wieder. Abbildung 18 verdeutlicht die Errechnung des Total Return und seiner Berechnungskomponenten. Es wird unterstellt, dass die Netto-Mieteinnahmen und wertverändernden Investitionen gleichmäßig über das Jahr verteilt auftraten und so auf die Jahresmitte gewichtet wurden (Bone-Winkel et al., 2005b, 820-823).

Abbildung 18: Komponenten des Total Return

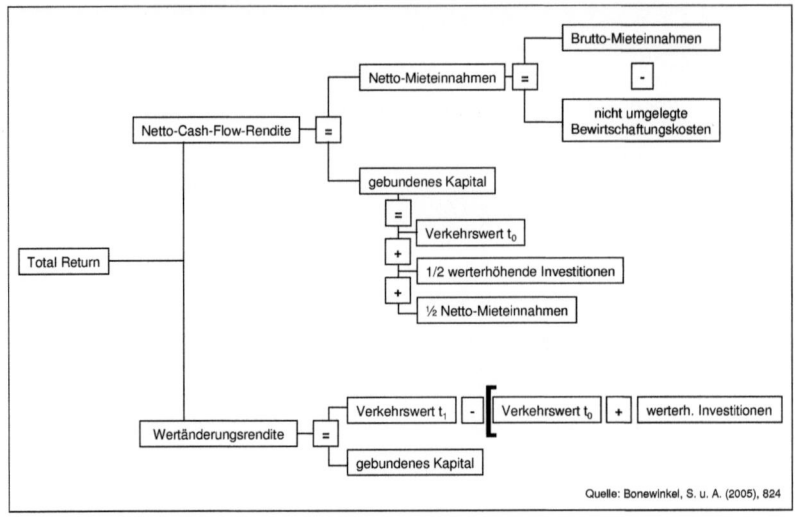

Quelle: Bonewinkel, S. u. A. (2005), 824

7.2 Die Gesprächsleitfäden für die Experteninterviews

7.2.1 Gewerbeimmobilienmakler

Themenschwerpunkt: Unternehmen

- Historie des Unternehmens - kurz
- Hauptsitz? Zweigstellen?
- Aktionsraum des Unternehmens (bzgl. Büroimmobilien)? (➔ weitere regionale Märkte?)
- Herkunft der Gründer bzw. Schlüsselakteure (Gesprächspartner) – regional und institutionell
- Rechtsform? Warum wurde diese gewählt?
- Ein-/Mehr-Betriebsunternehmen?
- Übergeordnetes Unternehmen? Stellung des Projektentwicklers in diesem Verbund?
- Tochterunternehmen (z. B. um Grundstückseigentum auszulagern)?
- in (überregionale) Netzwerke eingebunden? (formell – informell) - Funktionsweise der Netzwerke?
- Kerngeschäftsfelder?
- systematische Beobachtung des Investmentmarktes
- feste Partnerschaften mit Investoren?

Themenschwerpunkt: Objekte/Markt

- Büroimmobilien im eigenen Besitz? (Bezeichnung, Anschrift, Nutzung, BGF, Historie, Strategie)
- Welche Käufe/Verkäufe der letzten Jahre wurden begleitet (bzw. sind bekannt)? Wer hat an wen verkauft? Preis? Vervielfältiger? Grund des Verkaufs? Ansprechpartner?
- Wie viel Büroimmobilien werden momentan begleitet? Nähere Beschreibung? Eigentümer? Grund des Verkaufs?
- Welche Objekte stehen allgemein zum Verkauf (Bezeichnung, Straße, Hausnummer, Makler)? Wer sind die Eigentümer? Grund des Verkaufs? Ansprechpartner?
- Welches jährliche Marktvolumen wird geschätzt? Anzahl der Abschlüsse pro Jahr? Dynamik?
- Welche Projektentwicklungen sind bekannt (v. A. Entwicklungen, die auch für den spekulativen Markt erstellt werden)? Wie wurde/ wird finanziert und investiert? Bestandshaltung/Weiterverkauf? Was war von vornherein geplant?
- Welche Exit-Strategien werden bei Projektentwicklungen in Kiel verfolgt?
- Innovative Konstruktionen wie Sale-and-Lease-Back?
- Welche Standorte werden gewählt (zentral/peripher)? Warum?

- Scheitern Projekte (evtl. An-/Umsiedelungen), weil keine Investoren gefunden werden können?

Themenschwerpunkt: Akteure

- Welche Kaufinteressenten sind in der Region aktiv: privat/institutionell, Herkunft, wie kam Kontakt zustande, Segment, Investitionsumfang
- Welche Strategie verfolgen die regionalen Investoren? ➔ Beispiele, Ansprechpartner
- Kontakte mit institutionellen Investoren beschreiben
- Wer ist an Projektentwicklungen im Bürobereich interessiert: privat/institutionell, Herkunft, wie kam Kontakt zustande, Segment, Investitionsumfang
- zu welchen Projektentwicklern bestehen Kontakte (Herkunft, Aktionsradius)?

- Hat sich die Struktur der Interessenten verändert?
- Nimmt die Anzahl der Anfragen institutioneller Investoren in der jüngeren Vergangenheit zu?
- besitzen geschlossene/ offene Fonds bzw. andere institutionelle Investoren Büroimmobilien in Kiel bzw. in der KERN-Region?
- gibt es Kontakte/gemeinsame Projekte mit geschlossenen/offenen Fonds? Welche Fonds sind das?
- Desgleichen bzgl. Immobilien AGs, Versicherungen und Pensionsfonds?
- allgemeine Anfragen bzgl. Kauf von Büroimmobilien (z. B. Mailingaktionen)
- gibt es Rundschreiben institutioneller Investoren?
- Welche Strategien verfolgen die institutionellen Investoren?

- v. A. ausländische private Konsortien am Kauf interessiert? Beispiele, Zustandekommen des Kontakts

Themenschwerpunkt: Region

- hat sich das Investoreninteresse an Kiel in der letzten Zeit verändert?
- Welche Probleme resultieren aus dem „Desinteresse" der institutionellen Investoren?
- Wie wird die zukünftige Entwicklung eingeschätzt?
- Strategien, überregionale Akteure zu interessieren bzw. den Markt zu beleben (insbesondere institutionelle Investoren)?
- Allgemein: Hemmnisse in Kiel?
- Allgemein: Potenziale in Kiel?
- Maßnahmen in Kiel und Region (allgemein; Verbesserung Investorensegment)

7.2.2 Projektentwickler

Themenschwerpunkt: Unternehmen

- Historie des Unternehmens - kurz
- Hauptsitz? Zweigstellen?
- Aktionsraum des Unternehmens (bzgl. Büroimmobilien)? (➔ weitere regionale Märkte?)
- Herkunft der Gründer bzw. Schlüsselakteure (Gesprächspartner) – regional und institutionell
- Rechtsform? Warum wurde diese gewählt?
- Ein-/Mehr-Betriebsunternehmen?
- Übergeordnetes Unternehmen? Stellung des Projektentwicklers in diesem Verbund?
- Tochterunternehmen (z. B. um Grundstückseigentum auszulagern)?
- in Netzwerke eingebunden? (formell – informell)
- Unternehmenszweck (kurz)?
- Strategie: welche Nutzungsfelder? Wie viel Projekte werden gesammelt bzw. konkret entwickelt – Art der Projekte? Welche Endinvestoren stehen zur Verfügung? Wo kommen sie her? Wie kam der Kontakt zustande? Welche Investitionsbedingungen bestehen? ➔ Investitionssummen; verfügbares Kapital; Art der Investoren (institutionell – privat)
- feste Partnerschaften mit Investoren?

Themenschwerpunkt: laufende Projekte

- wenn Projekt eingestellt: woran scheiterte die Projektentwicklung? (keine Investoren?)
- erstes Projekt? Warum in Kiel?
- Typ: klassischer Developer (Veräußerung angedacht)/ Architekt plus Endinvestor/ Eigennutzer unter Hinzunahme von Mietern/ ursprüngliches Motiv Grundstücksbesitz?
- Strategie der Immobilie? für bestimmte Zielgruppe konzipiert?
- Vermietungstand (Vorvermietungsquote)?
- Wer finanziert? Forderungen?
- War Veräußerung zu Beginn der Projektentwicklung angedacht? Ist Veräußerung angedacht bzw. schon durchgeführt? Laufende Verhandlungen?
- Wenn nicht: wie werden die Verkaufschancen eingeschätzt?
- Gibt es Anfragen? Wer? Woher kommen die?
- Art des Investors (privat/institutionell)? Woher bekannt? Netzwerke?
- Aktionsraum des Investors? Herkunft?

Themenschwerpunkt: frühere Projekte (➔ Aktionsraum)

- welcher Art? Im Besitz? Wann?
- Wo? Warum wurde dieser Standort gewählt?
- Objekt veräußert? An wen? Woher bekannt? Welche Investoren hatten Interesse?
- Weiterer Besitz von Bürogebäuden?

Themenschwerpunkt: zukünftige Planung

- Einschätzung des regionalen Büromarktes (als Investitionsstandort)? Für überregional agierende (institutionelle) Investoren interessant?
- Einschätzung der nationalen Zentren (als Investitionsstandort)?
- Maßnahmen in Kiel und Region (allgemein; Verbesserung Investorensegment)

Themenschwerpunkt: Region

- Allgemein: Hemmnisse in Kiel?
- Allgemein: Potenziale in Kiel?
- Maßnahmen in Kiel und Region (allgemein; Verbesserung Investorensegment)

7.2.3 Investoren

Themenschwerpunkt: Unternehmen

- Herkunft der Gründer bzw. der Schlüsselakteure (Gesprächspartner) – regional und institutionell; Ausbildung des Gesprächspartners (Erfahrung mit Immobilien?); Beziehung zu Kiel

- Unternehmenszweck – auch bzgl. Immobilien (kurz); Historie des Unternehmens - kurz
- Rechtsform? Warum wurde diese Form gewählt: Vorteile - Nachteile
- Übergeordnetes Unternehmen? Stellung des Investors in diesem Verbund?

- Ein-/Mehr-Betriebsunternehmen? Tochterunternehmen (z. B. um Grundstückseigentum auszulagern)?
- Hauptsitz? Zweigstellen?
- in Netzwerke eingebunden? (formell – informell)

- Aktionsraum des Unternehmens (bzgl. Büroimmobilien)? (➔ weitere regionale Märkte?)
- feste Partnerschaften mit Investoren?

Themenschwerpunkt: Immobilien im Besitz

- übergeordnete Strategie:
- Grund des Engagements in Kiel; warum wurde dieser Standort (Mikro/Makro) gewählt?
- eigene Projektentwicklungsaktivität oder reiner Endinvestor?
- wenn eigene Projektentwicklungsaktivitäten:

    o Hintergrund der Entwicklung (privat oder unternehmerisch motiviert)
    o Strategie: Rendite oder Unternehmenssitz? Eigenkapitalrendite?
    o Risiko?
    o Finanzierung? Fremdkapitaleinsatz
    o Anlagehorizont: kurz-/mittel-/langfristig
    o Weitere Beteiligte; Gesellschaftsform
    o steuerliche Ausgestaltung
    o Art des Entwicklers (Typ: *klassischer Developer (Veräußerung angedacht)/ Architekt plus Endinvestor/ Eigennutzer unter Hinzunahme von Mietern/ ursprüngliches Motiv Grundstücksbesitz*)
    o Anlageziel
    o (Exit)-Strategie (Verkauf von vornherein geplant?)
    o Verkauf geplant? Warum scheiterte der Verkauf bisher? Kaufpreisvorstellung?
    o Interessenten (Institution, Herkunft; Strategie)
    o Wurden eigen entwickelte Immobilien erfolgreich verkauft? Historie?

- allg.: welche/wie viel Objekte befinden sich im Besitz? Nutzungsfelder? Anteil selbst entwickelt? Regionale Verteilung
- zu den Objekten, die nicht selbst entwickelt wurden und die sich in der Kieler Region (bzw. auch KERN) befinden:

    o Besitzer: Tochterunternehmen? Rechtsform
    o Anschrift, Ort
    o Größe (BGF oder Nutzfläche)
    o Nutzungsarten (Einzelhandel, Büro, Freizeit, Wohnen); Eigentümerstruktur
    o Nutzer/ Auslastung (Anteil Eigennutzung/Fremdnutzung)
    o Baujahr/ Historie
    o Modalitäten des Kaufs (Vorbesitzer; Grund des Verkaufs; Art des Verkaufs; Paketkauf)
    o Weiterverkauf geplant? Wann?

- o Gibt es Interessenten? Art des Interessenten (privat/institutionell)? Herkunft des Interessenten? Wie kam Kontakt zustande?
- o Wer verwaltet?

Themenschwerpunkt: frühere Verkäufe

- welche Transaktionen wurden erfolgreich durchgeführt?
- Objekte? An wen? Herkunft? Wie kam Kontakt zustande? Strategie des Käufers? Art des Verkaufs (Paket?) Welche Interessenten gab es?

Themenschwerpunkt: zukünftige Planung

- Einschätzung des regionalen Büromarktes (als Investitionsstandort)? Für überregional agierende (institutionelle) Investoren interessant?
- Einschätzung der nationalen Zentren (als Investitionsstandort)?
- Maßnahmen in Kiel und Region (allgemein; Verbesserung Investorensegment)

Themenschwerpunkt: Region

- Allgemein: Hemmnisse in Kiel?
- Allgemein: Potenziale in Kiel?
- Maßnahmen in Kiel und Region (allgemein; Verbesserung Investorensegment)

7.3 Tabellen und Abbildungen

Tabelle 44: Gewerbeimmobilieninvestments in den deutschen Metropolen[87] von 1998 bis 2007 (in Mio.)

	1998	1999	2000	2001	2002	2003	2004	2005	2006	2007
Währung (in Mio.)	DM	DM	Euro	Euro	Euro	Euro	Euro	Euro	Euro	Euro
private Anleger	1.086	827	394	299	395	219	682	730	1.261	1.201
öffentliche Hand	0	0	0	24	1	20	26	52	264	43
Pensionskassen	277	423	335	666	461	252	118	179	547	281
Versicherungen	1.066	1.249	656	578	511	187	567	267	322	560
Eigennutzer	901	268	276	995	280	212	371	345	507	661
Banken	68	144	289	39			0	472	130	382
Spezialfonds						147	390	237	1.473	1.840
offene Fonds	802	3.350	2.022	1.240	2.535	1.973	898	348	344	1.919
Immobilienunternehmen									1.245	1.544
Bauträger/Entwickler	578	757	1.129	1.040	1.280	418	757	937	1.100	2.621
geschlossene Fonds	650	1.916	400	776	1.579	705	873	1.013	3.566	2.373
Immobilien AGs	180	305	266	317	55	112	247	684	2.812	5.404
Opport./ Equity Funds[88]						0	826	231	3.477	7.569	11.814
Sonstige[89]	136	881	797	431	327	123	42	238	107	17
Summe	5.744	10.120	6.563	6.405	7.423	5.194	5.201	8.980	21.247	30.660

Quelle: Collier Müller International Immobilien (2000, S. 12), ATIS REAL Müller International (2002, S. 8 und 2004, S. 9), ATIS REAL (2006, S. 17 und 2008, S. 12)

---

[87] 1998 bis 2005 Berlin, Düsseldorf, Frankfurt, Hamburg und München. Ab 2006 wurde zusätzlich noch Köln berücksichtigt.
[88] Ab 2006 wird diese Kategorie in den Marktberichten mit „Equity/Real Estate Funds" bezeichnet.
[89] 1998 und 1999 waren Stiftungen separat aufgeführt und wurden in der Tabelle zu den „Sonstigen" gezählt. Zwischen 1998 und 2001 wurden Ausländer als eigenständige Kategorie aufgeführt. Sie wurden ebenfalls zu den „Sonstigen" gezählt.

Tabelle 45: Gewerbeimmobilieninvestments in Deutschland 2007 – Portfolio- und Einzelinvestments

	Investitionssumme	Anteil der Portfolioinvestments	Anteil der Einzelinvestments
private Anleger	78	0,0%	100,0%
öffentliche Hand	1.957	23,4%	76,6%
Pensionskassen	149	0,0%	100,0%
Versicherungen	287	0,0%	100,0%
Eigennutzer	661	0,0%	100,0%
Banken	1.741	36,5%	63,5%
Spezialfonds	847	87,5%	12,5%
Offene Fonds	3.963	42,3%	57,7%
Immobilienunternehmen	3.004	61,5%	38,5%
Bauträger/Entwickler	4.170	47,0%	53,0%
geschlossene Fonds	4.358	45,4%	54,6%
Immobilien AGs	8.808	57,7%	42,3%
Equity/Real Estate Funds	11.101	72,2%	27,8%
Sonstige	18.323	74,8%	25,2%
Summe	59.447	60,7%	39,3%
Institutionelle Investoren	*46.994*	*66,1%*	*33,9%*
Rest	*12.453*	*40,4%*	*59,6%*

Quelle: ATIS REAL (2008, S. 7 und 10)

Tabelle 46: Räumliche Verteilung der Gewerbeimmobilieninvestments in Deutschland 2007

	Investitionssumme	Anteil in den Metropolen	Anteil in den restlichen Städten
private Anleger	1.957	61,4%	38,6%
öffentliche Hand	149	28,9%	71,1%
Pensionskassen	287	97,9%	2,1%
Versicherungen	661	84,7%	15,3%
Eigennutzer	1.741	38,0%	62,0%
Banken	847	45,1%	54,9%
Spezialfonds	3.963	46,4%	53,6%
Offene Fonds	3.004	63,9%	36,1%
Immobilienunternehmen	4.170	37,0%	63,0%
Bauträger/Entwickler	4.358	60,1%	39,9%
geschlossene Fonds	8.808	26,9%	73,1%
Immobilien AGs	11.101	48,7%	51,3%
Equity/Real Estate Funds	18.323	64,5%	35,5%
Sonstige	78	21,8%	78,2%
Summe	**59.447**	**51,6%**	**48,4%**
Institutionelle Investoren	*46.994*	*52,3%*	*47,7%*
Rest	*12.453*	*48,9%*	*51,1%*

Quelle: ATIS REAL (2008, S. 10 und 12)

Tabelle 47: Räumliche Verteilung der Gewerbeimmobilieninvestments in Deutschland 2007 nach Immobilienart

	Investitions-summe	Anteil in den Metropolen	Anteil in den restlichen Städten
Büro	31.032	64,8%	35,2%
Einzelhandelsimmobilie/Büro- und Geschäftshaus	13.314	28,0%	72,0%
Sonstige	15.101	45,2%	54,8%
Summe	**59.447**	**51,6%**	**48,4%**

Quelle: ATIS REAL (2008, S. 6 und 15)

Abbildung 19: Verlauf der City-Spitzenmieten in Kiel und den Metropolen 1996-2006 (indexiert)

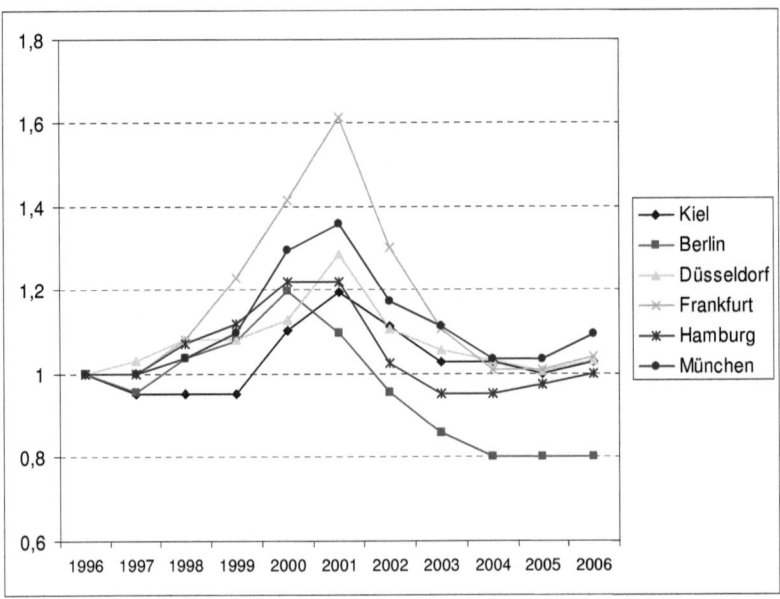

Quelle: Zahlen der Bulwien AG (RIWIS), eigene Berechnung und Darstellung

Abbildung 20: Verlauf der City-Durchschnittsmieten in Kiel und den Metropolen 1996 - 2006 (indexiert)

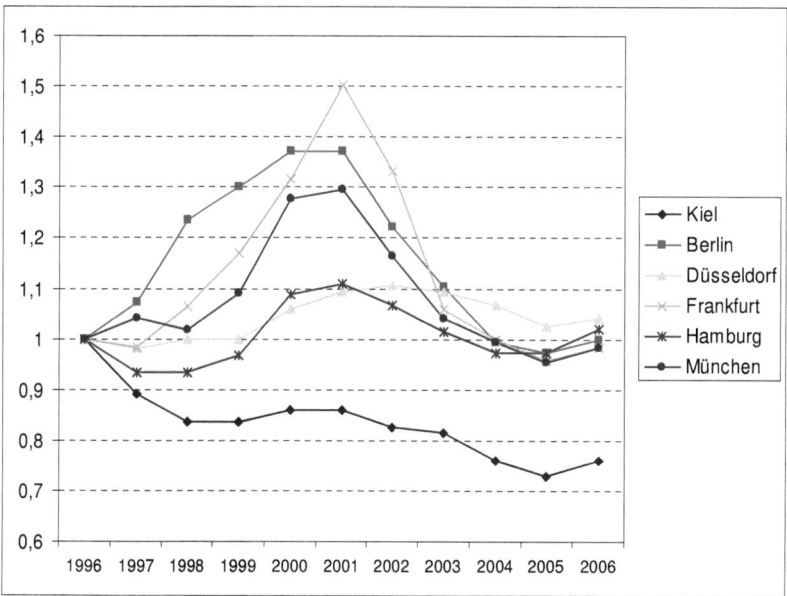

Quelle: Zahlen der Bulwien AG (RIWIS), eigene Berechnung und Darstellung

Tabelle 48: Liste der Gesprächspartner im Rahmen der Expertengespräche

Eigentümer/Investoren	Sören Mohr (Geschäftsführer New Communication)
	Bruno Geiger (Geschäftsführer Zahnärztekammer)
	Herr Werner (Immobilienabteilung/ -vermittlung KiWi)
	Frau Seiffert (Immobilienabteilung/ -vermittlung KiWi)
	Herr Stechow (Sparkasse Kiel)
	Herr Mollenhauer (Sparkasse Kiel)
	Herr Höll (Allianz)
	Herr Rönnau (Provinzial)
	Herr Jänkel (BIG Städtebau)
	Herr Putzke (ehem. Geschäftsführer vom Lauris Park)
	Herr Reimers (fat IT)
	Herr Gehrs (Ingenieur)
	Herr Bertram (Preussag Immobilien GmbH)
	Herr Klinke (Hornbach)
Projektentwickler	Peter Drieske (bpb)
	Herr Weisner
Immobilienmakler	Jan-Christoph Kersig
	Herr Hollstein (Hans Schütt Immobilien)
	Frau Behrens (Geschäftsführerin TLI Toplage)
	Herr Jürß (Stöben Immobilien)
	Herr Plambeck (Geschäftsführer GVI)
	Darüber hinaus wurden im Rahmen der Tätigkeit für die Kieler Wirtschaftsförderung eine Vielzahl (geschätzt 20 bis 30) unstandardisierter Expertengespräche zu dem Thema geführt (insbesondere im Rahmen der Projektleitung Wissenschaftspark/Wissenschaftszentrum und der Begleitung der Büromarktstudie Kiel).

Tabelle 49: Geschätztes Gebäudealter und Lage in Kiel (% in Spalten)

	Neubau	80er/90er Jahre	70er Jahre	50er/60er Jahre	älter	Gesamt
N	20	67	49	107	48	291
Innenförde	35,0	1,5	2,0	0,0	4,2	3,8
Südliche City	20,0	41,8	26,6	22,4	10,5	25,4
Altstadt/City	10,0	13,4	28,6	39,3	33,3	28,5
Kleiner Kiel	15,1	6,0	4,0	14,0	16,7	11,0
Dreiecksplatz/ Knooper Weg	0,0	12,0	12,2	20,6	25,0	16,5
Schwedendamm	0,0	7,5	2,0	1,9	0,0	2,7
Universität/ Westring	0,0	11,9	6,1	0,0	6,2	4,8
Streulagen	20,0	6,0	18,4	1,9	4,2	7,2
Gesamt	100	100	100	100	100	100

Eigene Auswertungen, Daten der Büroimmobiliendatenbank

Tabelle 50: Subjektive Gebäudequalität und Lage in Kiel (% in Spalten)

	gehoben	mittel	einfach	sehr schlecht	Gesamt
N	65	138	88	6	297
Innenförde	12,4	1,5	0,0	0,0	3,4
Südliche City	40,2	16,0	28,3	17,2	24,9
Altstadt/City	15,4	34,1	24,9	66,1	27,9
Kleiner Kiel	13,9	15,2	2,2	0,0	10,8
Dreiecksplatz/ Knooper Weg	9,3	18,2	18,1	16,7	16,2
Schwedendamm	2,7	6,4	4,0	0,0	4,7
Universität/Westring	0,0	5,1	7,9	0,0	4,7
Streulagen	6,2	3,6	14,7	0,0	7,4
Gesamt	100	100	100	100	100

Eigene Auswertungen, Daten der Büroimmobiliendatenbank

Tabelle 51: Größe der Büroimmobilie (BGF) und Lage in Kiel (% in Spalten)

	< 1.000 qm	1.000 bis < 2.500 qm	2.500 bis < 5.000 qm	5.000 bis < 10.000 qm	10.000 qm und mehr	Gesamt
N	86	131	30	29	16	292
Innenförde	0,0	2,3	10,0	13,8	6,3	3,8
Südliche City	27,9	22,1	30,1	31,1	19,0	25,4
Altstadt/City	27,9	38,2	23,3	3,4	6,2	28,4
Kleiner Kiel	10,5	12,2	10,0	3,4	18,8	11,0
Dreiecksplatz/ Knooper Weg	18,6	13,0	16,6	20,7	24,9	16,4
Schwedendamm	1,2	2,3	3,3	3,4	12,5	2,7
Universität/Westring	4,7	4,6	3,3	6,9	6,2	4,8
Streulagen	9,3	5,3	3,3	17,2	6,2	7,5
Gesamt	100	100	100	100	100	100

Eigene Auswertungen, Daten der Büroimmobiliendatenbank

Tabelle 52: Alter der Büroimmobilie nach Investorenart (% in Spalten)

	Neubau	80er/90er Jahre	70er Jahre	50er/60er Jahre	älter	Gesamt
	15	41	28	86	35	205
Versicherung/Pensionskasse	6,7	4,9	21,4	11,6	5,7	10,2
Bank/Kreditinstitut	20,0	9,8	7,1	8,1	11,4	9,8
Geschlossener Fonds	0,0	17,1	0,0	1,2	0,0	3,9
Immobilien AG	0,0	2,4	7,1	5,8	2,9	4,4
Öffentliche Eigentümer	26,7	22,0	7,1	10,5	5,7	12,7
Property-Unternehmen	6,7	4,9	14,3	1,2	14,3	6,3
Non-Property Unternehmen	6,6	7,3	7,2	5,8	2,8	5,9
Private	13,2	21,9	17,8	29,1	48,6	28,3
Verein/Verband	0,0	0,0	0,0	5,8	5,7	3,4
Stiftung/Kirche	0,0	4,9	7,1	1,2	0,0	2,4
Objektgesellschaft	20,0	4,9	10,7	18,6	2,9	12,2
ausländische Gesellschaft	0,0	0,0	0,0	1,2	0,0	0,5
Gesamt	100	100	100	100	100	100

Tabelle 53: Zusammenhang zwischen Investorentyp und Rechtsform

	N	K. d. öff. Rechts	GmbH	AG	eG	KG	GmbH & Co KG
Versicherung/ Pensionsk.	21	0	0	14	0	0	5
Bank/Kreditinstitut	20	6	6	3	3	0	2
Geschlossener Fonds	8	0	6	0	0	2	0
Immobilien AG	9	0	0	9	0	0	0
Öffentliche Eigentümer	26	24	2	0	0	0	0
Property-Unternehmen	13	0	10	0	0	2	1
Non-Property Unternehmen	12	0	4	2	0	2	3
Private	58	0	0	0	0	0	0
Verein/Verband	7	0	0	0	0	0	0
Stiftung/Kirche	5	2	0	0	0	0	0
Objektgesellschaft	25	0	0	0	0	0	25
ausländische Gesellschaft	1	0	0	0	0	0	0

	GbR	Privatpersonen	Stiftung	e.V.	OHG	Versicherungsverein auf Gegenseitigkeit	Ausl. Gesellschaft
Versicherung/Pensionsk.	0	0	0	0	0	2	0
Bank/Kreditinstitut	0	0	0	0	0	0	0
Geschlossener Fonds	0	0	0	0	0	0	0
Immobilien AG	0	0	0	0	0	0	0
Öffentliche Eigentümer	0	0	0	0	0	0	0
Property-Unternehmen	0	0	0	0	0	0	0
Non-Property Unternehmen	0	0	0	0	1	0	0
Private	12	46	0	0	0	0	0
Verein/Verband	0	0	0	7	0	0	0
Stiftung/Kirche	0	0	3	0	0	0	0
Objektgesellschaft	0	0	0	0	0	0	0
ausländische Gesellschaft	0	0	0	0	0	0	1

Tabelle 54: Alter und Größe der Büroimmobilien (% in Spalten)

	Neubau	80er/90er Jahre	70er Jahre	50er/60er Jahre	älter	Gesamt
N	20	67	49	107	48	291
< 1.000 qm	5,0	19,4	24,5	33,6	47,9	29,2
1.000 bis < 2.500 qm	40,0	46,3	55,1	49,5	25,0	45,0
2.500 bis < 5.000 qm	20,0	14,9	0	6,5	18,8	10,3
5.000 bis < 10.000 qm	25,0	9,0	18,4	7,5	2,1	10,0
10.000 qm und mehr	10,0	10,4	2,0	2,8	6,3	5,5
Gesamt	**100**	**100**	**100**	**100**	**100**	**100**

Tabelle 55: Alter und Größe der Büroimmobilien (% in Zeilen)

	N	Neubau	80er/ 90er Jahre	70er Jahre	50er/60er Jahre	älter	Gesamt
< 1.000 qm	85	1,2	15,3	14,1	42,4	27,1	100
1.000 bis < 2.500 qm	131	6,1	23,7	20,6	40,5	9,2	100
2.500 bis < 5.000 qm	30	13,3	33,3	0	23,3	30,0	100
5.000 bis < 10.000 qm	29	17,2	20,7	31,0	27,6	3,4	100
10.000 qm und mehr	16	12,5	43,8	6,3	18,8	18,8	100
Gesamt	291	6,9	23,0	16,8	36,8	16,5	100

Abbildung 21: Eigentümerstruktur in Kiel (Investorengruppen) - Anzahl der Immobilien

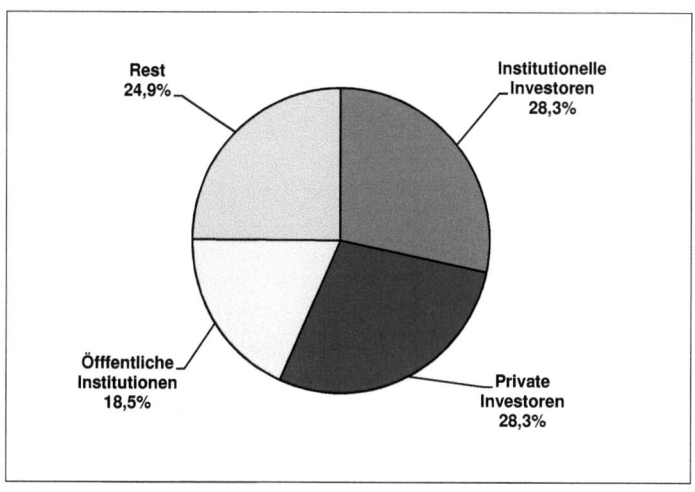

Tabelle 56: Räumliche Verteilung der Investorentypen in Kiel (% in Spalten)

	Innenförde	Südl. City	Altstadt/ City	Kleiner Kiel	Dreieck/ Knooper Weg	Schwedendamm	Univers./ Westring	Streulagen	Gesamt
N	9	58	71	22	32	6	5	2	205
Versicherung/Pensionsk.	0	25,9	5,6	4,5	3,1	0	0	0	10,2
Bank/Kreditinstitut	0	12,1	4,2	31,8	9,4	0	0	0	9,8
Geschlossener Fonds	0	8,6	4,2	0	0	0	0	0	3,9
Immobilien AG	11,1	3,4	8,5	0	0	0	0	0	4,4
Öffentliche Eigentümer	0	8,6	7,0	9,1	31,3	33,3	0	100	12,7
Property-Unternehmen	22,2	0	7,0	4,5	0	0	100	0	6,3
Non-Property Unternehmen	22,2	6,9	1,4	4,5	9,4	16,7	0	0	5,9
Private	11,1	24,1	38,0	18,2	31,3	33,3	0	0	28,3
Verein/Verband	0	1,7	4,2	9,1	3,1	0	0	0	3,4
Stiftung/Kirche	0	1,7	4,2	0	3,1	0	0	0	2,4
Objektgesellschaft	33,3	6,9	14,1	18,2	9,4	16,7	0	0	12,2
ausländische Gesellschaft	0	0	1,4	0	0	0	0	0	0,5
Gesamt	100	100	100	100	100	100	100	100	100

Tabelle 57: Räumliche Verteilung der Investorentypen in Kiel (% in Zeilen)

	N	Innenförde	Südliche City	Altstadt/ City	Kleiner Kiel	Dreieck/ Knooper Weg	Schwedendamm	Univers./Westring	Streulagen	Gesamt
Versicherung/ Pensionskassen	21	0	71,4	19,0	4,8	4,8	0	0	0	100
Bank/Kreditinstitut	20	0	35,0	15,0	35,0	15,0	0	0	0	100
Geschlossener Fonds	8	0	62,5	37,5	0	0	0	0	0	100
Immobilien AG	9	11,1	22,2	66,7	0	0	0	0	0	100
Öffentliche Eigentümer	26	0	19,2	19,2	7,7	38,5	7,7	0	7,7	100
Property-Unternehmen	13	15,4	0	38,5	7,7	0	0	38,5	0	100
Non-Property Unternehmen	12	16,7	33,3	8,3	8,3	25,0	8,3	0	0	100
Private	58	1,7	24,1	46,6	6,9	17,2	3,4	0	0	100
Verein/Verband	7	0	14,3	42,9	28,6	14,3	0	0	0	100
Stiftung/Kirche	5	0	20,0	60,0	0	20,0	0	0	0	100
Objektgesellschaft	25	12,0	16,0	40,0	16,0	12,0	4,0	0	0	100
ausländische Gesellschaft	1	0	0	100	0	0	0	0	0	100
Gesamt	**205**	**4,4**	**28,3**	**34,6**	**10,7**	**15,6**	**2,9**	**2,4**	**1,0**	**100**

8 Literaturverzeichnis

Amt für Statistik der Landeshauptstadt Kiel (2006): Kieler Zahlen 2006. Kiel

Alda, W. und Lassen, J. (2005): Kapitalanlagegesellschaften. In: Schulte, K., Bone-Winkel, S. und Thomas, M. (Hrsg. 2005): Handbuch Immobilien-Investition 2. Auflage. Köln.

Alonso, W. (1968): Location and Land Use. Toward a general Theory of Land Use. Cambridge.

Ambrose, P. (1986): Whatever happened to Planning? London.

Aring, J. (2002): Überlegungen zur Zukunft der Vermarktung der Kai-City Kiel (Hörn) – Ergebnisse eines workshops vom 9.8.2002 (unveröffentlicht)

Aring, J. (2006): Büromarkt Landeshauptstadt Kiel Bericht 2005/2006 (unveröffentlicht). Meckenheim

Aring, J. (2006a): Schlussfolgerungen aus der Erarbeitung des Büromarktberichtes Kiel für die Entwicklung der Kai-City Kiel (Fassung vom 23.03.2006; unveröffentlicht). Meckenheim

ATIS REAL Müller International (2002): Germany 2002. Müller International Immobilien GmbH (Hrsg.). Frankfurt. URL: http://www.atisreal.de.

ATIS REAL Müller International (2004): Investment Market Report – Germany 2004. Müller International Immobilien GmbH (Hrsg.). Frankfurt. URL: http://www.atisreal.de.

ATIS REAL Müller International (2006): Investment Market Report – Germany 2006. Müller International Immobilien GmbH (Hrsg.). Frankfurt. URL: http://www.atisreal.de.

ATIS REAL (2008): Investment Market Report – Germany 2008. Atisreal GmbH (Hrsg.). Düsseldorf. URL: http://www.atisreal.de.

Atteslander, P. (2000): Methoden der empirischen Sozialforschung. Neunte, neu bearbeitete und erweiterte Auflage. Berlin, New York.

Unbekannt (2000): Arbeite, wo und wann du willst...Bürokonzepte als Rahmen für eine veränderte Arbeitswelt. Der Facility-Manager, Bd. 7, Heft 7. Merching

Bailly, A., Maillat, D. und Coffey, W. (1987): *Service activities and regional Development: Some European Examples.* In: Environment and Planning A, Vol. 19, Seite 653-668.

Ball, M., Morrison, T. und Wood, A. (1996): *Structures Investment and Economic Growth: A Long-term international Comparison.* In: Urban Studies, Vol. 33, Nr. 9, Seite 1687-1706.

Ball, M., Le Ny, L. und Maginn, P. (2003): *Synergy in Urban Regeneration Partnerships: Property Agents' Perspectives.* In: Urban Studies, Vol. 40, Nr. 11, Seite 2239-2253.

Baumeister, A. (2004): Risikomanagement bei Immobilieninvestments - Entscheidungshilfen für institutionelle Anleger. Wiesbaden.

Beidatsch, K. (2006): Geograpic Selection - Auswahl von Zielma rkten im Portfoliomanagement : eine empirische Analyse am Beispiel ausgewa hlter deutscher Bu roma rkte. Köln.

Betz, A. (1997): Geschlossene Immobilienfonds als Angebotserweiterung und Kapitalanlage von Versicherungsunternehmen – unter besonderer Beachtung der Rentabilität von Immobilienprojekten mittels softwaregestützter Berechnungen. Karlsruhe.

Beyerle, T. (2003): Zukunftsorientierte Bürokonzepte – bewegte Büros in bewegten Zeiten Präsentation). DEGI Deutsche Gesellschaft für Immobilienfonds, Bereich Research & Consulting, Frankfurt am Main

Beyerle, T. (2001): Der deutsche Immobilienmarkt. In: Handbuch Immobilienwirtschaft (1. Auflage), Seite 201-219. Wiesbaden.

Beyerle, T. (2005): Der deutsche Büroimmobilienmarkt – Zwischen regionalen Strukturen und internationaler Herausforderung. In: Falk, B. und Falk, T. (Hrsg. 2005): Handbuch Gewerbe- und Spezialimmobilien.

Blatter, J., Janning, F. ‚Wagemann, C. (2007): Qualitative Politikanalyse : eine Einführung in Forschungsansätze und Methoden .Wiesbaden.

Blotevogel, H. (2002): Deutsche Metropolregionen in der Vernetzung. In: Informationen zur Raumentwicklung, H. 6/7, S. 345-352

Boddy, M. (1981): The property sector in late capitalism: the case of Britain. In: Dear, M und Scott, A. (1981): Urbanization and urban planning in capitalist society. London.

Bone-Winkel, S., Isenhöfer, B. und Hofmann, P. (2005): Projektentwicklung. In: Schulte, K. (Hrsgb. 2005): Immobilienökonomie – Betriebswirtschaftliche Grundlagen. München.

Bone-Winkel, S., Müller, T. (2005): Bedeutung der Immobilienwirtschaft. In: Schulte, K. (Hrsgb. 2005): Immobilienökonomie – Betriebswirtschaftliche Grundlagen. München.

Bone-Winkel, S., Schulte, K., Sotelo, R., Allendorf, G., und Ropeter-Ahlers, S. (2005a): Immobilieninvestition. In: Schulte, K. (Hrsgb. 2005): Immobilienökonomie – Betriebswirtschaftliche Grundlagen. München. Seite 629-710.

Bone-Winkel, S., Thomas, M., Allendorf, G., Waldbröhl, V. und Kurzrock, B. (2005b): Immobilien-Portfoliomanagenemnt. In: Schulte, K. (Hrsgb. 2005): Immobilienökonomie – Betriebswirtschaftliche Grundlagen. München. Seite 777-840

Bone-Winkel, S., Schulte, K. und Focke, C. (2005c): Begriff und Besonderheiten der Immobilie als Wirtschaftsgut. In: Schulte, K. (Hrsgb. 2005): Immobilienökonomie – Betriebswirtschaftliche Grundlagen. München. Seite 3-26.

Bone-Winkel, S., Schulte, K. und Sotelo, R. (2005d): Beurteilung indirekter Immobilienanlagen. In: Schulte, K. (Hrsgb. 2005): Immobilienökonomie – Betriebswirtschaftliche Grundlagen. München. Seite 3-26.

Bronger, D. (2004): Metropolen Megastädte Global Cities – Die Metropolisierung der Erde. Darmstadt.

Brübach, J. (2005): Private Direktinvestitionen. In: Schulte, K., Bone-Winkel, S. und Thomas, M. (Hrsg. 2005): Handbuch Immobilien-Investition 2. Auflage. Köln.

Bulwien, H. , Talkenberger, P. (1994): Top Know-how rund um den Immobilienstandort. Idstein.

Bulwien, H. (2005): Immobilienanlagemarkt – Überblick über Immobilieninvestoren und –anlageprodukte in Deutschland. In: Schulte, K., Bone-Winkel, S. und Thomas, M. (Hrsg. 2005): Handbuch Immobilien-Investition 2. Auflage. Köln.

Cadmus, A. und von Bodecker, M. (2005): Immobilien-Aktiengesellschaften und REITs. In: Schulte, K., Bone-Winkel, S. und Thomas, M. (Hrsg. 2005): Handbuch Immobilien-Investition 2. Auflage. Köln.

Czarnitzki, D., Spielkamp, A. (2000): Business Services in Germany: Bridges for Innovation. Center for Economic Research (ZEW), Mannheim. URL: http://www.zew.de/en/publikation.

CFM Commerz Finanz Management GmbH (2001): Vermögenssituation im Status Quo und deren Veränderung durch Finanzplanung der CFM Commerz Finanz Management GmbH.

Charney, I. (2003): Spatial Fix and Spatial Substitutability Practices Among Canada's Largest Office Development Firms. In: Urban Geography, Vol. 24, Nr. 5, Seite 386-409.

Charney, I. (2002): Three Dimensions of Capital Switching within the Real Estate Sector: A Canadian Case Study. In: International Journal of Urban and Regional Research, Vol. 25, Nr. 4, Seite 740-758.

Claus, D. und Heinisch, N. (2005): Kai-City Kiel. Lebensqualität am Wasser – Arbeiten und Wohnen im neuen Stadtquartier an der Hörn. In: BAW Institut für regionale Wirtschaftsforschung (Hrsgb. 2005): Hafenareale als urbane Investitionsstandorte – Überseestadt und Hafenkante Bremen im internationalen Kontext. Berlin.

Colliers Müller International Immobilien (2000): Germany – Investmentmarket Report 2000. Müller International Immobilien GmbH (Hrsg.). Frankfurt. URL: http://www.atisreal.de.

Collier Property Partner (2007): Investmentmarktbericht Deutschland 2006. URL: http://www.immo-report.com/-gewerbeimmobilien-deutschland-report_1909_1.php.

Daniels, P. W. (1983): Business service offices in British provicial cities: location and control. In: Environment and Planning A, Vol. 15, Nr. 8, Seite 1101-1120.

dbresearch (2003): Demografie lässt Immobilien wackeln. Aktuelle Themen, Nr. 283. Frankfurt am Main. URL: http://www.dbresearch.de/PROD/DBR_INTERNET_DE-PROD/PROD0000000000063853.pdf .

dbresearch (2007): Aktuelle Themen - Deutsche Büromärkte Zyklischer Aufschwung, strukturelle Unterschiede. Aktuelle Themen, Nr. 379. Frankfurt am Main. URL: http://www.dbresearch.com/PROD/DBR_INTERNET_EN-PROD/PROD0000000000207924.pdf.

DEGI (2005): Die Investorenfrage: Investmentzentren oder regionale Bürostandorte? DEGEI Research – Thema des Monats März 2005. URL: http://www.degi.de/research/thema_d_monats/2005_03_l_zentren_vs_reg ionale_B_standorte.htm.

DEGI (2005a): Thema des Monats im Juni 2005: Standortrankings in der Immobilienwirtschaft. Anmerkungen aus Sicht des Research. DEGI Research. Frankfurt.

DEGI (2006): Neue Perspektiven – Marktreport Deutschland 2006. DEGI Research. URL: http://www.degi.de/research/marktreport.htm. Frankfurt.

DEGI (2007): Neue Perspektiven – Marktreport Deutschland 2007. DEGI Research. http://www.degi.de/research/marktreport.htm. Frankfurt.

DID (2004): Offene Immobilienfonds – Darstellung und Analyse 2003/2004. Wiesbaden

De Magalhães, C. (1998): Economic instability, structural change and the property markets: the late-1980s office boom in São Paulo. In: Environment and Planning A, Vol. 30, Nr. 11, Seite 2005-2024.

Diederichs, C. (1994): Grundlagen der Projektentwicklung/Teil 1. In: Bauwirtschaft, 48. Jg., H. 11, S. 43-49

Dobberstein, M. (2003): Büromärkte in kleinen Großstädten – Das Beispiel Braunschweig. P3 Projektbericht, Technische Universität Hamburg-Harburg. Hamburg-Harburg.

Dobberstein, M. (2000): Das prozyklische Verhalten der Büromarktakteure – Interessen, Zwänge und mögliche Alternativen. Arbeitspapiere zur Gewerbeplanung, Arbeitspapier No. 2. Dortmund

Dobberstein, M. (2002): Gewerbeplanung im Spannungsfeld öffentlicher und privater Interessen. In: Zeitschrift für Immobilienökonomie, Heft 1, Seite 16-25.

Dobberstein, M. (2004): Kleine Büromärkte – Das Beispiel Braunschweig. In: DISP 159, S. 31-43. URL: http://www.tu-har-

burg.de/stadtplanung/html/ab/ab_106/ag_3/publikationen/dobberstein/Ver
%F6ffentlichungen/Braunschweig_orginal.pdf

DTZ Research (2003): Der deutsche Büromarkt – Ein Überblick über den deutschen Büro- und Anlagemarkt für Investoren, Eigentümer, Mieter und Entwickler. Frankfurt am Main

Dunse, N. und Jones, C. (2002): The Existence of Office Submarkets in Cities. In: Journal of Property Research, Vol. 19, Nr. 2, Seite 159-182.

Euro Hypo RAC Research (2006): Marktbericht Deutschland 2006. URL: http://www.eurohypo.com/media/pdf/newsletter_marktberichte_in_ordn er_eh-listen_umziehen_/MB_Deutschland_deutsch_2006.pdf.

Feagin, J., Orum, A. und Sjoberg, G. (1991): The Nature of Case Study. In: Feagin, J., Orum, A. und Sjoberg, G. (Hrsg.): A Case for the Case Study. Chapel Hill.

Flicke, D. (1996): Büroflächenmark Berlin - Tendenzen von Nachfrage und Angebot bis zum Jahr 2005. Senatsverwaltung für Stadtentwicklung, Umweltschutz und Technologie (SenSUT) und IHK zu Berlin (Hrsgb.). Berlin.

Flyvbjerg, B. (2004): Five Misunderstandings about case-study research. In: Seale, C., Gobo, G., Gubrium, J. und Silberman, D. (Hrsg.):Qualitative Research Practice. London and Thousand Oaks.

DEGI (2004): Neue Perspektive – Marktreport 2004. DEGI Deutsche Gesellschaft für Immobilienfonds, Bereich Research & Consulting, Beyerle, T. (Leitung). Frankfurt am Main.

Einig, K. u. a. (2005): Urban Governance. In: Informationen zur Raumentwicklung, H. 9/10.Feagin, J. (1987): The secondary circuit of capital: office construction in Houston, Texas. In: International Journal of Urban and Regional Research, Vol. 11, Nr. 2, Seite 172-191.

Gif (Gesellschaft für immobilienwirtschaftliche Forschung e. V.) (2004): Definitionssammlung zum Büromarkt. Wiesbaden

Giese, E. (1979): Innerstädtische Landnutzungskonflikte in der Bundesrepublik Deutschland – analysiert am Beispiel des Frankfurter Westends. In: Aberle, G. u. a. : Konflikte durch Veränderungen in der Raumnutzung – Vorträge einer Öffentlichkeitsveranstaltung des Zentrums für regionale Entwicklungsforschung am 13. Februar 1979 in Gießen (S. 1-32). Saarbrücken.

Giesemann, S., Giljohann, K. und Hang, M. (1999): Zukunftsorientierte Bürokonzepte – eine Betrachtung aus Sicht der Immobilienentwicklung. Dresdner Bank Immobiliengruppe (Hrsg.). Frankfurt.

Giesemann, S., Hang, M., Mecking, P., Ohlmann, I. und Wenzel, C. (2004): Neue Perspektive – Marktreport 2004. DEGI Deutsche Gesellschaft für Immobilienfonds, Bereich Research & Consulting (Hrsg.). Frankfurt am Main.

Giesemann, S., Giljohann, K. und Hang, M. (2000): Neue Perspektiv – Marktreport 2000. DEGI Deutsche Gesellschaft für Immobilienfonds, Bereich Research & Consulting (Hrsg.). Frankfurt am Main.

Gornig, M. und Spars, G. (2006): Bedeutung der Bau- und Immobilienwirtschaft für die Wettbewerbsfähigkeit von Städten und Regionen. In: Informationen zur Raumentwicklung, Heft 10, Seite 567-574.

Grabener Verlag (18.10.2006): Immobilien-Fachwissen. www.immobilienfachwissen.de/lexikon/lexikon.php?query=stichwort&UID=270550606&wert3=Nettoanfangsrendite

Hague, R., Harrop, M. Und Shaun, B. (1998): Comparative Government and Politics. London.

Haila, A. (1991): Four Types of Investment in Land and Property. In: International Journal of Urban and regional Research, Vol. 3, Nr. 15, Seite 343-365.

Halbert, L. (2004): The Decentralization of Intrametropolitan Business Services in the Paris Region: Patterns, Interpretation, Consequences. In: Economic Geography, Vol. 80, Nr. 4. Seite 381-404.

Hall, T. (1998): Urban Geography. London.

Härtel, H., Jungnickel, R. u.a. (1998): Strukturprobleme einer reifen Volkswirtschaft in der Globalisierung – Analyse des sektoralen Strukturwandels in Deutschland. HWWA Hamburg.

Harvey, D. (1985): The Urbanization of Capital. Oxford (UK).

Healey, P. und Barrett, S. (1990): Structure and Agency in Land and Property Development Processes: Some Ideas for Research. In: Urban Studies, Vol.27, Nr. 1, Seite 89-104.

Healey, P. (2000): New Partnerships in Planning and Implementing Future-oriented Development in European Metropolitan Regions. In: Informationen zur Raumentwicklung, Heft 11/12, S. 745-750

Healey, P. (1994): *Urban Policy and Property Development: the institutional relations of Real-Estate Development in an old industrial Region.* In: Environment and Planning A, Vol. 26, Seite 177-198.

Heeg, S. (2001): Politische Regualtion des Raums. Metropolen, Regionen, Nationalstaat. Berlin.

Heeg, S. (2003): Städtische Flächenentwicklung vor dem Hintergrund von Veränderungen der Immobilienwirtschaft. In: Raumforschung und Raumordnung, Heft 5, 61. Jg. Bonn

Heeg, S. (2008): Von Stadtplanung und Immobilienwirtschaft – Die „South Boston Waterfront" als Beispiel für eine Strategie städtischer Baupolitik. Bielefeld.

Hermelin, B. (2007): The Urbanization and Suburbanization of the Service Economy: Producer Services and Specalization in Stockholm. In: Geografiska Annaler: Series B, Human Geography, Vol. 89, Nr. 1, Seite 59-74.

Heineberg, H. (1987): Innerstädtische Entwicklung ausgewählter quartärer Dienstleistungen seit Ende des 19. Jahrhunderts anhand der Städte Münster und Dortmund. In: Heinz Heineberg (Hg.): Innerstädtische Differenzierung und Prozesse im 19. und 20. Jahrhundert. Geographische und historische Aspekte. Köln: Böhlau (S. 263-306)

Heineberg, H. (2001): Stadtgeographie (Lehrbuch): Paderborn

Heymann, I. (1998): Die Entwicklung des gewerblichen Immobilienmarktes in den neuen Bundesländern. Frankfurt am Main

Hoffmann, S. (2002): Arbeiten auf der grünen Wiese; Infineons Campeon – eine von vielen anderen Immobilien auf einem momentan rückläufigen Büro-Markt? Der Facility-Manager, Bd. 9, Heft 10. Merching

Holz, I. (1994): Stadtentwicklungs- und Standorttheorien unter Einbeziehung des Immobilienmarktes. Mannheim.

Hoyler, M. (2005): London and Frankfurt as World Cities – Global Service Centres between Cooperation and Competition. In: Geographische Rundschau International Edition, Vol. 1, Nr. 2, Seite 48-55.

HSH Nordbank AG (2006): Die 100 größten Unternehmen in Schleswig-Holstein. Hamburg, Kiel.

HSH Nordbank AG (2007): Deutsche Immobilienunternehmen am Kapitalmarkt. Hamburg, Kiel.

Huang, Y. und Leung, Y. und Shen, J. (2007): Cities and Globalization: An international Cities Perspective. In: Urban Geography, Vol. 28, Nr. 3, Seite 209-231.

Hübner, R. (1997): Auswirkungen des Regierungsumzuges auf den Büromarkt Berlin. Universität Potsdam.

Hübner, S., Schulten, A. u. a. (Münchner Institut Bulwien und Partner) u. a. (1999): Büroimmobilienmarkt im Ruhrgebiet 1999. Strukturwandel, Flächennachfrage, zukünftige Trends. Kommunalverband Ruhrgebiet (Hrsgb.). Essen.

Hummel, D. (2000): Zur Prognose regionaler Immobilienmärkte – eine empirische Analyse des Zusammenhangs zur Konjunkturentwicklung. Potsdam.

Isenhöfer, B. und Väth, A. (1998): Lebenszyklus von Immobilien. In: Schulte, K. (Hrsgb.): Immobilienökonomie. 1. Auflage. München, Wien, Oldenburg, Seite 141-148.

Jacobsen, L. und V. Prakash (Hrsg., 1974): Metropolitan growth. Public Policy for South and Southeast Asia. New York.

Jessop, B. (1997): Die Zukunft des Nationalstaats – Erosion oder Reorganisation?Grundsätzliche Überlegungen zu Westeuropa. In: Becker, Seffen u. a.(Hrsg.):Jenseits der Nationalökonomie? Weltwirtschaft und Nationalstaat zwischen Globalisierung und Regionalisierung, S. 50-95. Hamburg.

Jones, C. (1995): An economic basis for the analysis and prediction of local office property markets. In: Journal of Property Valuation an Investment, Vol. 13, Nr. 2, Seite 16-30.

Jones, C. (1996): Property-led Local Economic Development Policies: From advance Factory to English Partnerships and Strategic Property Investment?. In: Regional Studies, Vol. 30, Nr. 2, Seite 200-206.

Jones, C. (1996): The theory of Property-led Local Economic Development Policies. In: Regional Studies, Vol. 30, Nr. 8, Seite 797-801.

Jones, C. (1996): Urban Regeneration, Property Development and the Land Market. In: Environment and Planning C: Government and Policy, Vol. 14, Seite 269-279.

Jones, C. und Orr, M. (2004): *Spatial Economic Change and Long-term Urban Office rental Trends.* In: Regional Studies, Vol. 38.3, Seite 281-292.

Kade, G. und Vorlaufer, K. (1974): Grundstücksmobilität und Bauaktivität im Prozeß des Strukturwandels citynaher Wohngebiete – Beispiel Frankfurt/M.-Westend. In: Gruber, G. u. a. (Hrsg.), Frankfurter Wirtschafts- und Sozialgeographische Schriften, H. 16. Frankfurt am Main.

King, G., Keohane, R. Und Verba, S. (1994): Designing Social Inquiry – Scientific Inference in Qualitative Research. Princeton.

Klostermann, R. C. und Lambregts, B. (2007): Between Accumulation and Concentration of Capital: Toward a Framework for Comparing long-term Trajectories of Urban Systems. In: Urban Geography, Vol. 28, Nr. 1, Seite 54-73.

Kujath, H. (2002): Auswirkungen der transnationalen Verflechtungen deutscher Metropolräume auf die nationale Raumstruktur und Raumpolitik. In: Informationen zur Raumentwicklung, H. 6/7, S. 325-344

Kulke, E. (2000): The Service Sector in Germany – structural and locational change of consumer- and enterprise-oriented services. In: Beiträge zur regionalen Geographie, Vol. 52, Seite 105-116.

Kunath, A. (2005): Fondsinitiatoren. In: Schulte, K., Bone-Winkel, S. und Thomas, M. (Hrsg. 2005): Handbuch Immobilien-Investition 2. Auflage. Köln.

Lees, A. (1984): The Metropolis and the Intellectual. In: Sutcliffe, A. (ed.). Metropolis 1840-1940. Seite 67-94. London, Mansell.

Loipfinger, S., Nickl, L., Richter, U. (1997): Geschlossene Immobilienfonds – Grundlagen, Analyse, Bewertung. Stuttgart.

Lange, de N. (1989): Standortpersistenz und Standortdynamik von Bürobetrieben in westdeutschen Regionalmetropolen seit dem Ende des 19. Jahrhunderts. Paderborn.

Lizieri, C., Baum, A. und Scott, P. (2000): Ownership, Occupation and Risk: A View of the City of London Office Market. In: Urban Studies, Vol. 37, Nr. 7, Seite 1109-1129.

Markert, C. und Zacharias, T. (2006): Wirtschaftsförderung und Immobilienwirtschaft. In Standort – Zeitschrift für angewndte Geographie, H. 3. Heidelberg.

McGreal, S., Berry, J., McParland, C. und Turner, B. (2004): Urban Regeneration, Property Performance and Office Markets in Dublin. In: Journal of Property Investment and Finance, Vol. 22, Nr. 2, Seite 162-172.

Morgan, J., Koch, M. und Harrop, M. (1994): Bürohäuser – Planung und Vermarktung. In: Falk, B. (Hrsg.): Gewerbeimmobilien. 6. Auflage, Landsberg, Lech.

Moricz, Z. und Murphy, L. (1997): Space Traders: Reregulation, Property Companies and Auckland's Office Market, 1975-94. In: International Journal of Urban and Regional Research, Vol. 21, Nr. 2, Seite 165-179.

Moßig, I. (2000): Räumliche Konzentration der Verpackungsmaschinenbau-Industrie in Westdeutschland. Wirtschaftsgeographie Band 17. Münster.

MKRO Ministerkonferenz für Raumordnung (2006): Leitbilder und Handlungsstrategien für die Raumentwicklung in Deutschland. Berlin.

O'Neill, P. und M-Guirk, P. (2003): *Reconfiguring the CBD: Work and Discurses of Design in Sydney's Office Space.* In: Urban Studies, Vol. 40, Nr. 9, Seite 1751-1767.

Orr, A. und Jones, C. (2003): The Analysis and Prediction of Urban Office Rents. In: Urban Studies, Vol 40, Nr. 11, Seite 2255-2284.

Paal, M. (2005): Metropolen im Wettbewerb - Tertia risierung und Dienstleistungsspezialisierung in europa ischen Agglomerationen. Münster.

Pongratz, M. (1999): Facility Management – Nonterritoriale Bürokonzepte. Facility-Management, Bd. 5 Heft 1. Gütersloh.

Pryke, M. (1994): Urbanizing Capitals: towards an Integration of Time, Space and economic Calculation. In: Corbridge, S., Thrift, N. und Martin, R.: Money, Power and Space. Blackwell.

Reif, H. (2006): Metropolen – Geschichte, Begriffe, Methoden. In: CMS Working Paper Series, No. 001-2006. URL: http://www.metropolitanstudies.de.

Rottke, N. und Wernecke, M. (2005): Lebenszyklus von Immobilien. In: Schulte, K. (Hrsgb. 2005): Immobilienökonomie – Betriebswirtschaftliche Grundlagen. München.

Roulac, S. (1995): Implications of individual versus institutional Real Estate Investing strategies. In: Schwartz, Jr. A. und Kapplin, S.: Reals Estate Research Issues, 2/1995

Schanz, H. (1997): Office of the future – Innovative Bürokonzepte. In: Deutsche Bauzeitschrift, Seite 58f. Gütersloh

Schäfers, W. (1997): Strategisches Management von Unternehmensimmobilien – Bausteine einer theoretischen Konzeption und Ergebnisse einer empirischen Untersuchung, in Schulte, K. (Hrsg.): Schriften zur Immobilienökonomie, Band 3. Köln.

Schätzl., L. (2002): Strukturwandel im Gewerbeimmobilienmarkt – Eine volkswirtschaftliche Analyse des Gewerbebaus und der Gewerbefinanzierungen. Frankfurt am Main.

Schaubach, P. (2004): Family Office im Private Wealth Management – Konzeption und empirische Untersuchung aus Sicht der Vermögensinhaber, 2., durchgesehene Aufl. In: Schulte, K. und Tilmes, R. (Hrsg. 2004): Financial Planning, Band 6. Bad Soden.

Schaubach, P. und Tilmes, R. (2005): Private Real Estate Management. In: Schulte, K. (Hrsgb. 2005): Immobilienökonomie – Betriebswirtschaftliche Grundlagen. München.

Schmitt, D. (2001): Offene Immobilienfonds – Der Immobilienbestand ausgewählter offener Fonds im Jahre 1999 und seine Veränderungen seit 1984. in: IWSG Working Papers, 07, 2001. Frankfurt.

Schoeller, F. und Witt, M. (2006): Jahrbuch Geschlossene Fonds 2005/2006 – Scope Group. Berlin.

Schulz, R. (2002): Real Estate Valuation According to Standardized Methods: An Empirical Analysis. Humboldt-Universität zu Berlin.

Schulte, K. und Holzmann, C. (2005): Investition in Immobilien. In: Schulte, K., Bone-Winkel, S. und Thomas, M. (Hrsg. 2005): Handbuch Immobilien-Investition 2. Auflage. Köln.

Schulte, K. und Hupach, I. (1998): Bedeutung der Immobilienwirtschaft. In: Schulte, K. (Hrsg. 1998): Immobilienökonomie. 1. Auflage. München, Wien, Oldenburg.

Smith, N. (1996): The new Urban Frontier. Gentrification and the Revanchist City. London, NewYork.

Smyth, H. (1985): Property Companies and the Construction Industry in Britain. Cambridge.

Spath, D. u. a. (2003): Office 21. Zukunftsoffensive OFFICE 21 – Mehr Leistung in innovativen Arbeitswelten. Stuttgart

Statistisches Bundesamt (2006): Statistisches Jahrbuch 2006 für die Bundesrepublik Deutschland. Wiesbaden.

Statistisches Bundesamt (1980 bis 2006): Ausgewählte Zahlen für die Bauwirtschaft. Wiesbaden.

Stough, R. R. U nd Kulkarni, R. (2004): Cities and Business. In: Capello, R. und Nijkamp, P. (Hrsg.): Urban Dynamics and Growth – Advances in Urban Economics. Amsterdam.

Taubmann, W. (1996): Weltstädte und Metropolen im Spannungsfeld zwischen „Globalität" und „Lokalität". In: geogr. heute 17, H. 12, S. 4-9.

Tylor, P. J., Catalano, G. und Gane, N. (2003): A geography of global Change: Cities and Services, 2000-2001. In: Urban Geography, Vol. 24, Nr. 5, Seite 431-441.

Thomas, M. (2004): Metropolen in der Krise, eine Chance für Mittelstädte? Auswertungen der DID Datenbank. Folienpräsentation. URL: http://www.dix.de/05publikationen.html.

Trombello, I. (2004): Nebenstandorte – wie attraktiv sind sie für Immobilieninvests? In: Immobilien & Finanzierung, 5, 2004.

Turok, I. (1992): *Property-led urban Regeneration: Panacea or Placebo?* In: Environment and Planning A, Vol. 24, Seite 361-378.

Turok, I. (2006): Cities, Regions and Competitiveness. In: Martin, R., Kitson, M. und Tyler, P. (Hrsg.): Regional Competitiveness, Seite 79-94.

Turok, I. (2007, unveröffentlicht): The distinctive City: Pitfalls in the Pursuit of differential Advantage. URL: http://www.gla.ac.uk/media/media_77892_en.pdf.

Ulrich, J. (2001): Private Real Estate Managment im Private Banking – Design einer neuen Dienstleistung im Rahmen des Financial Planning. In: Schulte, K. und Tilmes, R. (Hrsg. 2001): Financial Planning, Band 2. Bad Soden.

Unbehau, R. (2003): Gutachten über die Höhe von Zonenendwerten infolge der städtebaulichen Sanierungsmaßnahme „Kiel – Hörnbereich, Gaarden – Süd". Unveröffentlichter Sachverständigenbericht. Berlin.

Van Dinteren, J. H. J. (1987): The Role of business-service offices in the economy of medium-sized cities. In: Environment and Planning A, Vol. 19, Nr. 5, Seite 669-686.

Vorlaufer, K. (1975): Bodeneigentumsverhältnisse und Bodeneigentümergruppen im Cityerweiterungsgebiet Frankfurt/M.-Westend. In: Gruber, G. u. a. (Hrsg.), Frankfurter Wirtschafts- und Sozialgeographische Schriften, H. 18. Frankfurt am Main.

Walz, E. und Waldbröhl, V. (2005): Versicherungsgesellschaften und Pensionskassen. In: Schulte, K., Bone-Winkel, S. und Thomas, M. (Hrsg. 2005): Handbuch Immobilien-Investition 2. Auflage. Köln.

Wirtschaftsförderung Lübeck GmbH (2006): Büroimmobilienmarkt in Lübeck. Lübeck.

Yin, R. (1994): Case Study Research. London.

Zadelmarkt (1998): Der Bedarf an Immobilien wird nicht sinken. In: Zadelmarkt: Magazin für gewerbliche Immobilien, Oktober, Seite 16-24. Frankfurt am Main.

Zohlen, G. (1995): Metropole als Metapher. Eine Pastiche. In Fuchs, G., Moltmann, B. und Prigge, W. (Hrsg.): Mythos Metropole. Frankfurt am Main.

i want morebooks!

Buy your books fast and straightforward online - at one of world's fastest growing online book stores! Environmentally sound due to Print-on-Demand technologies.

Buy your books online at
www.get-morebooks.com

Kaufen Sie Ihre Bücher schnell und unkompliziert online – auf einer der am schnellsten wachsenden Buchhandelsplattformen weltweit! Dank Print-On-Demand umwelt- und ressourcenschonend produziert.

Bücher schneller online kaufen
www.morebooks.de

VDM Verlagsservicegesellschaft mbH
Heinrich-Böcking-Str. 6-8   Telefon: +49 681 3720 174   info@vdm-vsg.de
D - 66121 Saarbrücken   Telefax: +49 681 3720 1749 www.vdm-vsg.de

Printed by Books on Demand GmbH, Norderstedt / Germany